近代日本の地域工業化と下請制

KATSUTOSHI HASHIGUCHI
橋口勝利

京都大学学術出版会

近代日本の地域工業化と下請制

橋口勝利

目次

第Ⅱ部 工業化の波及と下請制の展開
——問屋・工場・労働者——

經緯糸十六番手

『近代日本の地域工業化と下請制』

【写真提供】（順不同、敬称略）
瀧田資也
知多市歴史民俗博物館
伊井基治
村口秀人

安藤理容店　竹内文夫　竹内ゆりこ　安藤よし子　安藤梅行　竹内昭好
竹内裕勝　伊井俊郎　古文化研究会　木綿蔵ちた　万丈亭　竹中克成
藤田知己　大同学園 林　浅田繊維工業　土井康隆　安島正明　榎本美保子
竹内ひろ子　伊井宏一　竹内喜美子　竹内章八　三河屋　竹内利守
丸文書店　河内五郎　山本ひさ子　竹之内資郎　山本欽一　松田歯科
竹原義男　木村三一　竹内哲夫　水野深志　高橋かず子　竹内三郎
竹内佳代子　小林大員　竹内文雄　竹内登喜一　竹内康裕
知多市中央図書館　伊井康悦　安藤俊男　竹内啓子　岡田小学校　竹内明子
竹内一立　青山嘉孝

なお、キャプションの叙述については、
　瀧田資也・瀧田恭代・瀧田好一郎編著『医療法人瀧田医院　25年間の歩み』医療法人瀧田医院、2013年
　『知多木綿発祥の地・岡田　繁栄の歴史』岡田まちづくり準備会（現：岡田ゆめみたい）、2006年
などを参考に作成した。

序章

近代日本と地域

中七木綿の工場および整理場を望む。

第一節　地域からみた工業化

本書の課題は、近代日本における地域工業化の過程を、地域商人の活躍に注目して明らかにすることである。地域商人に焦点をあてる理由は、近代日本の工業化は、明治政府主導の働きかけだけで推し進められたのではなく、民間経済の地道な発展に商人が強く関与していたと考えるからである[1]。

近代日本は、幕藩体制下での緩やかな経済発展を基盤としつつ、幕末開港によるインパクトを吸収しながら大都市を中心に工業化を進めていった。その工業化の波は、紡績業、鉄道業、鉱山業など近代産業部門だけでなく、近世以来から各地域に根づいていた在来産業にも及んでいった。その在来産業部門は、事業所数と従業者人口をみれば、近代的大資本に比べてはるかに大きかった[2]。それだけでなく、近代産業が主として生産財やエネルギー生産・大規模な流通部門を担当する一方で、在来産業が最終財生産や小口流通を担うなど、社会的分業関係からみても重要な役割を果たしてきたのである[3]。

---

(1)　近代日本の経済発展を考える際に、地道な経済発展への胎動がみられ、近世から力を蓄えてきた商人がその性格の変化をともないつつ、工業化を推進させていたという評価が存在する。石井寛治「〈コンファレンス・レポート〉工業化過程における商人資本」、「明治維新期の京・大阪・江戸における両替商金融」『社会経済史学』第七〇巻第四号、二〇〇四年。

(2)　中村隆英『戦前期日本経済成長の分析』岩波書店、一九七一年。なお、比較的最近の成果としては、中村隆英編『日本の経済発展と在来産業』山川出版社、一九九七年。中村隆英は、近世以来続く産業に加えて、明治期以降海外から伝えられた産業をも「新在来産業」として在来産業の範疇に加えている。しかし、本書ではこの問題には立ち入らない。

(3)　中村隆英編、前掲書、五頁。

なかでも産地綿織物業は、代表的な在来産業部門として顕著な発展をみせてきた。明治期において、産地綿織物業は、農家が手織機を用いて織布部門を担い、原料綿糸の供給と製品綿布販売とを地域商人が担うという問屋制家内工業が中心であった。しかし、日露戦争後から第一次大戦期にかけて、大都市を中心に進んだ工業化[4]は地域にも波及していった。このため、地域の生産者は、かつての手機による生産形態（家内工業あるいはマニュファクチュア）から、力織機を導入した機械制工場へと姿を変えていった。つまり、「資本―賃労働」関係を有する工場が地域に多数現れたのである。この綿織物業の成長は、日本の産業革命が在来産業にまで及び、経済成長の動向に大きな影響を与えたことを示していた[5]。

以上のような地域の工業化を担った主体は、①問屋制家内工業を組織していた地域商人、②地域の資産家層（地主・醸造業者など、木綿業以外に関わった商人）であった。本書は、地域の工業化を検討するうえで、①の地域商人に注目する。なぜなら、地域商人は、新たなビジネスチャンスに対応して市場と産地とを結合させ、〔地域商人―力織機工場―賃金労働者〕によって形成される社会的分業関係を、地域に深化・再編させるという役割を担ったからである[6]。つまり地域商人は、地域の工業化の動きに敏感に反応し、地域を維持・発展させていくうえで大きな決定力を有していたと考えられるのである。したがって本書は、地域商人の活動に注目して、近代日本の工業化の発展要因を探っていく。

対象とする時期は両大戦間期（以下、戦間期と略す）、すなわち、第一次大戦ブーム期（一九一〇年中頃）から日中戦争が全面化する一九三七年までとする。その理由は、この時期、日本経済は、輸出市場の拡大という「市場インパクト」に直面し、成長の時代を迎えることになったからである。このインパクトは、綿織物業に対しても大きく、日本の各地域で急速な発展がみられた。それだけではなく、日本経済の成長は、国内市場の着実な拡大をも促していった。

こうした状況をふまえて本書は、産地綿織物業を検討することを通じて、輸出市場・国内市場の変化のなかで、地域経済がどのように成長していったのかを明らかにしていく。対象地域は、愛知県知多産地を取り上げる。知多産地は、輸出産地としての性格を強めながらも、国内向け綿織物産地としても日本屈指の産地であり続けたからである。その原動力となったのは、産地に拠点を置いて生産から流通に及ぶまで広範囲に活躍した地域商人であった。この地域商人の活動を軸にしながら、近代日本の地域発展メカニズムを解明していきたい。

第二節　地域工業化と綿業史研究

(一) 産地綿織物業の発展

産地綿織物業研究については、山崎広明と阿部武司が代表的である。そこで、両者の研究を整理しつつ、産地綿織物業の発展要因をまとめておきたい。両者の研究によれば、産地綿織物業の発展のパターンは大きく二つに分け

(4)「工業化」は、本書では、力織機を導入した機械制工場が産地に広く普及していく過程を指す。

(5) 杉山伸也は、近代日本の産業革命を論ずる際に、第一次大戦期の重要性を指摘する。そのうえで、この時期の経済成長率は、近代産業よりも、醸造業や織物業に代表される在来産業部門が重要であると論じている。杉山伸也「「日本の産業革命」再考」『三田学会雑誌』第一〇八巻第二号、二〇一五年。

(6) 地域に産業化が進むなかで形成される、地域社会の「新たな」形成や変容を課題とした研究として、武田晴人編『地域の社会経済史——産業化と地域社会のダイナミズム』有斐閣、二〇〇三年。

られる。

　第一は、輸出市場向けに産地が発展するパターンである。これは、知多地方[7]と遠州地方[8]を事例にして山崎広明が、泉南地方と播州地方[9]を事例にして阿部武司が明らかにしている。第二に、国内市場向けに産地綿織物業が発展していくパターンも描かれた。これは、備後綿織物産地を事例にして、やはり山崎・阿部が論じている[10]。

輸出市場に向けた産地の発展

　まずは、輸出市場に向けた産地綿織物業の発展要因に関する山崎・阿部の主張を、筆者の関心に基づいて以下のように四点に分けて整理する。

　第一に、輸出産地への転換が主張される。第一次大戦前は、もっぱら内需向け綿布生産を中心として綿織物業は発展し続けてきた。しかし第一次大戦勃発により、輸出市場から急激かつ大量の需要が発生したため、綿織物業は空前の活況を呈することになった。このため産地では、輸出向け広幅綿布を生産する力織機工場が続出し、輸出産地への転換が進んだという。特に一九三〇年代半ばの輸出市場の好調に牽引されて、産地綿織物業は急激な発展を遂げていった。

　第二に、産地が大都市の集散地問屋へと依存を強めていったことである。これは、輸出産地化と大きく連動していた。従来から産地の流通を担っていた産地問屋は、輸出綿布取扱いについてはノウハウがなく、加えて資金面においても大都市の輸出商人に対して大きく不利な立場にあった。このため、大都市輸出商人が産地への関与を強めていった。このような状況を山崎広明は、大阪・名古屋の輸出商人が、遠州産地や知多産地を従属させていくプロセスであると論じた。一方、阿部武司は、帯谷商店（泉南地方の有力機業家）が、八木商店（大阪輸出商）や鐘紡淀川工場との分業関係を基盤にして急速な成長を遂げたと指摘した。いずれの場合についても産地の機業家は、流通機能を大阪や名古屋の集散地問屋に委ねて、自らは生産者としての性格を強めていくことになった。特に泉南地方や知多地方では、製法が比較的単純な白生地綿布が主力製品となっていたために、大量に織機を導入して少品種大量生産を行う機業家が多数現れた。この結果、先の帯谷商店をはじめとする機業家は、「産地大経営」とよばれるほどの大規模な機業家へと成長し、産地の発展をリードしていったのである。

第三に、輸出産地への転換にともなって、産地が活発な製品開発を行ったことである。これは輸出向け先染め加工綿布が主力製品であった遠州産地や播州産地で特にみられた。まず遠州産地では、静岡県浜松工業試験場の活動が、①広幅織機の導入や、②品種の増加および整理・加工の普及を実現し、③検査励行・信用保持に貢献した。次に播州産地では、一九三〇年代に兵庫県工業試験場西脇分工場の活動が、製品開発に貢献し、多種多様な新製品開発や参入を可能にした。このような製品開発をもとにして産地独自の製品が作り出され、産地の競争力は高まっていったのである。

第四に、機業家独自の経営努力である。例えば、泉南産地の帯谷商店は、低賃銀労働力の確保や力織機の特別注文、生産技術上の様々な改良など、機業家独自のコストダウンへの努力がみられた。こうした各機業家の努力が、製品価格の競争力を得ることになり成長へとつながっていった。

以上をまとめると、産地綿織物業は、輸出市場へと向かっていくなかで、集散地問屋に流通を委ね、産地全体規

---

(7) 山崎広明「知多綿織物業の発展構造——両大戦間期を中心として」『経営志林』第七巻第二号、一九七〇年。なお、知多綿織物業に関する研究史は、本書第一章で詳しく論じる。
(8) 山崎広明「両大戦間期における遠州綿織物業の構造と運動」『経営志林』第六巻第一・二号、一九六九年。
(9) 泉南地方および播州地方ともに、阿部武司『日本における産地綿織物業の展開』東京大学出版会、一九八九年、を参照。
(10) 山崎広明・阿部武司『織物からアパレルへ——備後織物業と佐々木商店』大阪大学出版会、二〇一二年。

模で生産者化して発展を遂げてきた。各機業家は、力織機を大量に導入し、産地規模での製品開発への努力をもみせた。こうした指摘は、流通における集散地問屋のプレゼンスを高く評価することになった。しかし一方で、産地で活躍してきた地域商人の役割は、大幅に縮小することになった。地域商人は、流通を担う主体から、生産者へと変化するプロセスを歩んでいくことになった。

国内市場に向けた産地の発展

山崎・阿部は、輸出市場に向けた産地発展像を提示する一方で、国内市場に向けた「もう一つのタイプ」の産地発展像を提示した。備後産地の事例からは、国内市場向けに発展した産地の特徴として、①家内工業を力織機工場へと転換したこと、②都市化や生活の欧風化に応じた製品開発、③縫製工程への進出を指摘した。加えて注目したいのは、産地発展の牽引役として、産地問屋が活躍していたことである。産地問屋は、行商を通じて販路を開拓し、自営工場を設立して縫製業へ進出するなど積極的に産地の組織者としての機能を果たした。こうした活動が産地の独立性を強め、戦後のアパレル産地として強い生命力を発揮するうえで貢献したと論じているのである[11]。

以上の指摘は、国内市場への成長の余地があったことを示し、産地問屋の活躍を示したことで本書の主張にとって極めて示唆的である。本書は、知多産地で産地問屋がそれぞれ独自の経営戦略に基づいて市場を選択し、生産組織を再編していった実態像を明らかにする。

(二) 地域産業の強みとは？——産業集積論からのアプローチ

産地綿織物業は、戦前から戦後にかけての長期間にわたって、高い競争力と強い生命力を発揮し続けた。それは、地域商人や機業家などの経済主体が、同一地域に集積することのメリットを享受していた点にも注目しなければならない。この集積のメリットについて、産業集積の研究史から考えておきたい。

産業集積とは、「特定の地理的範囲に多様な企業や企業活動に関連する諸組織が集中して立地している状態、またはそうした地域」[12]と、一般的に定義できる。マーシャルの古典的研究から集積のメリットを挙げれば、①特別な技能が周辺に伝えられて一般的なものとなること、②補助産業の発達が分業や流通の発達を促すこと、そして③その集積に見合った技能を有する労働市場を形成することにつながるという点にあった[13]。つまり、地域固有の技術が競争力となって、それを周辺産業が支える。そしてその技術が、労働を通じて習得されて、次代へと伝承されていくということになる。

この産地の競争力の伝承という見方は、伊丹敬之・松島茂・橘川武郎らの、産業集積の「発生の論理」よりも「継続の論理」が重要であるとの主張につながっている[14]。つまり、多数の中小企業が全体として存続していく点に注目すべきというのである。

産業集積継続の要素として、橘川武郎は、分業の発達、技術蓄積、創業、リンケージ企業[15]、評判、の重要性を指摘した。産地綿織物業に即していえば、播州産地の工場試験場の技術指導が技術蓄積に貢献していたこと、加えて、遠州の工業組合や播州の工業組合による製品検査が製品への信頼を高めたことがそれにあたる。その結果、集積の評判を醸成したと主張している。さらにリンケージ企業として、地域商人の重要性に注目した。例えば、遠州

(11) 山崎広明・阿部武司、前掲書「序章」および「結語」。
(12) 植田浩史『現代日本の中小企業』岩波書店、二〇〇四年、一〇九頁。
(13) A・マーシャル、馬場啓之助訳『マーシャル経済学原理』東洋経済新報社、一九六六年、第一〇章。
(14) 伊丹敬之・松島茂・橘川武郎編『産業集積の本質――柔軟な分業・集積の条件』有斐閣、一九九八年、第一章。
(15) リンケージ企業については、高岡美佳の研究がある(高岡美佳「産業集積とマーケット」伊丹敬之・松島茂・橘川武郎編、前掲書)。

産地における集散地輸出商人と生産者化した新興産地問屋とのつながりや、播州産地における地元綿糸商人や東洋棉花西脇出張所の産地再編への活動の重要性を指摘している[16]。

このように産地綿織物業は、その集積のメリットを享受し、またそれを活かしたことで発展を遂げてきた。この際、重要な役割を果たしたのは、産地内部の情報に精通し、なおかつ産地外部とのつながりを有する地域商人だった。地域に在住し続け商業活動あるいは生産活動に関与し続けてきた地域商人、つまり産地問屋[17]が地域の発展に大きく貢献していたのである。

地域商人は、産地内部の生産者と外部市場との間に存在する「情報の非対称性」を調整し、かつ外部市場の需要に応じて生産者を組織する役割を果たしていた。そこで次項では、地域商人が地域工業化にどのように貢献したのかを考えてみたい。

(三) 地域工業化と地域商人

地域商人が地域工業化に果たした役割は、①ネットワーク形成と機能化、②生産組織の編成の二つに分けられる。本項では、二つの役割に関わる研究をまとめたうえで、本書の問題提起を試みたい。

①ネットワーク形成と機能化——ヒト・モノ・カネをつなぐ結節点

近代日本の急速な資本主義化は地域経済にも再編を要請した。地域商人は、ヒト・モノ・カネをつなぐネットワークを形成して時代の要請に応えたのである。その機能は以下の二点であった。

第一に、地域と外部市場とをつなぐネットワーク形成の役割である。産地問屋の役割は、明治期の産地盛衰をめぐる議論において重視された。幕末開港期、輸入綿布流入という「外圧」[18]と、国内で成長を遂げる産地間で繰り広げられた「産地間競争」[19]という問題に、産地綿織物業は直面していた。このような状況下、産地綿織物業の浮沈を決定づけたのが地域商人であった。谷本雅之によれば、幕末維新期における国内市場は、輸入圧力を「吸収」するほどまでに拡大していたという。そのうえで輸入をめぐる問題は、輸入綿布よりも輸入綿糸に着目すべきであるとして、輸入綿糸を流入できたかどうかが発展型産地と衰退型産地とを決定づけたと指摘した。例えば、発展型産地である和泉地方では、相対的に安価な輸入綿糸の導入を推し進め、その結果、生産コストの圧縮に成功した。対して、衰退型産地となった越中新川地方では、輸入綿糸の導入は浸透しなかった。この差異が生じた要因として注目されるのが、地域綿糸商人の存在であった。つまり和泉地方では、地域綿糸商人が活動しており、彼らが従来の手紡ぎ糸から機械製輸入綿糸へと産地の原料綿糸を転換させることで、綿布生産のコストダウンを実現させたのである[20]。

---

(16) 特に、入間産地を対象とした谷本雅之の研究を取り上げている。これによれば、入間縞木綿が全国的に流通するうえで地域商人と新興集散地問屋との結びつきが重視される。橘川武郎「日本における産業集積研究の到達点と方向性――経営史的アプローチの重要性」『経営史学』第三六巻第三号、二〇〇一年。

(17) 産地問屋の定義については、諸説ありうるが、本書では、産地に拠点を置いて流通および生産活動を行う商業資本と定義する。なお、産地問屋と地域商人とは、本書では、ほぼ同義に用いる。

(18) 幕末明治維新期に綿布輸入による「外圧」が存在したかどうかについては、論争がある。「外圧」の存在を否定する論者として川勝平太が挙げられる。川勝平太「明治前期における内外綿布の価格」『早稲田政治経済学雑誌』第二四四・二四五合併号、一九七六年。「外圧」の存在を肯定する論者として高村直助が挙げられる。高村直助「維新前後の〝外圧〟をめぐる一、二の問題」『社会科学研究』第三九巻第四号、一九八七年。

(19) 阿部武司「明治前期における日本の在来産業――綿織物業の場合」梅村又次・中村隆英編『松方財政と殖産興業政策』国際連合大学、一九八三年。

(20) 谷本雅之『日本における在来的経済発展と織物業――市場形成と家族経済』名古屋大学出版会、一九九八年。

つまり、産地綿織物業の浮沈を決定づけるうえで、地域商人の役割が重要だったのである。その際、地域商人の役割として評価された点は、まず①輸入綿糸を産地に浸透させ産地の生産方法を劇的に変えるほどの強い影響力を有していたこと、次に②開港場の情報を正確に受信し、なおかつ開港場と地域とを結びつけるネットワークを有していたことであった。

しかし戦間期に至ると、地域商人の役割に変化が生じた。産地綿織物業は、輸出市場拡大というインパクトに直面し、輸出市場を目指すか国内市場を目指すかの選択に迫られたからである。国内市場向けに産地発展の道筋を見出していった備後産地の場合、地域商人独自の販売活動は大きな役割を果たし続けた。一方、輸出市場向けに発展を志向した泉南産地や知多産地は、大阪綿布商や名古屋綿布商など、集散地問屋への依存を強めることとなった。それは、地域商人の役割が大きく失われていくことを意味していた。つまり、地域商人が、近代化のなかで築き上げてきた流通機能は、輸出産地へと変わっていくなかで、大きく失われることになった。だとすれば、集散地問屋に依存した知多産地がどのようにして発展の道を歩んだのかを検討しなければならない。具体的にいえば、知多産地が輸出市場を選んだ要因と、その結果として自身の流通ネットワークをどう再編したのかということである。一方で、国内市場を選択した産地問屋は、その流通機能を十分に発揮したと考えられるから、その具体的な活動を明らかにしなければならない。

地域商人の流通に関わる役割として二つめに挙げられるのは、同業組合を通じて、産地を組織化する役割を果たしていたことである[21]。同業組合は、粗製濫造を防ぎ、産地製品の声価を守るために、地域商人主導で設立され、品質検査を実施することが主たる役割であった。同業組合は、戦間期を迎え、工業組合法や商業組合法によってその役割が形骸化したと論じられてきた[22]。しかし、昭和期に至っても同業組合は健在であったことは指摘されている[23]。加えて同業組合は、①製品検査、②市場調査、③評価公示・宣伝広告、④金融機能、⑤雇用規制、⑥各種試験場・

教育機関の設立・誘致、⑦インフラ整備、⑧共同事業といった活動が基盤となって、産地の発展に貢献した[24]。こうした研究は、戦間期における同業組合を肯定的に評価したうえで、その具体的機能を示すことに成功したものと評価できる。とはいえ、それは同業組合の機能を提示するにとどまるものであったため、同業組合活動が産地においてどのような実効性を発揮したのかという点についてはかならずしも明らかではない。同業組合の設立・運営に産地問屋が強く関与していたことを考えれば、産地問屋の活動を軸にして同業組合の実態を具体的に明らかにしなければならない。

②生産組織の編成——問屋制家内工業の有効性

大都市において近代産業部門を担う大規模な企業が、一八八〇年代から多数現れた一方で[25]、地域においてもその端緒や進展に差異はみられたものの、企業勃興は波及していった。その地域における企業勃興に投資家として貢献したのが、地域の資産家であった。

(21) 同業組合に関する研究史について詳しくは、松本貴典「工業化過程における中間組織の役割」社会経済史学会編『社会経済史学の課題と展望——社会経済史学会創立70周年記念』有斐閣、二〇〇二年。
(22) 由井常彦『中小企業政策の史的研究』東洋経済新報社、一九六四年。
(23) 藤田貞一郎『近代日本同業組合史論』清文堂、一九九五年。
(24) 松本貴典「両大戦間期日本の製造業における同業組合の機能」『社会経済史学』第五八巻第五号、一九九三年。さらに、中島茂によれば、明治期の泉北地域の綿織物業が発展した一方で、河内地域の綿織物業が衰退した要因として、同業組合の活動が重要な意味をもったと論じている(中島茂『綿工業地域の形成——日本の近代化過程と中小企業生産の成立』大明堂、二〇〇一年)。
(25) 高村直助『企業勃興——日本資本主義の形成』ミネルヴァ書房、一九九二年。

阿部武司・谷本雅之は、こうした地域資産家が、地域工業化に果たした役割を明らかにした[26]。地方資産家は、地域の商人や地主などが含まれ、地域工業化に際して資金供給を行う役割を果たし、自ら企業経営を行うこともあった。その範囲は、地域の道路・鉄道・銀行・学校・工場と多岐にわたった。こうした地方資産家は、近世以来家業で蓄積した資金を、地縁的動機に基づいて地方企業に投資した。資産家によっては、リスク度外視で投資活動を続ける事例もあったという。こうした多様な動機に基づく地域資産家の投資行動が、地域の工業化を推し進めていったのである。

阿部・谷本の指摘は、各地域で政治経済的な基盤を有した地域資産家が、地域を工業化へと導いたという論点を提示し、地域商人をその一翼を担う存在として評価するものであった。

こうした地域商人が、近代産業部門に積極的に関与していたとすれば、その役割は綿織物業にもみられたであろう。例えば、地域商人が、産地に織布工場を設立する主体となったこと、加えて原料綿糸を供給する紡績工場設立あるいは共同設備設立に関与したことなどがそれにあたる。本書では、このような地域商人が設立した織布工場は数多く確認できる[27]。それゆえに、このような織布工場がどのように経営を存続させていくのか、あるいはその経営存続に地域商人はどのように関与したのか、という点が新たに問われなければならない。

加えて地域商人は、近代日本が資本主義化していくなかで、問屋制家内工業を再編することで、地域の経済発展を牽引していた。これは、特に織物業においてみられた。問屋制家内工業は、問屋が原料や道具を生産者に前貸しして加工・生産させ、そのうえで工賃を支払って、製品を受け取る生産方式であった。生産は主に農家が担当していた。

明治期の綿織物業を分析した神立春樹は、直接生産者である農家の水田稲作農業の制約を受ける問屋制家内工業には、積極的な評価を与えなかった。つまり、最新技術を導入し、機械制工場を設立していく「近代産業」の進展を評価する視角に比べ、農村に展開した問屋制家内工業は、工業化の「遅れ」を指し示す典型とされた[28]。これに対して斎藤修は、問屋制家内工業と工場制工業とを単純に段階の違いとして受け入れるべきではないと指摘し、むしろ工場制工業の進展が進む一方で、問屋制家内工業は拡大したことを強調した[29]。阿部武司は、明治二〇年代から明治三〇年代の在来織物業の特徴として、問屋制家内工業が新たに選択される点にあったと指摘し、斎藤の主張を補強した[30]。

それでは、なぜ問屋制家内工業が肯定的に評価されたのであろうか。それは、問屋側と農家側双方の立場から、指摘がなされている。まず問屋は、問屋制家内工業を選択することで、①自由に生産量を調整できること、②煩労と費用とを節約できること、③職工の維持が不要であったこと、④廉価で多額の生産が可能であったこと、などのメリットを得ていた[31]。

(26) 阿部武司・谷本雅之「企業勃興と近代経営・在来産業」宮本又郎・阿部武司編『日本経営史2　経営革新と工業化』岩波書店、一九九五年。谷本雅之「動機としての「地域社会」」篠塚信義・石坂昭雄・高橋秀行編『地域工業化の比較史的研究』北海道大学図書刊行会、二〇〇三年。明治期泉南の事例では、阿部武司「明治期における地方企業家――大阪泉南地方の場合」『大阪大学経済学』第三八巻第一・二号、一九八八年。

(27) こうした地域資産家が、「事業家」として家業への積極的投資を通じて近代工場へと変貌させ、地域の工業化の一翼を担うようになった事例（豆粕製造・醸造業）が明らかにされている（中西聡・井奥成彦編著『近代日本の地方事業家――萬三商店小栗家と地域の工業化』日本経済評論社、二〇一五年）。

(28) 神立春樹『明治期農村織物業の展開』東京大学出版会、一九七四年、一二八―一三三頁。

(29) 斎藤修『プロト工業化の時代――西欧と日本の比較史』日本評論社、一九八五年、二六六頁。

(30) 阿部武司「明治期在来産業研究の問題点――織物業を中心として」近代日本研究会編『年報　近代日本研究10』山川出版社、一九八八年。

(31) 古庄正「足利織物業の展開と農村構造――「型」の編成とその崩壊」『土地制度史学』第二二巻第二号、一九八〇年。

次に注目すべきは、農家が主体的に問屋制下で賃織を行うことを選好したことであった。谷本雅之によれば、農家が農業や家事など労働需要に応じて家族労働を有効に燃焼させようとしていた。その目的のためには、賃織という就業形態がその燃焼度を高めるうえで格好の機会であったと指摘した。したがって、農家にとって賃織を副業として行うことは、農家自身の合理的判断に沿うものと評価できるのである。

以上のように、地域商人は、地域に広く展開する農家経営を問屋制家内工業として組織することで、地域の経済発展に貢献していた。そしてその生産組織は、問屋にとっても賃織農家にとってもメリットがあった。これは、工場制工業の普及を経済発展の指標とする見方に対して、問屋制家内工業が生産組織として有効であり、地域の経済発展に貢献する点で積極的に評価を与えようとするものであった。これは、近代産業部門の経済成長とは一線を画する在来的経済発展像を提示するものであった[32]。

第三節　市場戦略と下請制――地域商人への再評価

(一) 地域商人が再編した下請制

第一次大戦ブーム期を迎えて、産地綿織物業は、工業化が進展して輸出市場への進出が活発化した。このため、産地綿織物業の「生産者」としての側面に注目が集められ、地域の発展に寄与してきた地域商人の役割についての評価は、これまで正面からなされなかった。しかし、産業集積論の指摘からわかるように、産地が「内的なまとまり」と「強靭性」とを維持するためには、地域内に拠点を有する地域商人の役割は無視できない。事実、明治期以降の地域発展に、地域商人の活動は大きく貢献していた。したがって本書では、綿織物産地を形成・拡大していくうえで、地域商人の果たした役割について、流通と生産の側面から検討することを課題としたい。

まず流通に関しては、輸出市場の重要性が増したために集産地問屋のプレゼンスが増大して、地域商人の役割は縮小したと評価されてきた。しかし、近代を通じて流通を担ってきた地域商人は、活躍の場が広く残されていたものと推察される。なぜならば、後に確認されるように、戦間期においても国内市場はその重要性を失っておらず、産地問屋は市況の変化に対応しつつ、活躍を続けていたからである。そこで本書では、国内市場における産地問屋の流通における活動を具体的に検討して、そのうえで評価を加える。この際、産地問屋の原料購入および製品販売をめぐる個別活動や、同業組合を通じた組織的活動が分析の焦点となろう。

次に、生産については、産地問屋が産地内の生産者をいかなる体制に組織していったのかについて明らかにする。なぜなら、産地が市場の需要を反映して生産品目や生産量を調節するためには、地域商人が取り纏めの役割を担う必要があったからである。

先述したように、研究史では、問屋制家内工業のもとで賃織農家が編成された生産組織に関心が集まっていた。これは日本の産地が、広く手機による綿布生産を行っていた時期に有効な議論であった。

しかし、この議論は、地域に力織機が普及して機械制工場が多数輩出した一九二〇年代に対して、地域商人がいかなる対応を示したのかを明らかにするものではない。

ここで問題となるのは、在来的な消費財生産を担ってきた問屋制家内工業に、資本主義的な経営が主流となってくると、「問屋―賃織農家」間で形成された生産関係がどのように再編されたのかという点である。もちろん、問

(32) 谷本雅之、前掲書。

屋が資本投下して力織機を導入した工場を設立して生産化する事例も発生する。加えて、産地に輩出した力織機工場は、独立経営として原料を購入して製品を販売することもあった。しかし、多くの力織機工場は中小規模経営の域を脱しなかったため、産地問屋あるいは集散地問屋の賃織工場として操業することを余儀なくされた。それゆえ、産地に多数存在する力織機工場を存続・成長させ、その総体としての産地発展を実現するうえで、地域商人の役割を重視しなければならない。つまり、工業化が地域に浸透するなかで、「問屋制」が有していた分散的生産システムの有効性はどのように引き継がれ再編されたのかが問われなければならないのである[33]。

したがって、地域の経済発展を考える場合、問屋制家内工業を基軸とした「在来的経済発展」像とは異なる地域の経済発展像を示すことが求められているといえよう。その際に焦点となるのは、まず問屋と農家との生産関係である。まず問屋は、近代工業部門を導入する際に、〈生産部門を農家に委託する分散型生産組織〉を維持するのか、それとも〈自営工場を設立して生産者への道〉を歩むのかということが問われなければならない。

次に農家経営をめぐる論点である。問屋制家内工業では、賃織生産に労働力を供給する農家労働者は、農家経営の範疇内にあった。そのため、賃織生産を担う主体（おそらく農家婦女子）は、季節によって農家労働の制約を受けることになる。したがって、問屋制下では、問屋制商人と農家内労働とは、「仕切られた」状態にあった。しかし、問屋が力織機工場を設立した場合、工場内に賃金労働者を、一定の就業期間と就業時間で確保しなければならない。そのためには労働市場の成立が前提となる。つまり、地域に工業化が進むためには、農家労働の制約から解き放たれた潜在的労働力が農村に存在していたかどうかが問わなければならないのである[34]。

(二) 下請制へのアプローチ

先に述べたように、地域商人が力織機工場を賃織工場として組織した生産体制を、本書では下請制とよぶ。

下請制については、戦前から藤田敬三[35]・小宮山琢二[36]を中心に研究がなされてきたが、その主な対象は、戦時期に形成された下請制であった。下請制は、発注者が問屋の問屋制下請と、発注者が工場の工場制下請に二分された。そのうえで、問屋制下請は、中小企業の技術的発展を阻害するものと評価された[37]。その後、日中戦争が全面化した一九三七年以降、戦時統制経済が進み軍需生産が優先されていくなかで、中小工業は協力企業として動員され、大工業のもとに取り込まれていった。これを下請制の起源ととらえて、その実態の解明に焦点があてられた[38]。

しかし、この理解では、下請制は、戦時期に政府から強制された「上からの下請制」の側面からしかわからない。つまり、地域商人が産地で力織機工場を編成した下請制の有効性が議論されていないために、下請制への評価が一面的になっているのである。

だからこそ本書は、地域の工業化が、問屋制という分散的生産のメリットを享受しながら展開するプロセスに注

(33) 谷本の主張する「在来的経済発展」が、近代部門とどのような関係にあったのかという論点は、武田晴人が指摘している(武田晴人「産業構造と金融構造」歴史学研究会・日本史研究会編『日本史講座　第八巻　近代の成立』東京大学出版会、二〇〇五年、一六〇―一六一頁)。

(34) 高村直助「書評　谷本雅之著『日本における在来的経済発展と織物業――市場形成と家族経済』」『史學雑誌』第一〇七編第一二号、一九九八年。

(35) 藤田敬三『日本産業構造と中小企業――下請制工業を中心にして』岩波書店、一九六五年。

(36) 小宮山琢二『日本中小工業研究』中央公論社、一九四一年。

(37) 植田浩史、前掲書、五三―五七頁。

(38) 下請制をめぐる研究史整理については、植田浩史の著作が詳しい(植田浩史『戦時期日本の下請工業――中小企業と「下請＝協力工業政策」』ミネルヴァ書房、二〇〇四年、序章)。

目する。「問屋―力織機工場」間で形成される関係は、政府が介在しない「下からの下請制」なのである。地域の工業化は、大工業でなく、むしろ中小工業がその主体となったことを考えれば、下請制はこうした在来産業が成長していくプロセスとともにとらえる必要がある。本書は、問屋制で賃織農家を分散的に組織していた地域商人が、力織機化する工場を組織していく事態を「下請制の起源」ととらえ、その実態を明らかにしていくのである。

それでは、下請制の議論を深めていくために、その定義をしておきたい。

下請制については、藤田敬三が、問屋制家内工業と下請制との定義を明確に区分しつつ論じている。この藤田による整理[39]に基づいて、本書における下請制の定義を試みることにしたい。

藤田は、問屋制家内工業および下請制のいずれも、商業資本（または商業資本的役割を果たす資本）が、劣位にある資本（生産者）を、支配従属関係に基づいて結合したものと性格づけた。そのうえで下請制を、問屋（あるいは大工場の購買部）が、機械制工業の生産者を支配する形態[40]と定義した。

藤田の定義をより詳細に述べれば、以下のようにまとめることができるだろう。まず元請となる主体は、問屋や貿易商社など商業資本であり、それに加えて巨大工業の購買部のように商業資本的性格をもつ産業資本を指していた。次に下請となる主体は、相当数の賃金労働者を雇い入れ、その内部に分業・協業関係が形成されており、さらに動力機械を導入した機械制工場であるとした。

したがって、下請制は、道具を用いた家族協業に基づく家内工業を、商業資本が実質的な賃金労働者として組織する問屋制家内工業とは異なった生産組織であった。

とはいえ、商業資本と生産者との関係を支配―従属関係でとらえる点は、下請制および問屋制家内工業双方に共通していた。つまり生産者は、原料購入および製品販売について市場から完全に遮断されており、なおかつ資金的にも脆弱であった。このため生産者は、市場とのつながりや資金的側面で優位にたつ商業資本に依存して、従属的位置に置かれざるを得なかったのである。

続いて下請制の定義をより明確化した研究として、加賀見一彰の研究が挙げられる。彼が下請制の要素として挙げたのは、①単一組織内での取引ではないこと、②市場性の乏しい特定の財についての製造・加工・修理の委託取引であること、③取引からの余剰の分割について、当事者間に事後的な交渉力格差が存在すること、であった[41]。

以上の加賀見の定義を基にして、本書で用いる下請制についてさらに検討してみたい。下請制が、外業部への発注に基づいたものである以上、①の要素は明らかである。ただしこの点は、同じく外業部への生産発注を意味する外注との区分が困難である。そのため、下請制と外注との意味を区分する要素を、②で指摘されているように、製品の市場性が乏しい点に求めたい[42]。すなわち、外注の場合は、発注を受ける工場が自身の製品を市場に販売することができるが、これに対して下請制の場合、下請工場側が自身の製品を販売することができない。そのため下請工場は、製品を流通させる役割を、発注側（商人）に委ねざるを得ず、それゆえ相手先ブランドで販売されることになり、製品の企画についてもイニシアチブを握ることができないことになる。つまり下請企業は、自身の製品を市場へと流通させることができないために、発注する商人に従属せざるを得ないのである。そのために、③の要素として指摘されるように、発注側と下請工場間では、取引条件をめぐる交渉についても、前者が優位に立つという意味で、格差が生じることになったと考えられる。

---

(39) 以下、藤田による整理については、藤田敬三、前掲書、を参照。
(40) 藤田敬三、前掲書、二七頁。
(41) 加賀見一彰「下請取引関係における系列の形成と展開」岡崎哲二編『取引制度の経済史』東京大学出版会、二〇〇一年。
(42) 下請制が外注と区分される要因として、田杉競は、下請制では製品に市場性がないことと、資金的脆弱性ゆえに、支配従属関係が生じる点を指摘している（田杉競『下請制工業論——経済発展過程における中小工業』有斐閣、一九四一年、第四章）。

要産出府県の変遷

1927年			1930年			1934年			1936年		
名前	価額	%	名前	価額	%	名前	価額	%	名前	価額	%
愛知	190,330	26.2	愛知	117,287	23.6	愛知	221,013	27.1	愛知	234,919	26.6
大阪	162,303	22.4	大阪	116,962	23.5	大阪	197,358	24.2	大阪	206,606	23.4
静岡	45,642	6.3	静岡	38,608	7.8	兵庫	70,048	8.6	静岡	71,582	8.1
兵庫	43,746	6.0	兵庫	35,448	7.1	静岡	52,956	6.5	兵庫	70,691	8.0
愛媛	38,603	5.3	岡山	27,358	5.5	岡山	43,835	5.4	岡山	49,807	5.6
岡山	34,365	4.7	愛媛	24,677	5.0	愛媛	39,488	4.8	愛媛	43,998	5.0
和歌山	27,724	3.8	三重	15,613	3.1	三重	25,236	3.1	三重	33,773	3.8
三重	26,595	3.7	和歌山	14,261	2.9	和歌山	17,015	2.1	富山	18,166	2.1
福岡	16,446	2.3	東京	11,060	2.2	徳島	16,217	2.0	岐阜	16,451	1.9
東京	12,549	1.7	福岡	9,558	1.9	東京	15,902	1.9	東京	15,886	1.8
	598,303	82.5		410,832	82.5		699,068	85.6		761,879	86.2
	725,389	100.0		498,021	100.0		816,362	100.0		883,342	100.0

以上の、下請制をめぐる研究史を検討し簡単にまとめれば、下請制の概念は、さしあたり以下のように定義されよう。

Ⓐ下請制とは、問屋が機械制工場（力織機工場・賃金労働者を有する）に、生産を委託する体制をいう。

Ⓑ生産委託を受けた工場は、その製品企画や取引条件をめぐる交渉力において、発注する問屋に対して劣位にある。

Ⓒ生産委託を受けた工場は、資金的に脆弱であり、原料購入や製品販売について市場性を有しないため、発注する問屋に従属せざるを得ない。

本書は、地域の工業化を「下からの下請制」が形成されていくプロセスとしてとらえて検討していく。これは、地域商人が、製造業者として、あるいは力織機工場を組織する問屋として地域の発展を牽引していく姿を想定しているからである。知多産地を事例とした本書の実証分析を通じて、この下請制のⒶ—Ⓒの概念の有効性と限界を終章で論じたい。この作業が、在来的な地域が近代化していくプロセスを示し、地域商人の流通・生産にわたる生き生きとした活躍を浮かび上がらせることにつながるからである。

表序-1　綿織物主

順位	1911年			1916年			1923年		
	名前	価額	%	名前	価額	%	名前	価額	%
1	大阪	26,673	19.0	大阪	125,716	41.3	大阪	153,980	22.2
2	愛知	17,771	12.7	愛知	31,281	10.3	愛知	108,536	15.6
3	三重	11,857	8.5	和歌山	28,799	9.5	和歌山	45,352	6.5
4	和歌山	10,389	7.4	三重	14,317	4.7	静岡	41,455	6.0
5	埼玉	8,399	6.0	兵庫	14,190	4.7	愛媛	39,735	5.7
6	兵庫	8,097	5.8	愛媛	11,864	3.9	三重	35,136	5.1
7	愛媛	7,646	5.5	岡山	10,944	3.6	兵庫	35,133	5.1
8	東京	6,106	4.4	静岡	10,482	3.4	岡山	30,882	4.4
9	岡山	5,871	4.2	埼玉	6,656	2.2	栃木	29,955	4.3
10	静岡	4,881	3.5	栃木	5,787	1.9	東京	24,379	3.5
上位10合計		107,690	76.8		260,036	85.4		544,543	78.4
合計		140,234	100.0		304,490	100.0		694,319	100.0

注）単位は、千円。%は、小数第二位以下を四捨五入。

資料）『農商務統計表』各年版。ただし1927年以降は『日本帝国統計年鑑』より筆者作成。

第四節　綿織物産地の諸類型

本節は、愛知県や知多産地の特徴を明らかにすることを目的とする。そのために、地域に展開した綿織物業を流通と生産の側面から検討し、全国の産地の類型化を試みる。まず各地域の主要生産品目、そしてその生産を支えた生産組織の特徴について分析する。

(一)　綿織物生産額の分析

綿織物生産額ランキング

表序-1を用いて、愛知県の全国的な位置づけを確認する。表序-1は、一九一一年から一九三六年までの各期間における綿織物生産上位一〇府県の生産額および全国生産額に占める割合を示している。ただし、統計の数値は、大紡績工場が織布業を合わせて操業するという、いわゆる紡織兼営織布を排除したものではないため、純粋な織布業者だけによる生産額ではない。とはいえ、全国的な綿織物産地の位置を概ね知ることはできる。[43]

全国的な生産額は、一九三〇年を除き順調な成長をみせた。そのなかでもとりわけ生産額が増大したのが、第一次大戦ブーム期を含む一九一六年から一九二三年の期間と、対外為替低落による輸出増大に支えられた一九三〇年から一九三四年の期間であった。上位一〇府県をみても、一九一一年から一九三六年に至る間に、七六・八%から八六・二%とその比重を高めていた。つまり、戦間期を通じて、綿織物上位生産府県は有力産地としての地位を高めていた。

次に、府県別に生産の推移を検討する。これによれば、大阪府と愛知県とが、期間を通じて、生産額の割合が一〇%を超える全国的に最上位の綿織物生産府県であったことが判明する。まず大阪府は、全国屈指の綿織物産地である泉南地方や泉北地方を有した先進地域であった。第一次大戦ブーム期を迎えた一九一六年では、生産額は一九一一年と比べて四倍以上の約一億二五七二万円にまで急上昇し、その割合も約一九%から約四一%へと高まった。それ以降、愛知県に一位の座を譲るものの生産額は伸び、割合も二〇%台前半を中心に推移していた。一方、愛知県は、知多地方や東三河地方、西三河地方という有力綿織物産地を有した、これも全国的な綿織物生産府県であった。愛知県の生産額は、一九一一年で大阪府に次ぐ二位に位置していた。しかし、愛知県の生産額は、一九一六年から一九二七年の期間で大きく増大して、割合も一九一六年の約一〇%から一九二七年には約二六%を超え、大阪府を抜いて全国でトップの座についた。

同様に、期間中に順位を伸ばした府県として、兵庫県と静岡県が注目に値する。まず兵庫県は、一九一一年に六位に位置していたものの、一九二三年から生産額が増大して一九三六年には四位にランクインした。静岡県は、一九一一年に一〇位であったが、第一次大戦ブーム期に急成長を遂げ、一九二三年の生産額は一九一六年と比べて約四倍に達するに至り、順位も四位に上昇した。その後も上位を維持して、一九三六年には三位にまで達した。

反対に、期間中に順位を下げたのは、一九一一年三位の三重県と、同じく四位の和歌山県であった。これは恐らく他産地との競争に敗れ、その比重を下げることになったのであろう。

このように各府県の生産額は、多様な変容をみせた後、一九三〇年代には愛知県・大阪府・兵庫県・静岡県が有力な綿織物生産府県へと成長を遂げた[44]。

生産品目

綿織物生産上位県の主力製品を、表序-2から検討したい。時期は、綿織物生産が活況を呈していた一九一九年を取り上げる。大阪府は、小幅白木綿と広幅白木綿の生産額および割合がともに大きく、白木綿生産が中心の府県であったことが特徴といえる。これは泉南産地・泉北産地を中心に、白木綿生産を主力産品として発展したという研究史の指摘と一致する[45]。加えて綿フランネル（略して綿ネルともいう）の比重が高いが、これは泉南地方を中心に展開したタオル産業を反映するものと考えられる[46]。愛知県は、やはり小幅白木綿および広幅白木綿の比重が大きく、大阪府と同じく白生地綿布生産を主力製品とした綿織物生産府県であった。加えて、縞木綿生産の比重も大きい。

他府県を検討すると、和歌山県は綿フランネルの比重が約四五%と大きい。兵庫県は、広幅白木綿と縞木綿の産

(43) 純粋な織布業者による生産額を推計した業績として、阿部武司の研究がある（阿部武司、前掲書）。

(44) 各府県に存在する有力産地およびその産地についての代表的研究については以下の通り。泉南地方（大阪府）で、代表的な研究として、阿部武司、前掲書、第二部。遠州地方（静岡県）で、代表的な研究は、山崎広明「両大戦間期における遠州綿織物業の構造と運動」『経営志林』第六巻一・二号、一九六九年。播州地方（兵庫県）で、代表的な研究は、阿部武司、前掲書、第三部。知多地方（愛知県）については、山崎広明「知多綿織物業の発展構造――両大戦間期を中心として」『経営志林』第七巻第二号、一九七〇年。

(45) 阿部武司、前掲書、第二部。

(46) 中島茂、前掲書。

上位 10 府県（1919 年）

縮木綿	%	織色木綿類	%	綿フランネル	%	タオル	%	蚊帳地	%	その他	%
1,437	4.9	2,805	9.1	41,309	39.9	8,243	46.4	7	0.1	7,991	6.0
15	0.1	3,783	12.3	968	0.9	276	1.6	488	10.3	18,318	13.8
11	0.0	69	0.2	46,393	44.8	294	1.7	8	0.2	10,135	7.6
6	0.0	207	0.7	2,295	2.2	2,522	14.2	34	0.7	7,581	5.7
380	1.3	1,737	5.7	722	0.7	130	0.7	31	0.7	4,710	3.5
−	0.0	1,524	5.0	9,955	9.6	959	5.4	0	0.0	1,995	1.5
758	2.6	1,000	3.3	66	0.1	2,141	12.0	6	0.1	3,144	2.4
−	0.0	1,414	4.6	−	0.0	301	1.7	101	2.1	21,260	16.0
1,099	3.8	5,499	17.9	−	0.0	7	0.0	1,310	27.6	9,196	6.9
80	0.3	2,209	7.2	67	0.1	−	0.0	−	0.0	6,088	4.6
3,786	13.0	20,247	65.9	101,775	98.2	14,873	83.7	1,985	41.8	90,418	68.0
29,143	100.0	30,722	100.0	103,622	100.0	17,770	100.0	4,750	100.0	132,972	100.0

要綿織物生産地域（1919 年）

縮木綿	%	織色木綿類	%	綿フランネル	%	タオル	%	蚊帳地	%	その他	%
−	0.0	−	0.0	−	0.0	−	0.0	−	0.0	−	0.0
−	0.0	51	1.3	840	86.9	7	2.5	−	0.0	8,167	44.6
5	33.3	457	12.1	24	2.5	27	9.8	−	0.0	477	2.6
1	6.7	1,538	40.7	−	0.0	19	6.9	−	0.0	3,264	17.8
−	0.0	1,519	40.2	3	0.3	43	15.6	22	4.5	26	0.1
−	0.0	−	0.0	−	0.0	−	0.0	−	0.0	416	2.3
9	60.0	100	2.6	−	0.0	−	0.0	−	0.0	2,000	10.9
−	0.0	9	0.2	−	0.0	89	32.2	64	13.1	8	0.0
−	0.0	5	0.1	−	0.0	20	7.2	−	0.0	112	0.6
−	0.0	1	0.0	−	0.0	−	0.0	401	82.3	210	1.1
15	100.0	3,680	97.3	867	89.7	205	74.3	487	100.0	14,680	80.1
15	100.0	3,783	100.0	967	100.0	276	100.0	487	100.0	18,319	100.0

表序-2 綿織物生産額

	府県名	産額		小幅白木綿		広幅白木綿		縞木綿		絣木綿	
			%		%		%		%		%
1	大阪	284,821	27.5	71,247	50.5	148,109	36.9	3,667	3.4	6	0.0
2	愛知	163,174	15.8	39,388	27.9	84,601	21.1	14,798	13.8	539	1.1
3	和歌山	76,988	7.4	174	0.1	19,538	4.9	366	0.3	–	0.0
4	兵庫	59,386	5.7	4,192	3.0	32,277	8.0	10,125	9.4	147	0.3
5	静岡	55,566	5.4	7,673	5.4	12,205	3.0	25,080	23.4	2,898	6.1
6	愛媛	53,938	5.2	1,952	1.4	10,907	2.7	12,748	11.9	13,898	29.2
7	三重	44,231	4.3	1,819	1.3	34,170	8.5	1,094	1.0	33	0.1
8	岡山	42,011	4.1	705	0.5	16,765	4.2	1,451	1.4	14	0.0
9	埼玉	34,246	3.3	3,422	2.4	426	0.1	10,729	10.0	2,558	5.4
10	東京	27,782	2.7	278	0.2	13,697	3.4	4,851	4.5	512	1.1
	上位10合計	842,143	81.4	130,850	92.8	372,695	92.9	84,909	79.2	20,605	43.3
	全国計	1,033,832	100.0	140,998	100.0	400,976	100.0	107,239	100.0	47,537	100.0

注1）産額の単位は、千円。千円以下は四捨五入。
注2）「%」は、小数第二位以下を四捨五入。
資料）『第三十六次　農商務統計表』1921年。

表序-3 愛知県における主

	郡名	産額		小幅白木綿		広幅白木綿		縞木綿		絣木綿	
			%		%		%		%		%
1	知多	50,235	30.8	21,399	54.3	28,836	34.1	–	0.0	–	0.0
2	名古屋	34,802	21.3	326	0.8	25,044	29.6	313	2.1	54	10.0
3	愛知	17,958	11.0	2,596	6.6	13,254	15.7	843	5.7	275	51.0
4	中島	12,869	7.9	890	2.3	2,189	2.6	4,945	33.4	23	4.3
5	宝飯	7,289	4.5	9	0.0	52	0.1	5,614	37.9	1	0.2
6	岡崎	6,261	3.8	2,302	5.8	3,519	4.2	24	0.2	–	0.0
7	額田	6,182	3.8	3,947	10.0	–	0.0	126	0.9	–	0.0
8	碧海	5,781	3.5	2,366	6.0	3,204	3.8	41	0.3	–	0.0
9	幡豆	4,993	3.1	2,475	6.3	2,336	2.8	45	0.3	–	0.0
10	丹羽	4,918	3.0	262	0.7	3,444	4.1	598	4.0	2	0.4
	上位10合計	151,288	92.7	36,572	92.9	81,878	96.8	12,549	84.8	355	65.9
	愛知県合計	163,173	100.0	39,388	100.0	84,601	100.0	14,798	100.0	539	100.0

注1）愛知県内で綿織物生産額上位10の郡を取り上げた。
注2）産額の単位は、千円。千円以下は四捨五入。
資料）『愛知県統計書』1919年版。

額が大きい。この縞木綿は、後に五彩布とよばれる播州産地の主力産品へと声価を高めていく。[47] 静岡県も縞木綿の産額が、二五〇〇万円を超えて、全国比約二三%を占めている。ただし静岡県の場合は、さらに別珍・コール天という加工度の高い綿布へとシフトしていく。そのほか愛媛県は、縞木綿および絣木綿の生産額が大きく、三重県は、広幅白木綿の生産額が大きい。

以上の検討から、諸府県を生産品目で分類できる。つまり、比較的単純な工程のもとで生産される白木綿を主力製品としていたのは、大阪府、愛知県、そして三重県であった。一方で、製織上比較的高い技術を必要とし付加価値の高い綿布（縞木綿や絣木綿、綿フランネルなど）の生産比重が高い府県は、和歌山県、兵庫県、静岡県、愛媛県であった。

愛知県と知多産地

愛知県は、全国屈指の綿織物生産県であり、白木綿生産が主力であることは先の分析から明らかとなった。続いて表序-3を用いて、愛知県を地域別に分類して主力製品の違いを検討したい。これによれば、知多郡は生産額が五〇〇〇万円を超え、割合も三〇%を超えていることから、愛知県内で随一の綿織物生産地域であったことが判明する。次に、主力生産品目をみると、白木綿生産の比重の高さがひときわ目立ち、愛知県の特徴をまさに象徴していた。特に小幅白木綿は約五四%で、県内でも圧倒的な割合を占めている。つまり本書で対象地域とする知多産地は、全国的に有数の白木綿産地だった。

他地域に目を転じると、名古屋市は、知多地方と同じく、広幅白木綿が主力製品であった。これはおそらく名古屋市を生産拠点とする紡織兼営織布の生産動向を反映したものであろう。次に、三河地方西部の岡崎・額田・碧海（以上、三州地域）は小幅白木綿が主力産品であった。一方、宝飯郡（東三河地域）と中島郡（尾西地域）は、縞木綿生産が盛んで性格を異にしていた[48]。
つまり、全国的に白木綿生産の比重が高いと特徴づけられる愛知県は、知多郡と名古屋市とが生産の中心を担いながらも、個性ある産地を内包していたのである。

(二) 生産組織の分析

生産組織

全国屈指の生産諸府県は、どのような生産組織を有しながら成長を遂げていったのだろうか。各府県の特徴を明らかにしていきたい。

表序-4は、一九一九年における上位一〇府県の生産組織を示している。当時の統計では、「職工一〇人以上」、「職工一〇人未満」、「織元」、「賃織」と分類される。「職工一〇人以上」および「職工一〇人未満」は、一カ所に労働者を集めて、独立経営として生産する集中作業場で、力織機を導入するか否かで「工場」あるいは「マニュファクチュア（工場制手工業）」に分類される。次に「織元」とは、織物生産を農家に委託する問屋制商人を指す。「賃織」は、その問屋の外業部として織物生産する賃織農家を一般的にいう。

「職工一〇人以上」の生産組織をとる府県を機業戸数からみると、大阪府、愛知県、静岡県、埼玉県が際立っている。さらにこの内で、大阪府および愛知県は、一戸あたり職工人数は五〇人を超えている。つまり大阪府および愛知県は、全国に先駆けて集中作業場（マニュファクチュアあるいは動力工場）の設立が進んだと考えられ、その規模

(47) 阿部武司、前掲書、第三部。
(48) 知多、三州、東三河、尾西、という綿織物地域の分類は、基本的に阿部武司による分類にしたがっている（阿部武司、前掲書、第一部）。

表序 -4　生産組織別の機業戸数・職工数（1919 年）

(1) 機業戸数・職工数

	府県名	機業戸数（戸）					職工数（人）				
		職工 10人以上	職工 10人未満	織元	賃織	小計	職工 10人以上	職工 10人未満	織元	賃織	小計
1	大阪	609	143	87	1,071	1,910	43,593	689	65	1,984	46,331
2	愛知	617	1,537	587	17,502	20,243	35,898	5,476	966	28,680	71,020
3	和歌山	109	189	264	8,344	8,906	7,835	652	746	9,363	18,596
4	兵庫	215	1,386	207	1,715	3,523	12,658	3,048	822	4,033	20,561
5	静岡	436	318	128	1,004	1,886	12,958	1,775	519	3,025	18,277
6	愛媛	120	2,689	385	20,573	23,767	9,569	3,047	1,640	22,944	37,200
7	三重	71	2,408	27	1,242	3,748	8,425	3,102	49	1,785	13,361
8	岡山	147	288	131	1,857	2,423	10,860	1,493	318	2,090	14,761
9	埼玉	387	12,978	525	28,997	42,887	6,167	18,354	1,752	35,721	61,994
10	東京	226	1,880	467	7,434	10,007	11,690	6,730	1,976	9,919	30,315
	上位10合計	2,937	23,816	2,808	89,739	119,300	159,653	44,366	8,853	119,544	332,416
	知多郡	22	3	19	240	284					
	全国計	6,834	277,079	14,898	256,914	555,725	279,050	359,901	31,892	349,772	1,020,615
生産形態別割合（%）											
	上位10合計	2.5	20.0	2.4	75.2	100.0	48.0	13.3	2.7	36.0	100.0
	愛知県	3.0	7.6	2.9	86.5	100.0	50.5	7.7	1.4	40.4	100.0
	知多郡	7.7	1.1	6.7	84.5	100.0					
	全国計	1.2	49.9	2.7	46.2	100.0	27.3	35.3	3.1	34.3	100.0

(2) 一戸あたり平均職工人数（人）

	府県名	職工 10人以上	職工 10人未満	織元	賃織	小計
1	大阪	71.6	4.8	0.7	1.9	24.3
2	愛知	58.2	3.6	1.6	1.6	3.5
3	和歌山	71.9	3.4	2.8	1.1	2.1
4	兵庫	58.9	2.2	4.0	2.4	5.8
5	静岡	29.7	5.6	4.1	3.0	9.7
6	愛媛	79.7	1.1	4.3	1.1	1.6
7	三重	118.7	1.3	1.8	1.4	3.6
8	岡山	73.9	5.2	2.4	1.1	6.1
9	埼玉	15.9	1.4	3.3	1.2	1.4
10	東京	51.7	3.6	4.2	1.3	3.0
	上位10合計	54.4	1.9	3.2	1.3	2.8
	全国計	40.8	1.3	2.1	1.4	1.8

注 1）「一戸あたり平均職工人数」は、それぞれの項目について、「職工数」を「機業戸数」で除して算出した。小数第二位を四捨五入。

注 2）「生産形態別割合」は、小数第二位を四捨五入。

資料）『第三十六次　農商務統計表』1921 年。

『愛知県統計書』1919 年版。

は大きかった。先ほど検討したように、この二府県は、製法が単純な白生地綿布を生産していたから、大規模な作業場で大量生産体制を強化していった。

次に「職工一〇人未満」をみれば、埼玉県が約一万三〇〇〇戸と目立って多い。しかも一戸あたり平均職工人数は一・四人と少ないことから、おそらく零細なマニュファクチュア（あるいは工場）が広く分布していたのであろう。「織元」は、愛知県・愛媛県・埼玉県、東京府で多い。特に愛知県・愛媛県・埼玉県は、「賃織」も多いことをあわせて考えれば、問屋制が広く展開していたといえよう。

つまり愛知県は、大規模な集中作業場が広範囲に分布しつつ、一方で問屋制をも普及した地域であった。このように、多様な生産組織が混在した地域は、全国的に類をみない。なかでも知多産地は、表序-4から確認できるように、大規模な集中作業場と問屋制の普及がみられ、愛知県の特徴をよく反映していた。

力織機の普及

綿織物生産が成長するためには、地域に力織機が普及して工業化が進むことが必要となる。それでは、主要府県で力織機の普及はどの程度進んでいたのであろうか。表序-5を用いて、生産組織別に検討していく。

まず「職工一〇人以上」欄をみると、力織機台数が多いのは、大阪府・愛知県・静岡県・兵庫県である。つまり、この四府県は、機業戸数も上位にあったことから、比較的大規模な力織機工場が全国に先駆けて出現して、主要生産府県としての地位を高めていった。次に「職工一〇人未満」欄をみると、埼玉県において力織機台数および手織機双方の台数が比較的多い。つまり埼玉県は、比較的小規模の力織機工場とマニュファクチュアとが併存する産地だった。

「織元」欄に目を転じると、力織機台数が多い府県は、兵庫県・静岡県・埼玉県・東京府である。他方、手織機

表序 -5　生産組織と力織機化（1919 年）

	府県名	織機台数									
		職工 10人以上		職工 10人未満		織元		賃織		小計	
		力織機	手織機	力織機	手織機	力織機	手織機	力織機	手織機	力織機	手織機
1	大阪	45,717	2,763	530	425	110		495	1,599	46,852	4,787
2	愛知	22,470	6,580	528	5,147	105	631	8,941	22,530	32,044	34,888
3	和歌山	5,750	805	1	649		375		9,332	5,751	11,161
4	兵庫	9,480	1,091	273	2,467	793	81	580	3,257	11,126	6,896
5	静岡	14,475	245	2,652	762	594	141	3,193	1,228	20,914	2,376
6	愛媛	7,017	499	59	3,621	5	232	50	22,931	7,131	27,283
7	三重	7,277	850	50	2,693		24	102	1,157	7,429	4,724
8	岡山	7,051	2,247	167	1,206	41	154	290	1,809	7,549	5,416
9	埼玉	2,271	508	9,031	7,768	458	252	19,734	14,284	31,494	22,812
10	東京	6,051	1,499	1,226	4,324	479	666	251	9,599	8,007	16,088
	上位10 合計	127,559	17,087	14,517	29,062	2,585	2,556	33,636	87,726	178,297	136,431
	知多郡									12,634	165
	全国計	208,529	52,244	25,244	309,258	4,783	19,365	39,145	293,864	277,701	674,731

注）織機台数の単位は、台。
資料）『第三十六次　農商務統計表』1921 年。
『愛知県統計書』1919 年版。

台数が多い府県は、愛知県・東京府である。つまり、「織元」が力織機工場を有するケースは、兵庫県・静岡県・埼玉県で多く、マニュファクチュアを有するケースは愛知県で多かった。東京府では、その双方がみられた。

最後に「賃織」欄を検討する。「賃織」形態で力織機台数が多い府県は、埼玉県・愛知県・静岡県となる。これは力織機を導入した工場を、問屋が賃織工場として組織する体制が広く普及していたことを示している。他方、手織機の多い府県は、愛知県・愛媛県・埼玉県である。

以上の検討から、各府県の力織機化は、その普及と受容方法に違いがあった。まず大阪府は、力織機導入がいち早く進み、大規模な機械制工場が主軸となって産地の形態が変化していった。これに対して愛知県は、大阪府と同じく大規模工場が登場する一方で、問屋制のもとで組織される力織機工場が生まれていった。

つまり、地域の工業化は、独立した大規模工場

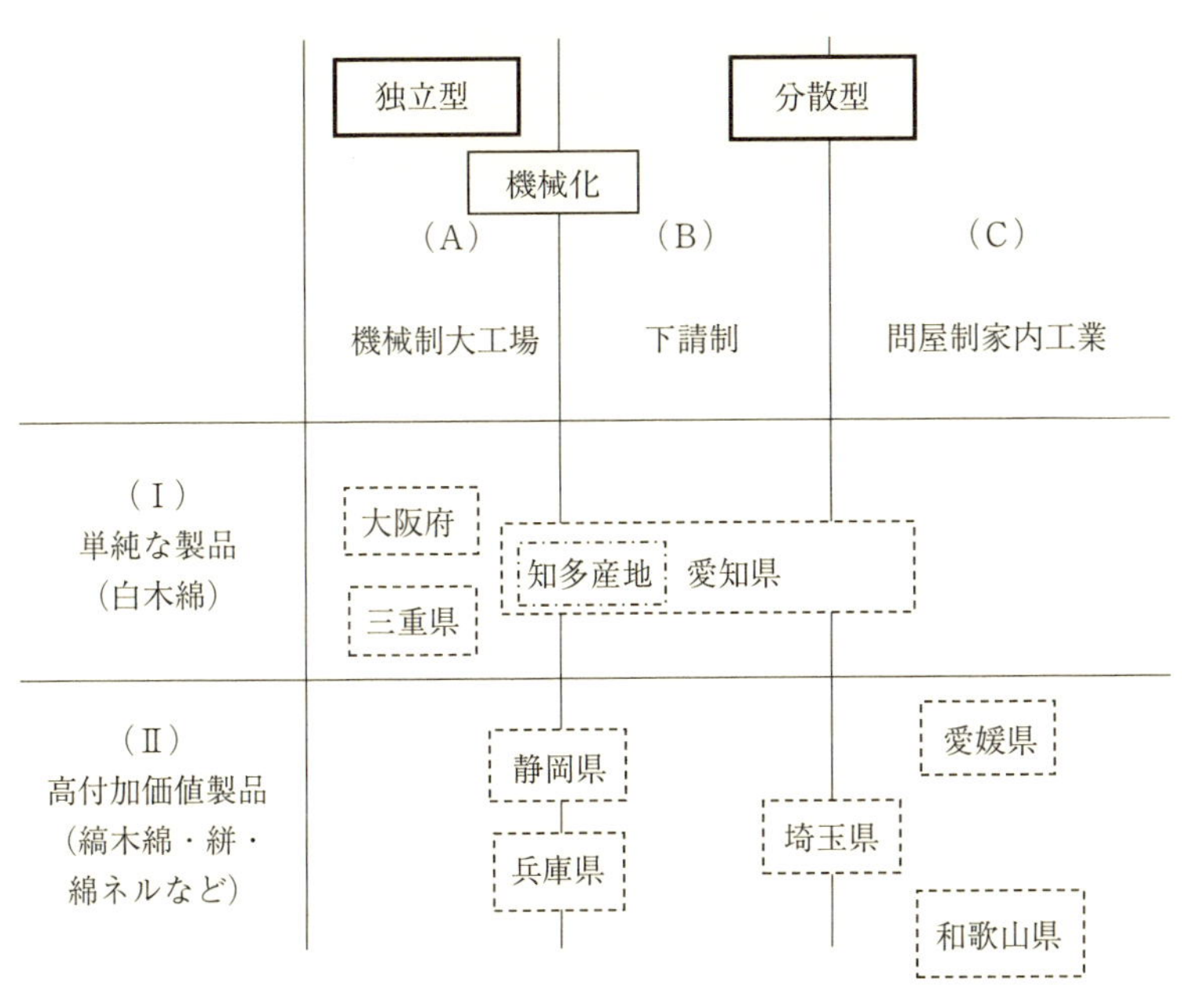

図序－1　綿織物生産府県の類型

注）筆者作成。

の成立のみが必然とされるのではなく、問屋制という生産組織が維持されつつ進んでいったのである。静岡県や埼玉県をみれば、愛知県と同じく問屋制下で力織機化が進んだことが確認できる。本書はこの変化を下請制の全国的な普及ととらえて、地域工業化の実像に迫っていく。

（三）主要府県の類型化と愛知県

以上、統計書の分析に基づいて、生産品目と生産組織それぞれを軸に各府県の類型化を試みて、愛知県および知多産地の特徴を明らかにしていく（図序－1）。

生産品目

類型（Ⅰ）単純な白木綿を主として生産する府県。これにあたるのは、大阪府、愛知県、三重県である。

類型（Ⅱ）縞木綿、絣木綿、綿フランネルという比較的付加価値の高い製品の生産が盛んな府県。静岡県、兵庫県、埼玉県、愛媛県、和歌山県がこれにあたる。

生産組織

類型（A）大規模な力織機工場が地域の主たる位置を占める府県。大阪府・三重県がそれにあたる。やや規模は小さいが、愛知県・兵庫県・静岡県も含まれる。

類型（B）力織機を導入した工場を生産委託先として組織する下請制が、広く普及した府県。愛知県や埼玉県・静岡県・兵庫県がこれにあたる。

類型（C）問屋制家内工業が広く残存している府県。愛知県・愛媛県・埼玉県・和歌山県がそれにあたる。

つまり、愛知県は類型（A）と類型（B）・類型（C）、静岡県と兵庫県は類型（A）と類型（B）、埼玉県は類型（B）と類型（C）の性格をも有している。

類型（Ⅰ）は、比較的単純な白木綿を主力製品にするため、力織機化がいち早く普及して大規模化しやすい点に特徴がある。これは、高い技術を要しない綿布を生産するために、力織機を大量導入した大規模工場で少品種大量生産を行うことで、規模の経済性を享受することができるからであった[49]。

一方で類型（Ⅱ）は、付加価値の高い縞木綿や絣などを主力製品としたため、力織機化の普及は緩やかで、分散的な生産組織が選択されやすい点に特徴がある。これは、多様な製品特性に応じて生産委託するために、下請制にメリットがあったからである。静岡県や埼玉県を特徴づける下請制は、分散型生産組織を選好した結果であった。加えて問屋制家内工業が残存した愛媛県や和歌山県は、いまだ農家手織の技術が生かされる余地があったと推察できる。近代日本では、各地に工業化が進んでいった。しかし、その工業化の浸透度や生産組織は、各地域が取扱った製品によって異なる様相を呈することになった。つまり、製品市場に応じて、各地域が適合的な生産組織を選択していたのである。だとすれば、多様な生産組織を内包する愛知県は、各地域の工業化プロセスを体現した地域といえる。

なかでも知多産地は、工業化がいち早く進んで大規模工場が出現した地域としてだけでなく、下請制が広範囲に普及した地域としても、愛知県において極めて先進的であった。つまり知多産地は、近代日本における地域の工業化を先駆的に具現化していったのである。本書は、この知多産地を舞台に活躍した地域商人を軸にして、「市場」・「生産組織」・「労働」にまで射程を広げつつ、地域の工業化を描いていく。

第五節　本書の視角と構成

本書の課題を解明するにあたって、まずは三つの分析視角を提示しておきたい。

第一に、地域商人が地域発展に果たした役割について明らかにしていく。輸出市場拡大のインパクトに直面し、地域の工業化が進むなかで、地域商人の役割は高まっていたからである。特に愛知県でみられたような下請制の広範囲な普及は、地域商人の市場対応力や下請工場への組織力の高さが基盤となっていた。

第二に、生産組織がどのような要因で選択されたのかという点について明らかにする。地域で工業化が進んでいくと、問屋制家内工業やマニュファクチュアは、工場制工業へと形態を変化させることが想定される。しかし愛知

(49) 阿部武司によれば、このような条件下で、泉南地方および泉北地方（いずれも大阪府）に排出した大規模な機業家を「産地大経営」とよんでいる（阿部武司、前掲書）。

県では、工場制工業への動きは、独立した大工場へと収束するのではなく、下請制が展開し、問屋制家内工業も残存した。つまり、大規模工場か問屋制かという選択は、決してトレード・オフの関係にあるのではなかった。むしろ、同一地域内においても互いに並存できる関係にあった。だとすれば、各機業家が、どのような経営戦略に基づいて、生産組織を選択していたのかを解明する必要がある。

第三に、下請制が、知多産地に広く普及した要因について明らかにする。例えば、埼玉県の場合は、主力製品が縞木綿であったことから、問屋が生産部門を外業部委託する生産組織が普及しやすかった。だとすれば、問屋は力織機工場を外業部として組織することにメリットを見出していたと考えられる。愛知県の場合、広幅白木綿に加えて、小幅白木綿および縞木綿が大きな比重を占めていたことが、下請制の普及をもたらした可能性がある。

本書では、産地問屋が力織機工場を組織した生産組織を「下請制」ととらえ、その展開の要因と発展の論理を導き出していく。このことで、近代日本の地域発展メカニズムを描き出したい。なお、地域の工業化が進むなかで、農家の季節的労働に制約された農家家族が、地域の工業化を支える労働力の供給源となりえたのかということをも解明したい。このことで、「地域の産業革命」の全体像を浮かび上がらせることができる。

本書は、以上の分析視角を意識して、愛知県知多地方の綿織物業を分析していく。本文は六章構成で二部に分けられる。

まず第I部は、第一次大戦ブームを迎えて、輸出市場拡大という市場インパクトに直面した産地の対応の側面に注目する。国内市場を舞台として成長を遂げてきた知多産地は、この事態によって、輸出市場と国内市場との選択を迫られた。この選択の主体は地域の産地問屋であった。第I部では、三つの産地問屋が、自らの経営戦略に基づいて市場を選択し、それに応じて流通網や生産組織を再編していく様を描く。

第一章は、知多地方の産地問屋であった瀧田商店が、一度は輸出市場に軸を移しながらも国内市場を選択し、綿糸調達先や綿布販売先をダイナミックに再編していく過程を明らかにする。

第二章は、知多地方の産地問屋北村木綿株式会社を取り上げて、国内市場を軸に、知多産地屈指の規模へと成長していく過程に注目する。知多の輸出産地化が進むなかで、北村木綿は、どのように販売戦略を選択し、生産組織を再編していったのかを解明したい。

第三章は、知多地方の産地問屋中七木綿株式会社を事例にして、輸出市場向け生産を選択することで設備拡大を実現し、産地大経営へと成長を遂げた要因を探っていく。中七木綿が輸出向け綿布生産へと戦略を転換するなかで、名古屋集散地問屋との取引関係をどのように強め、急成長へとつながっていったのかが明らかになる。

第Ⅱ部は、産地問屋が組織した下請制が、なぜ産地に普及して、有効に機能したのかという点に注目する。そのために、産地問屋だけではなく下請工場の分析も通じて、下請制が生産組織として有効に機能していたのかを実証する。それだけでなく、力織機工場に労働者が農村から供給されるようになっていたかについても検討する。これによって地域の工業化が、農村をも含んで地域社会にダイナミックな変容をもたらしたことが明らかになる。

第四章は、知多産地で工業化が進んだことを明示したうえで、産地問屋がその力織機工場をどのように組織して機能させていたのかを検討する。そのために、産地問屋瀧田商店が、下請制のデメリットを回避して、高度な分業体制を構築していくプロセスを実証したい。

第五章は、下請工場の具体的分析を通じて、下請制の実態に迫っていく。知多地方で下請工場として操業していた冨貴織布株式会社は、産地問屋にどのような利害を主張し、企業経営に活かしていったのかという点に注目する。この分析により、下請制を有効に作用させるメカニズムが「問屋—下請工場」双方から解明される。

第六章は、工業化に必要とされる工場労働者が、知多産地に創出されていたかどうかを検討する。このために、瀧田商店の自営工場を取り上げて、工場労働者の就業実態を分析する。農業労働に制約されない工場労働者が産地に定着していれば、工業化は地域全域に及んでいたと判断することができるだろう。

最後に、終章では、地域工業化と下請制についての本書の主張を取り纏めたうえで、近代日本の経済成長を支えた、地域発展のメカニズムを提示する。本書を通じて、地域の成長を先導した地域商人の躍動が、鮮やかに描き出されるであろう。

第Ⅰ部

市場のインパクトと地域商人の対応

──市場選択と組織再編──

◉──近代日本の経済成長のなかで、第一次大戦ブーム期は極めて重要な時期であった。輸出市場の急激な拡大は、国内市場を基盤に発展してきた地域経済の社会的分業関係に強烈なインパクトを与えたからである。第Ⅰ部は、この市場インパクトに直面した知多産地問屋が、それぞれの市場選択に基づいて、適合的な販売戦略や生産組織を構築していくプロセスを描き出す。第一章の瀧田商店は、国内市場に向けた高付加価値製品を主力に据えて、安定志向の経営戦略をとった。第二章の北村木綿株式会社は、国内市場を選択し分散的な生産組織を主軸とした。そして市場構造の変化に対応しながら自営工場を中心として生産組織を再編し、経営規模を拡大していく。第三章の中七木綿株式会社は、輸出市場を選択して自営工場の拡大路線を積極的に推し進め、日本屈指の大規模機業家「産地大経営」へと発展を遂げていく。

第一章

国内市場の選択と流通網の再編

――瀧田商店の戦略的市場創出――

◉――本章では、国内市場に向けた知多産地の自立的な活動を取り上げる。産地問屋瀧田商店は、国内市場に向けた市場戦略をとるにあたって流通網を再編し、知多産地独自のブランド製品「知多晒」のなかでも、特に高付加価値製品を主力とした経営戦略を発揮していった。加えて知多郡白木綿同業組合の活動は、知多産地の競争力を高め、地域の発展を支えた。

瀧田商店本店。大量の綿製品が出荷される様子が分かる。

本章の目的は、輸出市場の拡大に直面した産地問屋がどのように市場を選択し、流通網を再編していったのかについて検討することにある。このことで、知多産地綿織物業が国内市場へと展開するプロセスを明らかにする。その理由は、国内市場が産地の発展を促す舞台であっただけでなく、産地問屋の流通における独自の役割が大いに発揮されたと考えるからである。

知多綿織物業史の研究蓄積は比較的多い。近世知多木綿の展開については林英夫[1]、明治期以降は村上はつ[2]、浦長瀬隆[3]らによって検討されており、知多綿織物業は、国内向け綿布生産を主軸に据えて発展を遂げ、産地問屋がその発展に大きく寄与した点が指摘されている。しかし、山崎広明の研究[4]は、第一次大戦後、輸出向け広幅綿布生産が急速に拡大し、国内向け小幅綿布生産が衰退を迎える点を指摘している。こうした国内向け小幅綿布生産の縮小にともない、産地問屋は独自性・流通における役割を喪失し、名古屋集産地問屋への知多産地の従属がもたらされるとした。これは、知多産地問屋の活動の余地が、大きく制限されることを意味していた。

一方で、産地綿織物業への研究動向に目を向けると、産地の主導性に積極的評価を与える見解が多い点に気づく。中安定子は、紡織兼営織布の展開は在来綿織物業の展開を基盤にしていたとする見解を提示している[5]。阿部武司は、産地綿織物業が近代紡績業の綿糸需要先としての役割を担うという分業関係を指摘したうえで、この分業関

(1) 林英夫『在方木綿問屋の史的展開』塙書房、一九六五年。
(2) 村上はつ「知多綿織物業と金融——竹之内商店の分析を中心に」山口和雄編著『日本産業金融史研究——織物金融篇』東京大学出版会、一九七四年、第五章第二節。
(3) 浦長瀬隆『近代知多綿織物業の発展——竹之内商店の場合』勁草書房、二〇〇八年。
(4) 山崎広明「知多綿織物業の発展構造——両大戦間期を中心として」『経営志林』第七巻第二号、一九七〇年。
(5) 中安定子「在来綿織物業の展開と紡績資本」『土地制度史学』第一四号、一九六二年。

ける主要生産綿布

1929年			1932年			1936年		
品名	価額	%	品名	価額	%	品名	価額	%
粗布（広）	13,785	38.6	晒木綿生地（小）	5,943	18.7	天竺木綿（広）	18,387	30.5
晒木綿生地（小）	6,397	17.9	金巾（広）	5,902	18.6	粗布（広）	13,280	22.0
綾綿布（広）	4,182	11.7	粗布（広）	5,796	18.2	金巾（広）	9,688	16.1
天竺木綿（広）	3,799	10.7	天竺木綿（広）	5,428	17.1	晒木綿生地（小）	7,449	12.3
岡木綿（小）	3,440	9.6	白及平織綿布（広）	2,816	8.9	綾綿布（広）	5,007	8.3
金巾（広）	2,605	7.3	岡木綿（小）	2,347	7.4	岡木綿（小）	4,041	6.7
小巾計	10,055	28.2	小巾計	8,729	27.4	小巾計	12,002	19.9
広巾計	25,543	71.6	広巾計	23,049	72.4	広巾計	48,315	80.1
総計	35,667		総計	31,815		総計	60,317	

係から産地側が利益を享受し、紡織兼営織布に迫る規模を誇る「産地大経営」が生まれることを明らかにした。[6] いずれも産地綿織物業の発展を積極的に肯定するものである。その要因としては、特に戦間期において、産地の輸出向け綿布生産へのシフト、集散地問屋に流通を委ねて産地が「生産者化」していった点が指摘された。

産地の主導性を評価する研究動向をふまえ、さらに戦間期において知多産地の生産額が全国的にみて上位に位置していたことを考え合わせると、知多産地の成長を可能にした産地の内的要因を検討して評価する必要がある。加えて、知多産地の輸出産地化が一九三三年以降であったという阿部武司の指摘[7]にある通り、知多産地の輸出産地化が戦間期に一貫した動向であったとはいえない。確かに、知多産地における主要綿布の生産動向を検討した表1-1をみれば、戦間期を通じて粗布、金巾など輸出向け広幅白綿布生産への比重を高め、急成長を遂げていたことは明らかである。しかし、国内向け綿布である小幅晒生地が、戦間期を通じて比重は下がるものの、その生産量は減少せず、時には増加をみせていた点は注目に値する。加えていえば、知多小幅木綿の国内市場における地位は高く、一九三一年には全国白木綿生産額の約三

表 1-1　知多にお

順	1913年 品名	価額	%	1918年 品名	価額	%	1924年 品名	価額	%
1	白木綿	3,551	99.7	白木綿（広）	21,595	66.6	粗布（広）	17,344	41.2
2	蚊帳地	10	0.3	白木綿（小）	10,337	31.9	晒木綿生地（小）	8,394	20.0
3				岡木綿（小）	338	1.0	天竺布（広）	8,011	19.0
4				ガーゼ	63	0.2	岡木綿（小）	2,503	6.0
5				蚊帳地	54	0.2	その他生綿布（小）	1,858	4.4
6				縞木綿	15	0.0	繻子地生綿布（広）	1,505	3.6
	小巾計	–		小巾計	10,675	32.9	小巾計	12,853	30.6
	広巾計	–		広巾計	21,595	66.6	広巾計	29,208	69.4
	総計	3,561		総計	32,412		総計	42,061	

注1）交織は含んでいない。そのため、「小巾計」と「広巾計」との和は、「総計」と一致しない場合がある。

注2）白綿布には下線を引いてある。

注3）括弧内の「小」は小巾木綿、「広」は広巾木綿であることを示す。

注4）単位は、千円。千円以下は四捨五入。

資料）『愛知県統計書』各年版。


六%を占めていたのである。[8] また、「……東京ヘノ移入ハ知多晒木綿ヲ主タルモノトス」[9] と報告されていることからも、知多綿織物業は東京市場において大きなシェアをもっていた。このような事実から、知多産地は国内市場で確固たる地位にあったのであり、それゆえ輸出向け綿布生産だけではなく、国内向け綿布生産の発展過程を検討する必要があるといえよう。

以上の理由から本章では、知多産地の展開を、産地の自立性に注目して実証するにあたり、国内市場における動向に焦点を当てる。[10] なお、国内市場にて取り扱われる小幅綿布は、後に詳述する

（6）阿部武司「綿工業」西川俊作・阿部武司編『日本経済史4　産業化の時代　上』岩波書店、一九九〇年。同『日本における産地綿織物業の展開』東京大学出版会、一九八九年。
（7）阿部武司、前掲書、八四―八五頁。
（8）森川音三郎『名古屋地方の綿織物工業』一九三三年、六頁。
（9）商工省商務局編『商取引組織及系統ニ関スル調査（内地向綿織物）』日本商工會議所、一九三〇年、四頁。
（10）知多産地問屋が、戦間期に国内向け（東京向け）綿布販売を継続していたという論点については、浦長瀬隆が指摘している。しかしその要因への具体的検討が不十分なこと、あるいは知多産地全体への展望が無いことなどは課題といえる。本書は、そうした課題も視野に入れて検討する（浦長瀬隆、前掲書）。

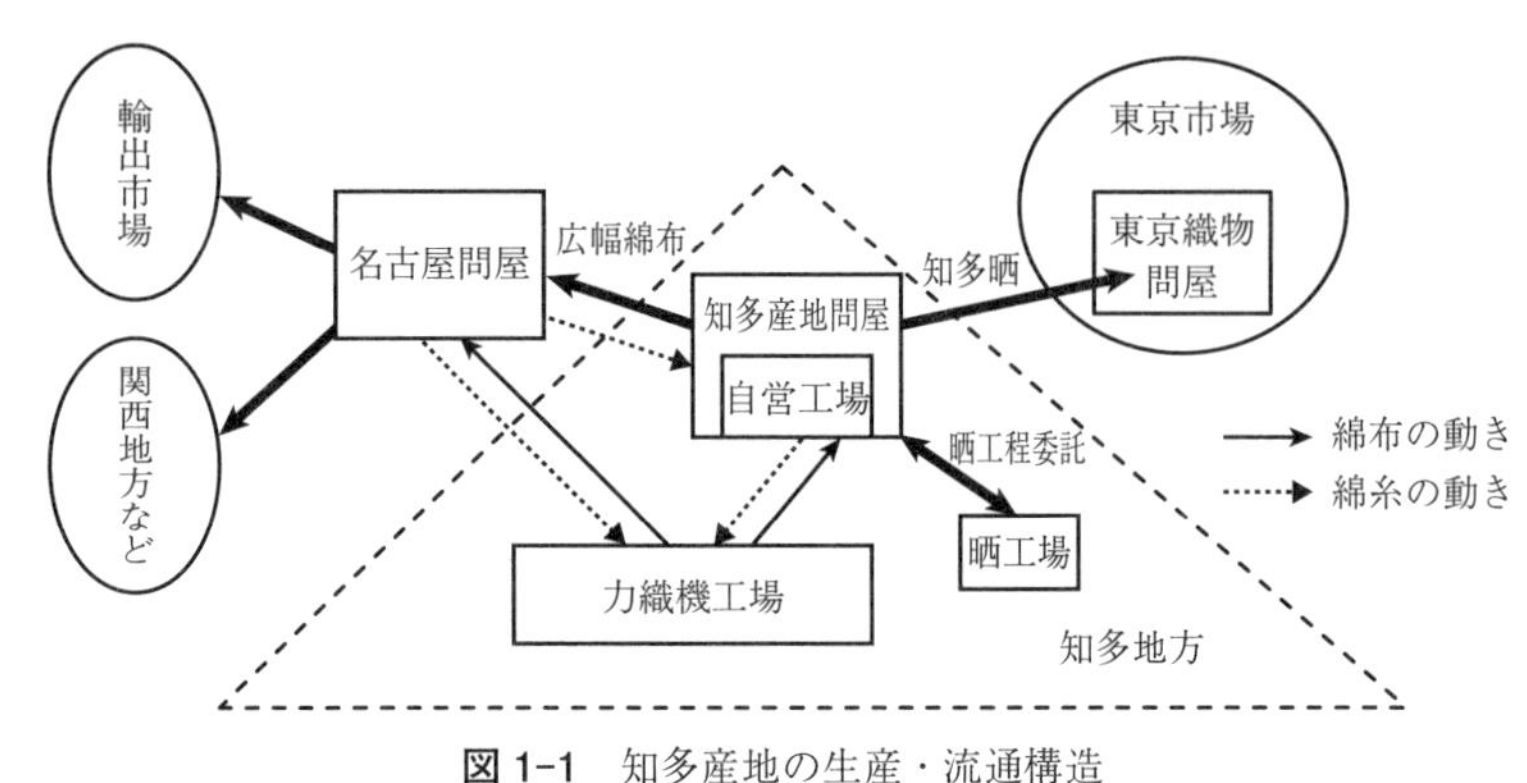

図1-1　知多産地の生産・流通構造

注）筆者作成。

ように、近世以来、知多産地問屋が取り扱いにおいて重要な役割を果たしてきた。そこで、知多産地問屋の自立的な活動を具体的に分析することで、産地の展開を論じていきたい。

第一節　国内市場に向けた取引先の再編

(一) 知多木綿と瀧田商店

知多木綿は、輸出向け広幅綿布に、国内向けに販売される小幅晒綿布、その他の小幅綿布を加えた三品種に大きく分けられる。本章では、小幅晒綿布を中心に検討する。この小幅晒綿布は、「知多晒」とよばれ、知多産地独特の晒製法に基づくブランド品であった。知多晒は、主に手拭地として消費されたが、関東地方のほか、東北地方にも販路をもっていた。製品の流通については、知多産地問屋が東京織物商と近世以来取引を維持してきた（図1-1）。まず、知多産地における瀧田商店（瀧田貞一）の位置を確認しておく。一九三〇年代前半における、知多晒を取り扱う知多産地問屋および東京織物商を取引額順に挙げたものが、表1-2である。当時知多では一六件の産地問屋が知多晒の流通を担っ

表 1-2　知多産地問屋と東京織物商

知多産地問屋			東京織物商		
順位	名前	出荷数（梱）	名前	住所	入荷数（梱）
1	藤田商店	22,234	塚本商店	日本橋・本町	13,942
2	北村木綿	17,506	中村商店	日本橋・元浜	13,751
3	岩田商店	13,172	三綿商店	−	11,947
4	田中和三郎	12,056	長谷川商店	日本橋・大伝馬	11,807
5	小島要蔵	11,310	杉浦商店	日本橋・本石	10,885
6	山田保造	10,490	石川安太郎	日本橋・橘	8,290
7	畑中商店	8,427	小津木綿商店	日本橋・大伝馬	8,115
8	**瀧田貞一**	6,341	遠山商店	日本橋・大伝馬	7,361
9	深津商店	6,240	田端屋商店	日本橋・大伝馬	5,622
10	中七木綿	4,511	川喜田商店	−	4,163
11	山田商店	4,160	丁吟商店	日本橋・堀留	4,030
12	杉浦甚蔵	4,050	市田商店	日本橋・田所	3,749
13	竹之内商店	2,498	奥井新左衛門	日本橋・大伝馬	2,675
14	西浦木綿	2,260	前川商店	日本橋・堀留	2,540
15	竹内弥吉	1,950	丸丁字商店	日本橋・田所	2,150
16	山本常吉	570	瀧富商店	日本橋・通旅篭	2,135
17			知多代行社	日本橋・富沢	1,956
18			稲村源助	日本橋・富沢	1,920
19			丸糸	−	1,850
20			カ	−	1,770
21			丸富	−	1,590
22			外山弥助	日本橋・元浜	1,380
23			ヘ三	−	1,250
24			大津商店	日本橋・新材木	820
25			三	−	650
26			布引	−	431
27			野村幸助商店	−	400
28			中川平七	日本橋・弥生	240
29			塚本平吉商店	日本橋・小船河岸	235
30			小野岩次郎	−	100
31			川端商店	−	11
32			㋵	−	10
合計		127,775			127,775

注）出荷数および入荷数は、各問屋ごとの「知多晒」の出荷数あるいは入荷数を示す。

資料）畑中商店『知多綿業大勢観』。年代は恐らく 1932 年。

　大日本商工会編纂『昭和五年版　大日本商工録』1930 年（渋谷隆一編『都道府県別資産家地主総覧　東京編 4』日本図書センター、1988 年）。

ていた。本章で検討対象となる瀧田商店は、知多産地問屋のうち中位に位置していた。

(二) 瀧田商店の主要勘定

瀧田商店は、常滑地方に拠点を置き、近世においては海運業を営み、木綿業は一八七二(明治五)年に開業した[11]。当主は、六代目が瀧田幸治郎、七代目が瀧田貞一であった[12]。

表1-3は、瀧田商店資料『金銭出納帳』を基に、仕入および販売に関わる項目を、資料の得られた一九一八年から一九三三年までを対象に半期ごとに集計したものである。「綿糸購入」は、瀧田商店が綿糸商から綿糸を仕入れて代金を支払っていたこと、また「綿布販売」は、後述するように瀧田商店が名古屋および東京の集散地織物問屋に製品綿布を卸して代金を受取っていたことを示しており、これらは、瀧田商店が産地の流通を担う産地問屋としての性格をもっていたことを示している。さらに、「織賃(支払)」は、瀧田商店が原料綿糸を賃織工場に前貸し、織り上げた綿布を集荷した際に織賃を支払っていたことを示している。ただし、綿布生産にあたっては、「自営工場」が瀧田商店自営工場に関わる運転資金を示していることから、瀧田商店の綿布生産は、賃織工場からの集荷に加えて、自営工場での生産が含まれると考えられる。さらに、「織賃(受取)」とあるのは、瀧田商店が名古屋集散地問屋から綿糸の前貸しを受け、それを原料として綿布を織り上げて受渡し、織賃を受取っていたことを示している。

表1-3でみたように、瀧田商店の綿布販売額は、全体を通じて第一次大戦ブーム期の一九一八年、一九一九年あたりが最も高い。そして大戦後恐慌を迎える一九二〇年初頭から大きく販売額を下落させるが、早くも一九二〇年代には回復をみせる。その後、金融恐慌から昭和恐慌へとつながる一九二八年以降販売額を低下させていくことになる。表1-3備考欄にある、山口銀行借入れ、鐘紡株売却はこのような販売不振に対応した資金調達だったの

であろう。

以上のような動向のなか、取引先はどのように変化していたのか。取引相手の変遷を表1-4で検討する。一九一八年から一九三二年までの瀧田商店の綿布販売先上位一〇件をみよう。綿布販売額の大きかった第一次大戦ブーム期にあたる一九一八年をみると、服部商店との取引額が圧倒的な比重を占めることがわかる。さらに、名古屋製綿、兼松商店などの名古屋綿布商が名を連ねている。この際取引された綿布の種類については、『広巾製造帳』から、瀧田商店の自営工場が生産していた広幅綿布の種類および販売先が一九一八年五月から九月の間ではあるが判明するので、表1-5で検討する。これによれば、広幅綿布は、金巾・ガーゼといった比較的単純な白生地綿布が主力製品となっており、金巾はほぼ服部商店、ガーゼ類については兼松商店あるいは名古屋製綿というように、取引先別に販売している様が読み取れる。しかし、一九二四年になると、名古屋綿布商との取引はほとんどみられず、東京織物商との取引が圧倒的比重を占めた。東京織物商との取引は一九一八年においてもみられたが、一九二四年になってその比重が増大していることは明らかである。この傾向は、一九二六年および一九三二年においても維持されていることから、瀧田商店は、第一次大戦後恐慌を経た一九二〇年代半ば以降、東京織物商との取引に重心を移していったといえる。

この要因として考えられるのは、第一次大戦後の恐慌がもたらした名古屋綿業界への大打撃である。一九二一年三月に日本銀行名古屋支店により報告された資料では、「殊ニ織布関係業界の凋落ハ……当地方ニトリテ啻ニ直接

(11) 常滑市誌編さん委員会編『常滑市誌』一九七六年、四四五頁。
(12) 瀧田幸治郎は、知多郡白木綿同業組合の設立発起人の一人であったことから、知多産地の綿織物業のなかでも主導的地位にあったものと考えられる。

商店主要勘定

支出関係						備考	
税金	自営工場	下請工場	給与	輸送費	その他	小切手受取	借入れ等
11,578	16,141	17,820	2,184	27,821	7,811	41,705	
7,205	14,920	5,363	1,283	28,548	17,281	62,000	
4,535	14,837	3,975	1,713	32,451	6,007	120,147	
9,350	34,926	440	1,955	30,850	9,514	110,500	
17,011	18,106	3,606	1,385	49,481	22,238	1,270	
7,895	12,941	1,206	2,412	40,709	7,177	70	
16,400	15,204	2,538	664	47,419	10,527	400	
…	…	…	…	…	…	…	
…	…	…	…	…	…	…	
…	…	…	…	…	…	…	
…	…	…	…	…	…	…	
33,481	12,031	368	4,330	46,913	20,916	23,185	
20,134	9,794	230	290	58,943	9,605	1,579	
22,220	9,258	406	5,710	64,752	11,377	6,000	
18,397	11,504	–	136	57,565	11,132	5,000	
22,019	11,993	2,405	6,260	66,639	9,731	11,621	
17,549	10,896	7,374	152	77,172	20,254	5,031	
4,257	12,303	7,330	6,902	78,965	16,818	15,050	
4,585	11,261	8,804	3,984	81,963	13,414	10,000	山口銀行より1万円借入れ
3,278	11,158	7,331	6,539	85,030	8,695	–	
19	8,030	4,774	200	84,178	5,242	10,000	山口銀行より1万5千円借入れ
4,812	8,009	6,631	7,806	93,064	12,275	1,000	鐘紡株1万3215円売却
1,642	4,313	5,688	–	74,344	1,884	–	
5,744	2,448	7,781	5,872	6,258	11,128	25,000	
490	–	4,903	–	784	3,168	2,035	
3,245	66	1,559	3,300	2,095	20,280	6,000	
1,363	53	3,443	1,698	2,431	9,641	5,000	
1,894	–	3,705	1,702	2,494	3,325	3,000	
890	–	2,748	1,762	1,712	10,717	34,050	
2,900	–	4,492	1,770	4,516	8,209	7,000	
1,315	53	7,307	2,752	1,436	20,950	–	山口銀行より5653円借入れ
8,558	–	10,343	1,702	1,774	20,687	1,013	山口銀行より2万円借入れ

1日から12月31日までで同様の計算を行った。

表 1-3　瀧田

		収入関係						
		綿布販売	織賃(受取)	綿糸・晒販売	木管	綿糸購入	織賃(支払)	晒賃
1918年	上半期	348,250	−	7,703	−	292,206	17,921	6,692
	下半期	442,330	2,250	8,253	−	335,878	50,492	7,832
1919年	上半期	490,269	−	2,699	−	399,042	62,501	3,561
	下半期	549,569	695	11,847	−	421,909	88,268	9,391
1920年	上半期	353,930	−	7,422	−	298,578	49,910	7,049
	下半期	271,787	839	4,594	−	216,797	21,196	9,968
1921年	上半期	253,803	943	1,230	−	228,841	41,358	16,410
	下半期	…	…	…	…	…	…	…
1922年	上半期	…	…	…	…	…	…	…
	下半期	…	…	…	…	…	…	…
1923年	上半期	…	…	…	…	…	…	…
	下半期	410,279	−	16,643	422	300,285	30,674	26,307
1924年	上半期	322,101	7,073	10,929	283	260,168	23,310	17,515
	下半期	273,774	32,935	14,630	−	333,394	17,311	18,996
1925年	上半期	284,886	7,097	4,169	44	299,426	22,577	15,722
	下半期	445,585	17,900	1,727	1,017	349,464	24,805	22,127
1926年	上半期	344,207	11,190	9,075	153	274,023	24,730	21,066
	下半期	363,527	9,388	9,769	1,286	280,876	24,005	23,459
1927年	上半期	294,239	5,653	63	1,199	242,766	23,197	20,026
	下半期	301,210	12,634	5,641	1,710	242,512	13,340	25,113
1928年	上半期	252,819	4,998	630	317	212,050	13,245	15,746
	下半期	273,088	2,395	2,891	1,421	215,971	15,698	15,235
1929年	上半期	1,076	1,577	−	−	162,584	8,013	8,717
	下半期	340,526	3,326	2,869	2,753	126,184	7,678	10,002
1930年	上半期	113,093	1,577	88	194	183,915	6,459	7,435
	下半期	126,671	3,326	−	1,919	92,474	6,316	9,786
1931年	上半期	107,676	1,120	1,308	522	94,132	5,208	8,337
	下半期	118,338	100	1,951	590	93,668	3,624	9,040
1932年	上半期	111,709	−	−	1,552	107,126	4,229	9,486
	下半期	149,367	−	−	1,385	122,404	2,129	10,436
1933年	上半期	158,188	−	−	−	134,945	1,474	10,600
	下半期	204,752	−	425	3,065	172,219	2,993	12,030

注1）上半期は、1月1日から6月30日までのそれぞれの勘定を足し合わせた数値。下半期は、7月
注2）「…」は不明、「−」は皆無を示す。

注3）単位は円、端数は四捨五入した。

注4）「自営工場」は、自営工場に関わる電気、石炭代などの集計。

注5）「下請工場」は、下請織布工場に関わる運転資金（石炭代、油代など）の支払額。ただし、織賃は除く。

注6）「織賃（受取）」は、名古屋綿布商から瀧田商店が受取った織賃。

注7）「織賃（支払）」は、瀧田商店がその下請織布工場に支払った織賃。

注8）「小切手受取」は、小切手入金が確認できたもの。主に第一銀行小切手。

注9）「借入れ等」は、借入れ金として入金が確認できたもの等を記載した。

資料）瀧田商店『金銭出納帳』各年。

の綿布販売先の変遷

1924年

販売先	販売額	%	回数
塚本商店	111	18.6	35
三越	61	10.2	22
一]	59	9.9	49
長谷川商店	44	7.4	26
丸丁字商店	40	6.7	22
丁吟商店	31	5.2	24
知多代行社	31	5.2	29
小津木綿商店	30	5.0	25
大津商店	27	4.5	33
杉浦商店	24	4.0	10
取引総額	596	76.7	
名古屋綿布商	80	13.5	73
東京綿布商	456	76.5	274
不明・その他	60	10.0	77

1926年

販売先	販売額	%	回数
塚本商店	191	27.0	99
田端屋商店	96	13.6	71
中村商店	59	8.3	58
三綿商店	56	7.9	40
杉浦商店	44	6.2	35
小津木綿商店	43	6.1	37
長谷川商店	43	6.1	35
三越	40	5.6	33
丁吟商店	30	4.2	29
大津商店	15	2.1	22
取引総額	708	87.1	
名古屋綿布商	3	0.4	8
東京綿布商	681	96.2	540
不明・その他	24	3.4	42

1932年

販売先	販売額	%	回数
塚本商店	64	24.5	38
長谷川商店	37	14.2	34
三綿商店	35	13.4	38
市田商店	29	11.1	26
小津木綿商店	20	7.7	18
杉浦商店	19	7.3	16
田端屋商店	16	6.1	16
丁吟商店	7	2.7	6
川喜田商店	7	2.7	9
丸丁字商店	3	1.1	5
取引総額	261	90.8	
名古屋綿布商	1	0.6	8
東京綿布商	260	99.3	256
不明・その他	0	0.1	2

表1-5　瀧田商店自営工場の主な生産綿布

種類	数量（本）	仕向先
金巾40手	16,044	服部商店（81%）・久田商店（0.6%）
三巾金巾	80	服部商店（100%）
ガーゼ七斤	8,290	名古屋製綿（93%）・宮田商店（3.9%）・服部商店（1.4%）
ガーゼ	3,677	兼松商店（40%）・服部商店（34%）・太田商店（3.3%）
三巾ガーゼ	1,082	兼松商店（80%）・服部商店（13%）
20手	3,319	服部商店（40%）
三巾	4,840	服部商店（79%）
その他	220	－

注1）仕向先欄には、それぞれの商品ごとにおける取引割合を括弧内に%で記した。
注2）1918年5月から同年9月までの取引数を取り上げた。
資料）瀧田商店『広巾製造帳』。

当業者ニ対シテ与ヘタル打撃ノ甚大ナルモノアリシ[13]」とあるように、一九二〇年三月に始まる大戦後恐慌の勃発のため、名古屋綿業界は大混乱を迎えた。こうしたなか、服部商店は綿糸先物取引に関与し、市況暴落の波を受けて日々莫大な差損を生じるという事態を迎えていた[14]。このような名古屋綿業界の危機的状況は一九二一年に至っても改善をみず、一九二二年一一月の『知多新聞』に、「……名古屋向生白類に在りては兎角捗々しき商談なく……[15]」と報告され

表 1-4　瀧田商店

1918年

順	販売先	販売額	%	回数
1	服部商店	437	55.3	34
2	塚本商店	137	17.3	18
3	中村商店	42	5.3	12
4	三越	41	5.2	13
5	∧大	37	4.7	24
6	名古屋製綿	31	3.9	20
7	杉浦商店	21	2.7	22
8	兼松商店	8	1.0	7
9	松岡商店	8	1.0	8
10	小津木綿商店	5	0.6	4
	取引総額	791	97.0	
	名古屋綿布商	516	65.2	190
	東京綿布商	256	32.4	69
	不明・その他	19	2.4	26

1920年

販売先	販売額	%	回数
兼松商店	178	28.7	60
中村商店	122	19.7	39
塚本商店	83	13.4	23
名古屋製綿	64	10.3	60
宮田商店	23	3.7	10
三越	20	3.2	4
㋲	17	2.7	6
∧大	14	2.3	10
芝川商店	12	1.9	3
杉浦商店	12	1.9	7
取引総額	621	87.8	
名古屋綿布商	313	50.4	89
東京綿布商	241	38.8	161
不明・その他	67	10.8	73

注１）販売額の単位は、千円。千円以下は四捨五入。
注２）下線を引いた取引先は、東京在住の綿織物商であることを示す。
資料）瀧田商店『金銭出納帳』各年。

ているように、知多機業者にとって一九二〇年代の名古屋市場は不振極まりないものであった。

他方、東京向け綿布取引は好況を迎えていた。一九二一年七月『知多新聞』によれば、「……産地は前月来好況にむかひたる本晒地（＝知多晒：筆者）の製織に全力を注ぎ従事するに至れり、されば本月中の生産高は近来になき増加を示したる（傍線：筆者）」と報告されている[16]。さらに、一九二三年においても、「晒木綿は期節の推移に依り漸次實需の増加を示し相応の荷動きを見たる」[17]というように、「知多晒」の好況は続いた。このように、第一次大戦後恐慌を迎えて、知多産地は、輸出向け広幅綿布市場の不振と、その一方で東京向け小幅綿布市場の活況に直面していた。こうした市場の動向をふまえ、瀧田商店は、国内市場へと重心を移していった。一九二〇年代半ばに綿布販売額

(13)　日本銀行金融研究所編『日本金融史資料　昭和続編　付録　第二巻』一九八七年、四七三頁。
(14)　興和紡績株式会社・興和株式会社編『興和百年史』一九九四年、五六―五七頁。
(15)　『知多新聞』一九二一年一一月一日。
(16)　『知多新聞』一九二一年七月一日。
(17)　知多商工會議所『知多商工月報』一九二三年六月。

が回復をみせていたことを考え合わせると、販売先のシフトは、瀧田商店の経営改善に寄与するものだったといえよう。

(三) 瀧田商店の販売活動

東京市場へ販売を進めていくにあたり、販売戦略にも変化が生じた。金巾など単純な白生地綿布が中心であった名古屋向け綿布と異なり、東京向け販売綿布「知多晒」は、後に詳述するように、糸の本数あるいは晒上がり具合によって、様々な等級に分かれていたからである。すなわち、品質の高い「知多晒」が「頭物」、低い「知多晒」が「番物」とよばれ、異なる販売戦略が必要とされた。一九二〇年に瀧田商店に勤務し始めた福島銀治によれば、頭物とは、「高級品で、完全な実需向ですから、他の銘柄では受渡しできません」というものであり、番物は、「どこの製品でも受渡しができることから、先物取引による差金決済も盛んで、相場も実需と関係なく乱高下」するものであったという。[18] 以上をふまえて、瀧田商店の販売戦略を検討していこう。表1-6では一九二八年から一九三四年までの販売綿布を種類別にその推移を追っている。この表によれば、頭物や番物など「知多晒」の比重の大きいことが確認できる。次に、販売反数総計の推移を確認すると、一九二八年に約八〇万反販売していたが、一九二九年には約五七万反に落込む。しかし、一九三一年には約六四万反に回復し、一九三四年には約八二万反と順調に販売反数を伸ばしていく様が読み取れる。続いて販売綿布の種類をみれば、全体として頭物の販売反数が大きな比重を占めていたことが注目される。特に、稀頭および別頭の販売反数が多い。つまり、瀧田商店は、品質の高い頭物を主力製品としていたのである。先述したように、頭物は、実需向けの高級品であり、「滝田店は頭物専門ですから、不

---

(18) 福島銀治「知多木綿50年の思い出(50)」知多織物工業協同組合『知多織月報』第二四五号、一九七八年九月。

写真 1-2

写真 1-1

写真 1-3

廻船業から木綿業へ

瀧田家は、近世から廻船業を営み、江戸へ米や糠・切り干し大根・常滑焼などを運び、江戸からは干鰯や大豆などを尾州へともたらした。しかし、6代目幸治郎（写真 1-1）は、明治に入ると洋式帆船との競争に直面して廻船業を縮小した。そして1872年から木綿問屋を開業し「知多晒」を取扱った。7代目を継いだ貞一（写真 1-2）は、東京織物商との特権的な木綿取引を基盤に産地問屋として成長を遂げていく。写真 1-3は、当時の木綿問屋の鑑札。

表 1-6　瀧田商店の主要販売綿布

「知多晒」種類		1928年 数量	1928年 単価	1929年 数量	1929年 単価	1931年 数量	1931年 単価	1932年 数量	1932年 単価	1934年 数量	1934年 単価
頭物	世界一	10,920	682	4,850	657	1,050	363				
	最上頭	81,200	669	45,300	633	30,700	399	59,100	395	47,000	561
	稀頭	280,300	632	227,700	601	305,200	355	266,500	400	155,400	614
	極別晒	29,920	630	7,360	592						
	上頭	1,000	615								
	別頭	266,500	593	213,600	571	274,100	328	259,900	395	180,600	533
	小計	669,840		498,810		611,050		585,500		383,000	
番物	一等	37,260	562	8,000	523	500	390			193,700	479
	二等	3,100	532								
	三等							44,700	280	187,600	458
	小計	40,360		8,000		500		44,700		381,300	
その他	大将	9,600	581	5,000	525	4,300	326	5,000	379		
	中将	10,800	556	3,800	520	3,700	308	30,700	426		
	少将	600	493								
	大佐	11,600	555	26,880	511	100	340				
	呉印	21,000	648	13,300	681	14,300	392	12,500	421	6,500	582
	外銘晒	3,120	572	4,840	530	1,800	308	600	390	600	495
	常磐晒									7,680	686
	その他	32,300		8,750		700		14,230		36,800	
	小計	89,020		62,570		24,900		63,030		51,580	
	総計	799,220		569,380		636,450		693,230		815,880	

注１）数量の単位は、反。
注２）単価＝販売額／販売反数。
資料）瀧田商店『売上帳』各年。

の綿糸購入先の変遷

1924年

販売先	購入額	%	回数
日本綿花	228	38.4	98
信友商店	150	25.3	65
伊藤三綿	82	13.8	51
丸永商店	65	10.9	38
八木商店	13	2.2	6
伊藤忠	9	1.5	6
東洋棉花	6	1.0	2
岸田	4	0.7	4
杉江	4	0.7	4
服部與商店	3	0.5	2
取引総額	594	95.0	
名古屋綿糸商	236	39.7	119
大阪綿糸商	324	54.6	152
不明・その他	34	5.7	38

1926年

販売先	購入額	%	回数
日本綿花	107	19.3	49
山一商店	80	14.4	56
伊藤忠	76	13.7	57
丸永商店	67	12.1	45
東洋棉花	65	11.7	33
八木商店	64	11.5	37
伊藤三綿	50	9.0	28
信友商店	30	5.4	22
岸田	10	1.8	13
丸友商店	1	0.2	2
取引総額	555	99.1	
名古屋綿糸商	81	6.8	52
大阪綿糸商	458	82.5	277
不明・その他	16	2.9	22

1932年

販売先	購入額	%	回数
丸永商店	82	35.3	52
山一商店	46	20.1	32
東洋棉花	38	16.6	41
伊藤忠	25	10.9	21
八木商店	15	6.6	12
遠山商店	7	3.1	5
布鎌商店	6	2.6	7
丸友商店	3	1.3	9
(太)	0.4	0.2	1
その他	6	2.6	-
取引総額	229	99.3	
名古屋綿糸商	10	4.4	14
大阪綿糸商	207	90.4	158
不明・その他	12	5.2	8

需要期になると滞貨ができます[19]」、と福島銀治が回顧しているように、不況期には悪影響を受けやすいという欠点をもっていた。このため、瀧田商店は、商況の変化に応じて番物の販売量を増やすなど、品種および相場変動幅の異なる綿布を戦略的に取り扱うことで対応していたのである。

（四）瀧田商店の仕入れ活動

次に、綿糸購入先についてはどうであろうか。表1-7は、綿糸購入先上位一〇の変遷を示している。まず一九一八年をみると、綿布販売と同様、名古屋の服部商店および信友商店との取引が圧倒的比重を占める。服部商店は、知多・三河などの機業家を賃織として組織する商業資本としての性格を有していたから[20]、瀧田商店と服部商店とは綿糸購入および綿布販売において密接な関係にあったと考えられる。さらにこの時期の取引相手は、ほぼ名古屋綿糸商で占められていた。

（19）福島銀治「知多木綿50年の思い出（50）」知多織物工業協同組合『知多織月報』第二四五号、一九七八年九月。
（20）興和紡績株式会社・興和株式会社編、前掲書、四二頁。

表1-7　瀧田商店

1918年

順	販売先	購入額	%	回数
1	服部商店	350	54.2	126
2	信友商店	199	30.8	60
3	㊏	32	5.0	13
4	遠山商店	21	3.3	8
5	伊藤三綿	13	2.0	4
6	玉井工場	7	1.1	2
7	畑中権吉	4	0.6	6
8	不明・その他	20	3.1	
9				
10				
	取引総額	646	100.0	
	名古屋綿糸商	583	90.3	199
	大阪綿糸商	0	0.0	21
	不明・その他	63	9.7	7

1920年

順	販売先	購入額	%	回数
1	不破商店	163	31.7	69
2	兼松商店	108	21.0	26
3	信友商店	51	9.9	22
4	㊏	49	9.5	38
5	鈴木善七	36	7.0	20
6	遠山商店	28	5.4	26
7	伊藤三綿	23	4.5	5
8	富田	17	3.3	9
9	服部與吉	8	1.6	7
10	宮田商店	7	1.4	4
	取引総額	515	95.3	
	名古屋綿糸商	303	58.8	144
	大阪綿糸商	163	31.7	69
	不明・その他	49	9.5	33

注1）販売額の単位は、千円。
注2）下線を引いた取引先は、大阪在住の綿糸商であることを示す。
資料）瀧田商店『金銭出納帳』各年。

表 1-8　瀧田商店の主要購入綿糸

	1918年				1921年				1934年			
順	品種名	番手	数量	価額(円)	品種名	番手	数量	価額(円)	品種名	番手	数量	価額(円)
1	桃	40	11,620	160,460	赤三	16	55,820	310,502	赤三	16	16,480	86,308
2	白龍	40	2,480	34,236	牡丹	16	6,100	35,195	牡丹	16	14,800	73,221
3	春駒	40	1,640	21,444	飛車	16	2,180	17,600	△ロ	16	14,240	72,465
4	舟美人	16	2,480	19,840	宝来	20	1,880	10,598	昭和	16	4,790	24,572
5	赤軍艦	40	1,200	16,516	福面	16	1,100	6,725	金テ	16	3,520	17,669
6	■	40	1,080	14,580	㊂	20	600	3,950	日光	16	1,900	9,888
7	㋖	20	1,100	8,800	㊎	20	720	3,470	金華	30	1,300	8,545
8	三日月	40	660	8,724	不二	16	600	3,330	(人)	16	1,700	8,528
9	島田	40	600	8,048	桃	40	360	3,036	染工	16	1,530	8,255
10	チーズ	40	568	7,668	㊉	20	400	2,600	㋜	16	1,500	7,400
小計	10手綿糸		3	41	10手綿糸		－	－	10手綿糸		－	－
	16手綿糸		3,750	30,000	16手綿糸		66,400	376,495	16手綿糸		62,880	317,692
	20手綿糸		2,750	22,000	20手綿糸		3,880	22,668	20手綿糸		－	－
	30手綿糸		－	－	30手綿糸		－	－	30手綿糸		1,810	11,783
	32手綿糸		－	－	32手綿糸		120	861	32手綿糸		－	－
	40手綿糸		20,948	286,111	40手綿糸		360	3,036	40手綿糸		120	843
総計			27,451	338,152			70,760	403,060			64,810	330,318

注1）各年の購入綿糸種類のうち、価額順に上位10を取り上げた。
注2）数量の単位は、玉。
注3）「－」は皆無を示す。
注4）「■」は、難読のため不明。
資料）瀧田商店『仕入帳』各年。

続いて、一九二〇年の綿糸購入先をみると、第二位の兼松商店から一〇万円余の綿糸を購入している。同年の兼松商店への綿布販売状況と合わせて考えると、そのつながりの深さが指摘[21]できる。一方で、大阪の有力綿糸商である不破商店（後の丸栄商店）[22]が、三〇％以上の取引を占める第一位の取引相手として登場することで仕入先に変化が生じた。さらに、一九二〇年代半ばの綿糸購入先をみれば、日本綿花、八木商店、伊藤忠、東洋棉花といった大阪でも有力な綿糸商が取引相手として参入してくることがわかる。つまり、名古屋綿糸商との取引が減少していくという傾向が強まっていき、これは一九三〇年代においても維持されたのである。

それでは、瀧田商店の購入綿糸の種類はどのような変遷をたどるのであろうか。表1-8は、一九一八年、一九二一年、一九三四年における、瀧田商店の購入綿糸の種類を示している。まず、一九一八年でみると、圧倒的に四〇手綿糸の購入額が大きい。しかし、一九二一年になると、一六手綿糸の購入額がその比重を高めることとなり、その傾向は一九三四年においても維持された。

表1-7の検討と合わせて考えれば、一九一八年頃は名古屋の服部商店、信友商店と広幅綿布生産のために四〇手綿糸の取引を主に行っていた。そして一九二〇年代以降になると、国内向け小幅綿布生産への転換にともない、一六手綿糸調達の必要が生じ、不破商店や日本綿花との取引を始めた。つまり瀧田商店は、第一次大戦後恐慌を機に綿布販売市場の重心を東京市場に転換させた。それにともなって、原料および原料購入先をも大幅に転換させていたのである。

(五) 流通網の再編

以上、瀧田商店を仕入れおよび販売という側面から検討してきた。知多産地は、産地問屋の活躍により、大きく性格を変えることになった。三点にまとめて指摘しておこう。

第一に、第一次大戦ブームから急激にもたらされた第一次大戦後恐慌の影響の大きさはよく指摘されるが、知多産地においても例外ではなかったことである。特に名古屋綿布商を介した輸出市場の頓挫は、知多産地に大きな転換点をもたらした。

第二に、瀧田商店は、こうした戦後恐慌の危機に、東京市場向け小幅綿布販売へとシフトさせることで対応した

(21) 藤田敬三『日本産業構造と中小企業――下請制工業を中心にして』岩波書店、一九六五年、一〇三頁。同書によれば、兼松商店は、服部商店と同じく知多郡の織布工場を賃織工場として掌握していたという。
(22) 阿部武司、前掲書、一一四―一一六頁。当主は、不破栄次郎であった。

表1-9　服部與商店との賃織取引

綿糸			綿布		
種類	番手	数量（綛）	種類	数量（本）	織賃
蝶	20	3,160	桃天竺	8,942	9.5
㊂	20	2,780	七福天	5,310	15.0
金華	20	2,000	ジンス	3,045	15.1
和歌山	20	1,420			
玉	20	800			
大黒	20	100			
（不明）	20	200			

注1）織賃は、綿布1本あたりの織賃で、単位は銭。
注2）対象とした取引期間は、1923年3月～同年12月。
資料）瀧田商店『ヨ　差引帳』。

ことである。ただし、瀧田商店は、表1-3の「織賃（受取）」の推移にあるように一九二〇年代においても名古屋綿布商と賃織というかたちで取引は継続していた。『金銭出納帳』によれば一九二〇年代に瀧田商店に賃織を依頼していた名古屋綿布商は、服部與商店、市橋商店、宮本物産であった。この取引の内容は、資料が得られた服部與商店を事例に取り上げた表1-9からわかるように、二〇手綿糸を受取り、桃天竺あるいは七福天といった広幅綿布を織り上げて織賃を得るというものであった。織賃受取額は一九二〇年代半ばに何度か増大をみせていた。しかし、瀧田商店は、明らかに東京向け小幅綿布販売を主軸に据えていた。

一九二四年頃、瀧田商店と同じく知多の有力産地問屋であった山田商店の山田佐一は、「当時知多では、広（＝広幅綿布：筆者）も僅かにあるにはあったが、殆ど小巾で主に晒生地を織っていた。岡木綿もボツボツであるがやっていた（傍線：筆者）[23]」と語っている。瀧田商店にとどまらず、一九二〇年代に国内市場を選択した産地問屋が広くみられたことを裏付けている。

第三に、瀧田商店は、東京向け綿布販売にシフトするにあたり、綿糸布取引の流通網を再編していたことである。綿布販売については、取引先を東京織物商にシフトさせることで、「知多晒」という多様な品種の小幅綿布の販売をその相場に応じて変化させなければならなかった。さらに、原料綿糸についても四〇手綿糸にかわって一六手綿糸の確保が必要となった。一九二〇年代以降に大阪綿糸商と取引を開始したことは、一六手綿糸確保の必要から生じた対応の産物であった。

以上のように、知多綿織物業の国内市場への展開は、瀧田商店をはじめとする知多産地問屋による流通の再編が反映されたものといえる。ただし、東京織物商との取引には、産地の競争力を維持・拡大するうえで知多郡白木綿同業組合の活動が必要とされた。その具体的内容につき、次節で検討する。

第二節　取引秩序の再構築と生産調整

(一) 取引秩序の再構築と同業組合

東京市場向けに販売される知多晒木綿は、先述したように「知多晒」とよばれ知多産地独特のブランド品であった。そこには、享保―宝暦期に始まる江戸特権商人と知多産地問屋の間で株仲間制度に基づくアウトサイダー排除の取引関係が取り結ばれていたが、一八四一(天保一二)年の株仲間解散によりその関係は崩れることになった[24]。このため、新規参入が可能となり、新興商人が綿布取引に参入することになるが、かえって廉売品や粗悪品の蔓延を許すことになった。こうした状況を受け、東京織物商は、産地から東京の問屋に至る流通経路を整備強化するた

(23) 谷原長生編『綿スフ織物工業発達史』日本綿スフ織物工業連合会、一九五八年、六七頁。
(24) 林英夫、前掲書、四二―四九頁。

めに、一八八七年に東京呉服木綿問屋組合を設立し、続いて「重要輸出品同業組合法」および「重要物産同業組合法」の公布を受け、一九〇二年に東京織物問屋組合を設立した[25]。

一方、知多郡でも、一八八七年にまず知多郡木綿問屋組合が設立され、東京呉服木綿問屋組合と連携を取るようになった[26]。そして知多郡白木綿同業組合[27]は、農商務省の認可を経て、瀧田商店など知多有力産地問屋主導のもと一九〇二年に設立された。日清戦争後に頻発した「知多晒」の粗製濫造を防ぐため、品質検査を行い、品質の統一を図ることがその目的であった[28]。

以上のような背景から、東京と知多の同業組合は、双方とも流通および品質の管理を主眼におき、品質の高い綿布を安定して取引する関係を志向することになった。このため、東京織物問屋組合は、知多産地問屋が、東京織物商に粗悪品を販売した場合、あるいは東京呉服木綿問屋組合員以外に「知多晒」を販売した場合、取引停止もありうるという「相当厳しい取決め」を定めた。しかも、製品検査は年を経て強化されていった。

一九一三年以前、製品検査は、「専門取扱業者が相寄り、特に知多晒改良同盟会を組織し、産地より購入現品の新橋着駅の都度、抜き取り検査を励行して粗悪品の入荷防止に努めた[29]」というものであった。東京織物同業組合は、一九一三年にこの検査組織を助成し、またこの検査を同業組合の事業に移管して製品の規格を明確にし、直接検査を実施した[30]。続いて、一九二二年に結成された「知多晒同盟会」は、品質向上、粗悪品追放をさらに強めるもので、知多晒は、銘柄品で糸の本数、晒状態によって、頭物、番物（等級品）としていくつかの段階に分けられ、そうした等級別の検査基準も明確に定められることになった。

一九二八年三月時の検査基準の内容を示せば以下の通りである。

本銘　頭物

本銘　等級品

尺巾　丈二丈五尺以上　巾八寸二分以上

組織　経緯　一六番手

糸数　鯨尺　一寸平方内経緯合計　一等一一四本

　　　鯨尺　一寸平方内経緯合計　三等一〇八本

丈二丈五尺五寸以上　巾八寸二分以上

経緯　一六番手

鯨尺　一寸平方内経緯合計　最上頭一二九本

鯨尺　一寸平方内経緯合計　稀頭一二三本

鯨尺　一寸平方内経緯合計　別頭一一七本

このような検査規則のもとで、東京織物同業組合は組合員が製品を購入するたびに製品検査を行い、知多産地問屋には、毎月見本品の提出を義務づけた[31]。違反者に対しては告諭、取引停止等の制裁を設けて品質確保が期されることとなり[32]、より一層製品検査が厳格化された。

知多産地問屋にとっては、東京織物商の検査基準の取り決めは絶対的な憲法であったという。福島銀治はこれを

---

(25)　東京織物卸商業組合編『東京織物卸業界百年のあゆみ』一九六九年、二六―三一頁。

(26)　竹内源助手記「知多木綿沿革」林英夫解説『地方史研究』第五四号、一九六一年。

(27)　明治三三年設立時、同業組合の構成員はそれぞれ、卸売商一八名、製造業一六一名、製造受負業九九名、織立紹介業四二五名の、計七〇三名であった（半田市誌編さん委員会編『半田市誌　資料篇Ⅵ　近現代1』一九九一年、一五九頁）。

(28)　知多織物工業協同組合・知多綿スフ織物構造改善組合『知多織物百年の歩み』一九七八年、三〇頁。

(29)　東京織物卸商業組合『東京織物問屋同業組合史覚書』一九六三年、二一頁。

(30)　東京織物卸商業組合『東京織物問屋同業組合史覚書』一九六三年、二二頁。同『東京織物卸業界百年のあゆみ』一九六九年、三五頁。

(31)　東京織物卸商業組合『東京織物問屋同業組合史覚書』一九六三年、五五頁。

(32)　東京織物卸商業組合『東京織物問屋同業組合史覚書』一九六三年、二二頁。

回顧して以下のように述べている。「検査規則の不合格に該当し、告諭に処せられたときは、その店の信用はガタ落ちとなり、以後は値段に関わらず一流の店は取引してくれなくなります」、「取引停止に処せられると、既契約は値合金を納めて解消、在庫は抱えたままで休業、下請工場の整理、更に銀行の貸出停止等で破産の恐れさえ生じます。かといって、東京以外の地へ売れば除名されます」、「告諭の前触れともいえる「注意」を受けようものなら心配で仕事が手につかなかったといわれます」、「この厳しい規定に触れて、ときたま告諭処分に、まれには取引停止に処せられた店もありました[33]」、というように瀧田商店をはじめとする知多産地問屋は、東京織物問屋による製品検査に細心の注意を払うことを余儀なくされた。しかし、このような検査の励行が、「知多晒の声価はこうして不動のものになりました[34]」、というように東京市場での「知多晒」のブランド性を確立させたのである。

さらに、「知多晒改良同盟会会則（一九二八年三月改正）」では、これまで述べた製品検査条項に加えて、「本会員ハ本銘品ハ勿論外銘品ト雖モ知多白木綿問屋組合員ニアラザル知多晒買継業者若クハ製造業者ト一切其取引ヲナサザルモノトス[35]」と明記し、東京織物商は知多産地問屋以外からは、「知多晒」あるいはそれに類似するものの取引は行わないという規定も定めた。これは、東京と知多との組合間における流通の統制という意図に沿うものであった。さらにいえば、製品検査を受け入れることで、知多産地問屋は東京で「知多晒」市場の独占的な確保を保証されることになった。

このように、明治期の同業組合設立以降、知多郡白木綿同業組合と東京織物同業組合間で形成された取引秩序

(33) 福島銀治「知多木綿50年の思い出（28）」知多織物工業協同組合『知多織月報』第二二一号、一九七六年一〇月。
(34) 福島銀治「知多木綿50年の思い出（28）」知多織物工業協同組合『知多織月報』第二二一号、一九七六年一〇月。
(35) 福島銀治「知多木綿50年の思い出（27）」知多織物工業協同組合『知多織月報』第二二〇号、一九七六年九月。

写真 1-4

写真 1-5

知多木綿の出荷風景

瀧田貞一は瀧田組を設立し、木綿だけでなく、地場産業の窯業の土管や瓶の出荷を担う陸運業を始めた（写真 1-4）。当時の製品綿布は人力車や牛車で駅まで運ばれ（写真 1-5）、鉄道で名古屋や東京へ出荷された（写真 1-6）。鉄道網の発達は、知多木綿の成長を大いに支えた。

写真 1-6

は、天保期の株仲間に基づく排他的取引関係を、同業組合間での取決めによって「再編」する過程であった。ここで焦点となったのは品質の維持、向上であった。こうした秩序は、「知多晒」のブランド性を保証し、瀧田商店など知多産地問屋が東京市場への独占的販売を確保するうえで重要な役割を果たしたものと評価できるのである。

(二) 生産調整による価格維持

東京向け綿布販売を優位に進めていくうえで品質検査と同時に重要だったのは、製品価格の維持であった。そのため、瀧田商店をはじめとする知多産地問屋は、生産調整という手段を用いて、市場変化に対応した。

この生産調整について図1-2を用いて検討していく。図1-2は、一九一八年から一九三七年までにおける知多木綿および知多木綿の原料綿糸（二六手綿糸）の相場変動を示している。東京市場における知多晒（等級は稀頭）の価格を（a）、名古屋における綿糸価格を（b）、東京市場における白木綿の価格を（c）としてその推移を追っている。また、図中の網掛け部分は、知多産地が「休業」を行った時期を示している。網ごとに付記した番号は、下欄の表にある経過と対応させている。名古屋における綿糸価格は、知多木綿の原料綿糸の推移と必ずしも一致するわけではないが、知多産地がその多くの綿糸を名古屋市場から購入していたことから[36]、ほぼ実態に即しているものと判断できる。

ここで注目したいのは、東京知多晒の価格（a）が、東京白木綿価格（c）と多少のズレはあるものの、おおよそ似通った動きを示していることである。つまり知多晒の価格変動は、東京の白木綿の価格変動に強く相関していたのである。

他方で、綿糸価格の変動幅については、一九二八年ごろの綿糸価格の動きが同時期の綿布価格の動きに比べ少ないことがわかる。これは、紡績資本の操業短縮による綿糸価格操作を反映するものであった[37]。

知多産地問屋は経営上「原料高製品安」に常に悩まされていた。[38] 図1-2で、東京白木綿価格指数（c）に比べ、名古屋綿糸価格指数（b）が相対的に高い値を示していることから、そうした動向をうかがい知ることができる。知多産地問屋は原料糸不足、綿布生産の過剰問題への対応に迫られ、休業はまさにその対応策の一つであった。確かに、こうした休業は先に挙げた危機的状況へのいわば「窮余の一策」として、不可避的選択として受け入れたという消極的な側面もある。実際、一九二三年の休業（②の時期）は、「晒木綿は……一層不況の度を高め……金融梗塞の結果休業者の続出を見る」[39]という状況であり、一九二五年の休業（③の時期）は、「円満なる商談を見ず市價の低落と共に産地は益々悲境に沈倫し遂には多数の休業工場を算し一面操業工場に於ても職工賃金の引下げを決行」[40]したのであり、外的要因に対応せざるを得なかったという消極的側面を有していた。

しかし、このように消極的な休業だけでなく、生産調整という「積極的な休業」もあった。図1-2で東京の知多晒価格（a）と東京白木綿価格（c）とが似通った動向を示すことは先述したが、一九二九年九月ごろに知多晒の価格だけが上昇した。この背景には、知多産地問屋が一九二九年二月一日から同年八月三一日まで行った綿布生産の全体、三割操短が大きく影響していた（⑥の時期）。一九二九年一月は知多晒の価格が下落した時期であるが、この状況下で、知多の産地問屋およびその下請工場の採算は、「益々不引合いの度を高め」[41]ていた。この窮地を脱

---

(36) 先の分析の際に、瀧田商店が大阪綿糸商との取引関係を強めていく点を強調したが、直接取引きするのは、大阪綿糸商の名古屋支店であるため、名古屋綿糸相場をここでは使う。
(37) 知多商業會議所『知多商工月報』第八一号、一九二八年一二月。
(38) 知多商業會議所『知多商工月報』第八一号、一九二八年一二月。
(39) 知多商業會議所『知多商工月報』第二三号、一九二三年一〇月。
(40) 知多商業會議所『知多商工月報』第四〇号、一九二五年七月。

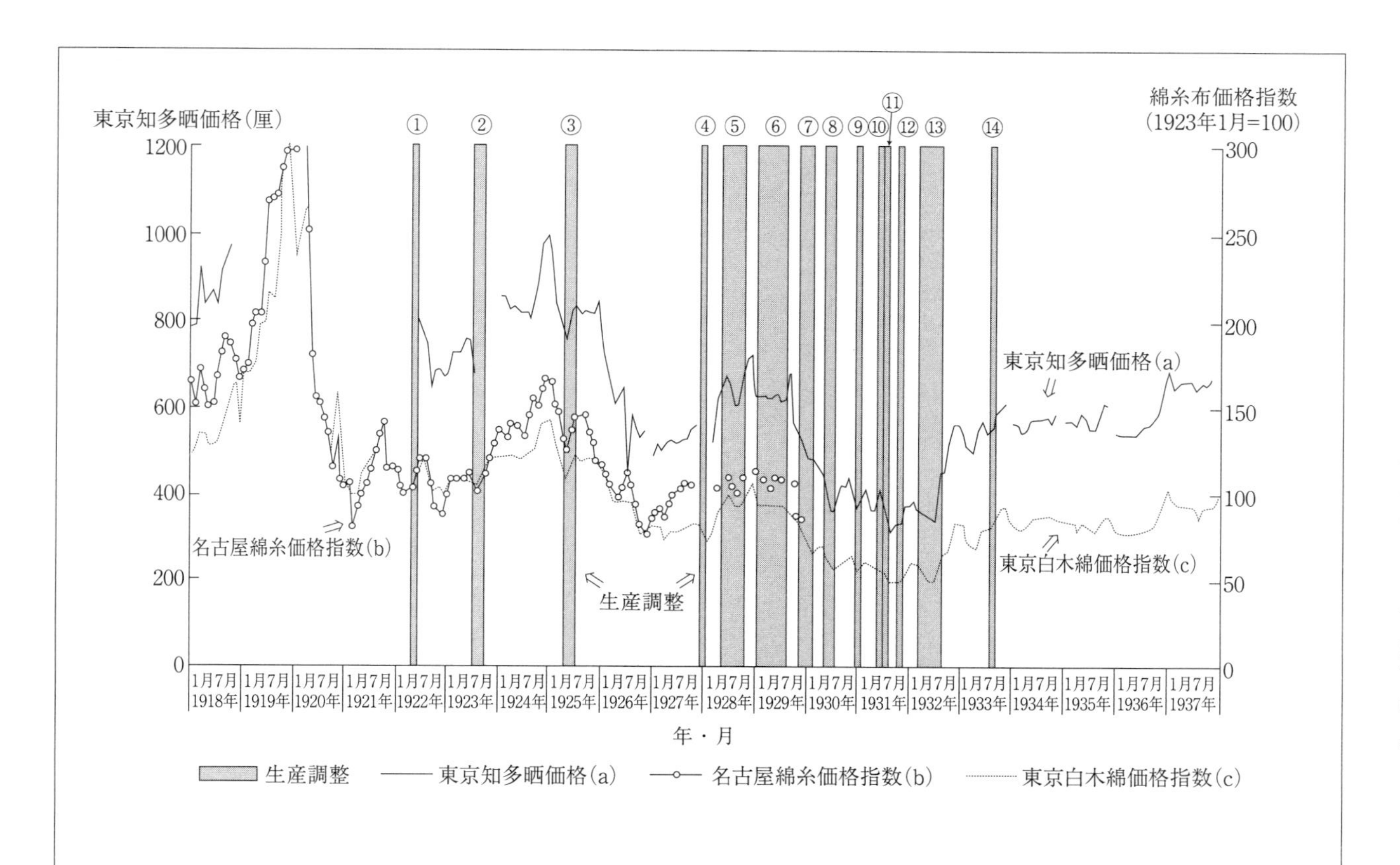

東京知多晒価格（厘）
1200
1000
800
600
400
200
0
綿糸布価格指数
（1923年1月=100）
300
250
200
150
100
50
0
①
②
③
④
⑤
⑥
⑦
⑧
⑨
⑩
⑪
⑫
⑬
⑭
名古屋綿糸価格指数(b)
生産調整
東京知多晒価格(a)
東京白木綿価格指数(c)
1918年
1919年
1920年
1921年
1922年
1923年
1924年
1925年
1926年
1927年
1928年
1929年
1930年
1931年
1932年
1933年
1934年
1935年
1936年
1937年
年・月
生産調整
東京知多晒価格(a)
名古屋綿糸価格指数(b)
東京白木綿価格指数(c)

番号	年	月	主な経過
①	1922	5	生産激増の結果、在荷停滞。全休及び5割操短決行。
②	1923	8	織物不況の対応策で全休。
		10	大震災の影響で荷動き増加、操業開始。
③	1925	5	知多白木綿不振につき、第5区に続き第6区操業休止。
		6	糸価の小康と在荷の減退で、漸次操業再開。
④	1928	2	財界不振、市場の買手控で取引閑散。休機による減産問屋指示。
⑤	1928	6	実需期に入るにあたり、6月1日より3割操短。取引旺盛に。
		7	綿糸界、財界の不振から操短3カ月延長。
		8	3割操短に加え、盆前に休機おこなう。
⑥	1929	1	在荷過剰で、製品価格下落、2月1日から2月15日まで全休、2月16日より3月末日まで3割操短。
		2	2月1日より15日間一斉休業。2月16日より3割操短決行。
		4	商状沈静に対応し、3割操短4月末日まで決行。需給調節、市価の保持のため、5月3日より15日間全休。
		5	5月15日より操業再開するも市況は鈍重。
		7	需給の調節、市況回復図り8月1日より31日まで全休決行。
		8	9月1日より操業再開。
⑦	1929	11	白木綿業の不振、3割方の操短を組合会で決議。
	1930	1	操短の効果がないため、就業時期を1月15日に早める。
⑧	1930	6	不況小巾、岡木綿に及び、休業申合せ。
		7	漸次業務の回復みせ、16日より操業開始。
⑨	1930	12	業界不振を鑑みて5日間休業。
⑩	1931	6	小巾改良木綿の不振から休業。
⑪	1931	8	改良木綿の不振から、旧盆まで休業。
⑫	1931	10	業界の安定は未だしという観あり、小巾の操短。
⑬	1932	3	2割機械を休業と夜業廃止の大々的操短。商況の打開を図る。
⑭	1933	8	生産過剰に対し、全休。

図 1-2　綿糸布相場と生産調整

注1）(a) は左軸に、(b) (c) は右軸に合わせた。
注2）(b) (c) は、1923年1月を100としたときの指数。
注3）(a) の東京知多晒は、銘柄は「常磐晒」で、1反あたりの相場。
資料）東京織物卸商業組合『東京織物問屋同業組合史覚書』1963年。
日本銀行『明治以降卸売物価指数統計』1987年。
知多商業會議所『知多商工月報』各月版。
『知多新聞』。

する手段として一九二九年二月より綿布生産の三割操短、あるいは全休が実施された。ここで注目されるのは、産地問屋と下請織布工場との間に操短、全休への合意があったことである。資料を引用すれば、「……産地問屋に於ては此行詰れる窮地より脱し其共存共栄以て機業者問屋側相互将来の進展を期するは実に需給の調節を図るに外なし（傍線：筆者）[42]」として、休業、操短という方法が浮上し、「製織者の自覚と相俟つて[43]」、全休、操短が行われるに至ったのである。

この半年間にわたる生産調整は、東京での知多晒の価格を上昇させる効果をみせた。こうした知多晒の価格上昇による在庫一掃の結果、一九二九年九月一日より知多の織布業者は操業を再開したのである[44]。

このように、休業、操短などの生産調整は、製品価格の維持あるいは在庫調整を実現する手段として知多産地が実施したが、その生産調整の音頭をとったのは、知多有力産地問屋の主導で結成された知多郡白木綿同業組合であった。この同業組合が生産調整に大きな影響力をもっていたことは、一九二〇年代中頃に同業組合長であった産地問屋山田商店の山田佐一の回顧談に表れている。資料によれば、「私の在任中も生産過剰で価格維持の為に時間制限とか織機の封緘とかいろいろ生産調節をやった[45]」ことから、彼自身が生産調整に関わっていたことは明らかである。さらに、「面倒でも、組合による自主的な統制が最上である[46]」と述べ同業組合による生産調整の有効性を強調する立場を明確にしている。ただこの生産調整は、同業組合長のみの決断によって行われたわけではない。産地問屋全体で生産調整の協議・決定を行っていた。一九二七年の『知多新聞』によれば、「……問屋側にあつては売行不良の為め滞貨益々増加の状態であり……、問屋側では一二日前二十日より向ふ十五日間休業を断行するか又は向ふ一ヶ月間月四回休業するか協議したが確定しなかつた（傍線：筆者）[47]」とある。これは市況の不振に対して、問屋側が実現こそしなかったものの、生産調整について協議していたことを示している。さらに一九二九年の『知多新聞』をみれば、「知多郡白木綿同業組合では問屋会の決議要求により八月一日から八月一杯改良（＝知多晒：筆者）

の全体を断行することになつた（傍線：筆者）[48]」とある。ここで注目したいのは、同業組合の生産調整協議に「問屋会」なる協議機関が存在することである。この問屋会の正式名称は、「知多白木綿問屋組合」で、減産決議を各問屋に通達していた。瀧田商店にも「問屋組合減産決議通知書[49]」が送付されており、その文面は以下のようであった。

陳者刻下ノ深刻ナル知多木綿不況ノ対策トシテ最モ必要トスルハ減産調節ニアリト存候依テ我々組合員ハ協議ノ結果左ノ通リノ決議ヲ實行可仕候事ニ相成候間固ク御實行相成度此段御通知申上候

これは、一九三二年三月三一日に瀧田商店を含む産地問屋に送付されたものである。この資料から、不況という事態への対応策として、生産調整（資料では、減産調節）を位置づけていることがわかる。こうした生産調整の実行については、問屋単位でその監督を任されていたようで、「減産實行ニ付テハ各問屋ハ各々關係工場ヲ指導シ責任ヲ以テ封印ヲ行フコト（傍線：筆者）[50]」とされている。つまり、各産地問屋がそれぞれの下請工場を監督していたの

---

(41) 知多商業會議所『知多商工月報』第八四号、一九二九年三月。
(42) 知多商業會議所『知多商工月報』第八四号、一九二九年三月。
(43) 知多商業會議所『知多商工月報』第八四号、一九二九年三月。
(44) 知多商業會議所『知多商工月報』第九一号、一九二九年一〇月。
(45) 谷原長生編、前掲書、六七頁。
(46) 谷原長生編、前掲書、六七頁。
(47) 『知多新聞』一九二七年六月二二日。
(48) 『知多新聞』一九二九年七月三〇日。
(49) 「問屋組合減産決議通知書」『瀧田商店文書』一九三二年三月三一日。

である。さらに、生産調整を実行しなかった場合についての取決めも記載されており、それによると、「本組合ノ決議ヲ實行セザル工場ニ對シテハ本組合員ハ期間中及期間後六ヶ月間取引ヲ為スコトヲ得ズ（傍線：筆者）[51]」とされている。つまり、生産調整に違反した場合、知多晒の取引を、調整期間およびむこう六カ月間停止されてしまうという罰則が取り決められていた。

このように、瀧田商店をはじめとする産地問屋が「問屋会」にて生産調整について決議を行い、その決定に基づき産地全体の生産量を調節していった。こうした産地問屋主導による生産調整には以下の二点で興味深い特徴があった。

第一に、このような生産調整は国内向け小幅木綿、つまり「知多晒」生産に特有の戦略だったことである。図1-2で検討したように、一九二八年六月（図1-2の⑤の時期）は、「本組合の特産品たる晒木綿（＝知多晒：筆者）は、……厳重なる三割短（＝三割操短：筆者）決行に依り市場の買気を喚起し（傍線：筆者）[52]」と、生産調整による小幅木綿商況回復が報告されているものの、輸出向けが主であった広幅木綿については、「広巾類に於ては輸出向の不振に伴ひ漸次悪化の傾向を呈し……[53]」とあるように、海外市場の不振の波にもまれ苦境を迎えていた。知多においては、輸出市場の動向に大きく左右される広幅木綿に比べ、国内向け小幅木綿は、生産調整によって市況を回復させることも可能であった[54]。小幅木綿取引には、産地問屋が高度な産地内統制力を発揮することができたのである。

第二に、生産調整はあくまで知多産地問屋の販売戦略に基づく意思決定のもとでなされていたことである。名古屋織物商との取引では、産地問屋の商人的戦略を生かす余地は少なかった[55]。それに対して東京織物商との取引では、「知多晒」の生産調整を通じて価格決定を行うことで、知多産地問屋は「自立的」な販売戦略を体現していた。これは、知多産地問屋が流通における機能を大きく発揮していたことを示していた。

第三節　戦間期の国内市場と産地成長

本章は、輸出市場拡大のインパクトに直面した知多産地が、国内市場を選択して発展する過程を明らかにしてきた。その際には、瀧田商店をはじめとする産地問屋が、主体的に流通網を再編した。加えて同業組合を通じた産地問屋の組織的活動が、産地の競争力を高めるうえで有効に機能した。これらの検討結果をふまえて、本章の主張を二点にまとめておきたい。

第一に、戦間期における国内市場への評価と産地側の対応に関する点である。研究史が述べるように、産地綿織物業の成長には輸出産地への転換が一条件とされ、そこには輸出市場への積極的な見方があった。しかし、それは

(50) 「問屋組合減産決議通知書」『瀧田商店文書』一九三二年三月三一日。
(51) 「問屋組合減産決議通知書」『瀧田商店文書』一九三二年三月三一日。
(52) 知多商業會議所『知多商工月報』第七七号、一九二八年八月。
(53) 知多商業會議所『知多商工月報』第七七号、一九二八年八月。
(54) 同業組合による生産調整が行われた点については、松本貴典が泉北郡織物同業組合を事例に指摘している。本章では、そうした論点に加え、生産調整が綿布価格上昇をもたらしていた点を分析・実証している。松本貴典「大正期における織物同業組合の機能――反動恐慌期の泉北綿業における泉北郡織物同業組合の機能を事例として」『大阪大学経済学』第三八巻第一・二号、一九八八年。
(55) 瀧田商店と同じく、知多産地問屋であった中七木綿取締役加藤六郎右衛門氏（戦間期当時）によれば、名古屋織物商との広幅綿布取引は賃織が多く、東京への小幅綿布取引は産地問屋の商社機能が生かされる取引であったという。時には、小幅綿布の販売を半年間手控え、相場の値上がりを待ってから東京織物商に販売することがあったという。加藤統一郎氏（中七木綿株式会社社長・六郎右衛門氏のご令孫）への聴き取り（二〇〇二年一一月一五日）。

国内市場の停滞を意味するものではない。事実、瀧田商店は自らの判断で国内市場へとシフトしており、その方向性は福島銀治が「大正の後期は、知多晒の全盛期といわれ……[56]」と回想しているように、発展的な展望をもつものであった。つまり、戦間期の国内市場は、産地成長への道として積極的に評価できるのである。

第二に、知多産地が国内市場に展開した要因に関する点である。まず産地問屋の自立的活動に関して述べたい。瀧田商店は、国内市場へのシフトに必要とされる原料綿糸の調達にあたり、名古屋綿糸商から大阪綿糸商へと取引先を変化させることで対応した。加えて東京市場への綿布販売では、製品ごとの相場に応じた「知多晒」販売を実施することで積極的に市場を創出していた。これらは、国内市場の展開に、産地問屋が果たした役割が大きかったことを示している。

次に同業組合の活動に関する点である。知多郡白木綿同業組合は、東京織物問屋組合の意図も汲み、品質管理とアウトサイダー排除とを徹底することで、産地の競争力を強めていた[57]。まず、知多と東京双方で取り決められた品質検査の厳格化は、「知多晒」ブランドの信頼性を高め、アウトサイダー排除は、知多産地に安定した市場を確保させることになった。そして、知多産地の生産量を組織的に調整して製品価格を維持することで、利益確保を図っていた。市場の急膨張の期待しにくい国内市場では、産地問屋独自の流通網の再編や組織的な活動が、産地の発展に有効な手段だったのである。

---

(56) 福島銀治「知多木綿50年の思い出(49)」知多織物工業協同組合『知多織月報』第二四四号、一九七八年八月。
(57) 本章で明らかにした同業組合活動は、天保期以前の株仲間組織を「再編」する動きと評価できる。ただし、実証的解明は今後の課題としたい。

産地問屋独自ブランド「知多晒」

「知多晒」は、産地問屋ごとに独自のブランドがいくつもあった。瀧田家は、「常磐晒」や「知多雪晒」の銘柄で東京向けに販売していた（それぞれ、写真1-7、写真1-8）。「常磐晒」は、知多半島ゆかりの源義朝の妻、常磐御前の名前に由来するという。「雀印知多晒」は、岡田の産地問屋・竹之内源助商店が有した独自の銘柄であった（写真1-9）。

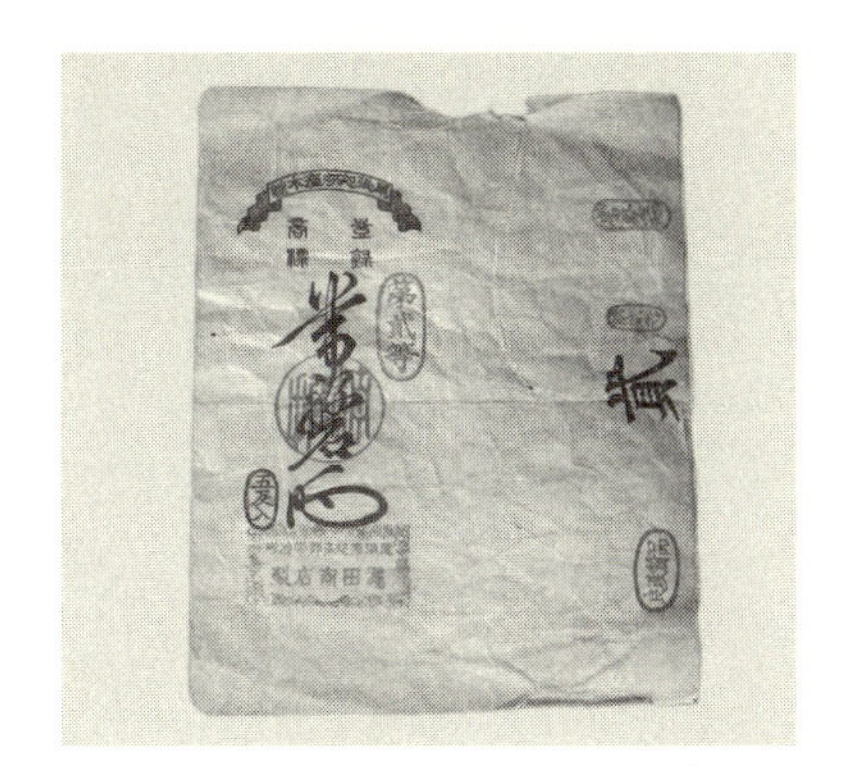

写真 1-7

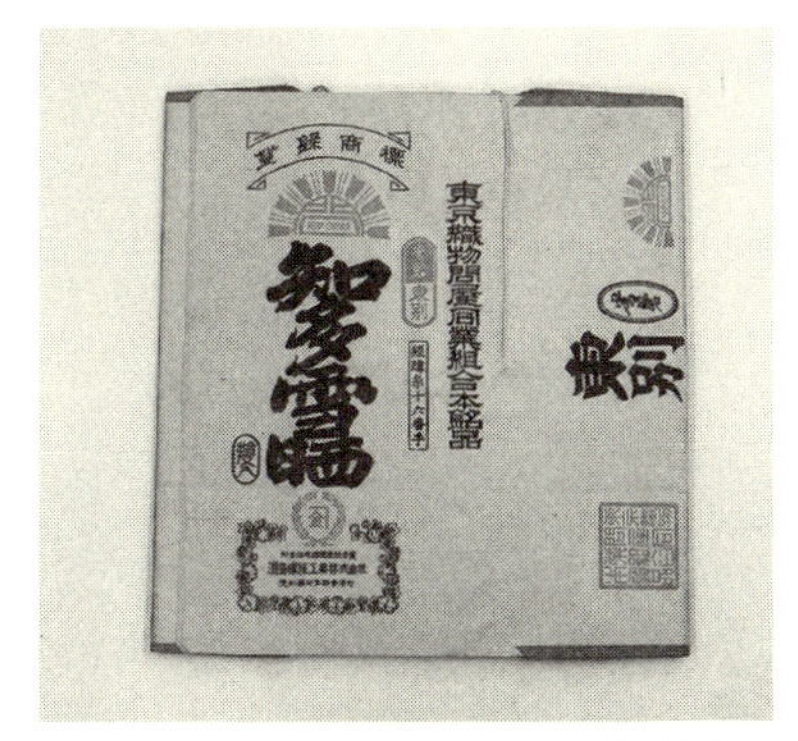

写真 1-8

写真 1-9

第二章

国内市場の選択と生産組織の再編
——北村木綿株式会社の経営拡大——

◉——本章は、知多産地を取り巻く市場構造の変化に、産地問屋がどのように対応したのかに注目する。北村木綿株式会社は、国内市場を選択しながらも、金融恐慌や昭和恐慌による販売不振に対応して「知多晒」の中級製品市場に主軸を置く戦略をとった。そして輸出産地化の進展や賃織工場離脱など不安定な状況に対応して、自営工場を主力とした分散型生産組織へと再編し拡大路線へと向かった。第一章とあわせてみれば、知多産地問屋が、国内市場においてそれぞれ独自の経営戦略を発揮していたことが明らかになる。

出荷される知多晒に添えられたラベル。

本章の目的は、第一章と同じく、国内市場における知多産地綿織物業発展の要因を検討することである。特に、国内市場を選択した産地問屋が、独自の経営戦略を発揮して経営を拡大させていくプロセスに注目する。

第一章で検討したように、第一次大戦ブーム期を迎えた産地は、輸出市場拡大というインパクトに直面した。この事態をビジネスチャンスとしてとらえて、産地は輸出産地化への動きをみせることになった。その一方で、国内市場に向けた発展がみられたことも明らかとなった。

このように、産地綿織物業が発展していけば、近代を通じて産地の展開に深く関わってきた産地問屋は、その対応に迫られることになる。例えば、産地問屋が力織機を備えた工場を設立することで生産部門を強化していく。それと連動して、従来から取引していた賃織農家との取引を解消させることが考えられる。一方で、地域の資産家が小規模力織機工場を設立して新規参入することも考えられる。その際に新規参入した工場は、特に小規模な場合では、自ら市場を開拓することが困難なため、産地問屋や集散地問屋の賃織工場になることも多かった。この一方で、問屋は、①自営工場で生産することが有利なのか、②下請工場に生産委託して分散型生産組織を構築することが有利なのか、という組織選択を迫られた[1]。

この論点については、分散型生産組織をめぐる議論から考えていく。まず、産地問屋が賃織工場に綿布生産を委託する分散型生産組織は、①発注量を調節することによって過剰生産を防ぐことができる、そして②多品種生産をも実現できるという長所を有していた。それに対して、一九一〇年代の泉南産地にみられたように、賃織農家からの工賃上昇圧力を受けて、産地問屋の経営を圧迫するという短所もあった。このため、産地問屋は自営工場設立へと進み、力織機化が進展した[2]。

(1) 斎藤修「在来織物業における工場制工業化の諸要因――戦前期日本の経験」『社会経済史学』第四九巻第六号、一九八四年。

以上の事態は、戦間期の産地綿織物業においてもあてはまる。本章で対象地域として取り上げる知多綿織物業では、伝統的製品である小幅木綿の生産において、知多産地問屋は賃織工場を分散的に編成する生産組織を構築していたからである。

それでは、輸出市場拡大というインパクトに直面して、産地問屋はどのように生産組織を再編したのであろうか。特に、一九三〇年代に輸出産地化がいっそう進んでいく知多産地において、知多産地問屋の分散型生産組織が、安定的な組織であったかどうかは改めて問われねばならない。加えて一九三〇年代は、知多地方の主力小幅綿織物製品であった「知多晒」が、その地位を相対的に低下させ、「岡木綿」とよばれる汎用型の小幅綿布生産が増大する時期にあたっていた[3]。そうだとすれば、知多産地問屋の分散型生産組織は、産地の構造変化と関わらせて、再度論じなければならない。

したがって本章は、戦間期の知多産地を取り上げて、まずはその市場構造の変化を分析したうえで、知多産地問屋の経営を具体的に分析する。特に、産地問屋が市場および産地の変化にどのように対応したのか、さらに賃織工場網をどのように再編していったのかという点に注目する。

対象とする産地問屋は、北村木綿株式会社（以下、北村木綿と略す）である。北村木綿は、知多産地問屋のなかでも屈指の経営規模を誇っていた。北村木綿の具体的分析を通じて、国内市場を舞台に経営を拡大させた要因をも明らかにしたい。

第一節　市場構造変化と北村木綿の成長

（一）知多産地の市場構造変化

知多産地は、両大戦間期に飛躍的に生産量を伸ばして、全国でも有数の綿織物産地へと成長を遂げた。[4] 研究史によれば、従来から生産していた国内市場向けの小幅木綿生産から、輸出生産向けの広幅木綿生産へと転換したことで実現したという。[5] そこで、まずは知多産地の市場構造の変化を確認しておく。

図2-1は、知多地方における小幅織機と広幅織機の台数の変化を示したものである。これによれば、一九二〇年代では、総じて小幅織機台数の方が多く、ほぼ横ばいの推移をみせている。しかし、一九三二年以降になると、広幅織機が急速にその数を上昇させ、小幅織機台数を抜き去ってしまう。これは、知多産地において、一九三〇年代に輸出産地化が急速に進んでいたことを示している。とはいえ、小幅織機台数も、一九三四年からやや増大傾向

（2）斎藤修・阿部武司「賃機から力織機工場へ」南亮進・清川雪彦編『日本の工業化と技術発展』東洋経済新報社、一九八七年。また、ランデスは、賃織工場が原料綿糸を着服するなどモラルハザードが横行する点を、問屋制のデメリットとして指摘している（D・S・ランデス、石坂昭雄・冨岡庄一訳『西ヨーロッパ工業史――産業革命とその後　一七五〇―一九六八』第一巻、みすず書房、一九八〇年）。なお、生産組織をめぐる一連の研究史は、岡崎哲二編『生産組織の経済史』東京大学出版会、二〇〇五年、の序章に詳述されている。

（3）山崎広明「知多綿織物業の発展構造――両大戦間期を中心として」『経営志林』第七巻第二号、一九七〇年。

（4）阿部武司『日本における産地綿織物業の展開』東京大学出版会、一九八九年。

（5）山崎広明、前掲論文。

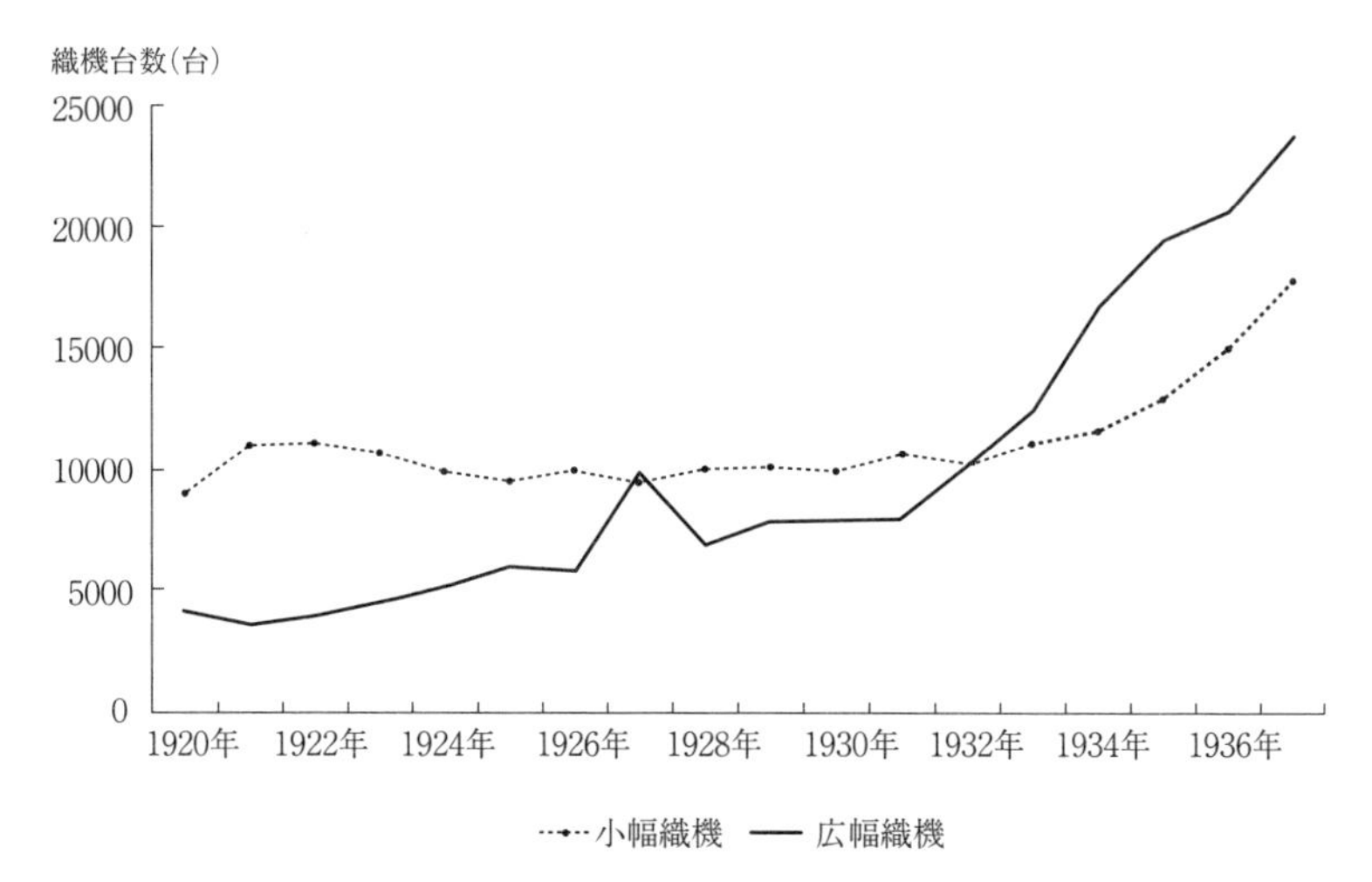

図 2-1　知多地方における織機台数の推移

資料）『愛知県統計書』各年版。

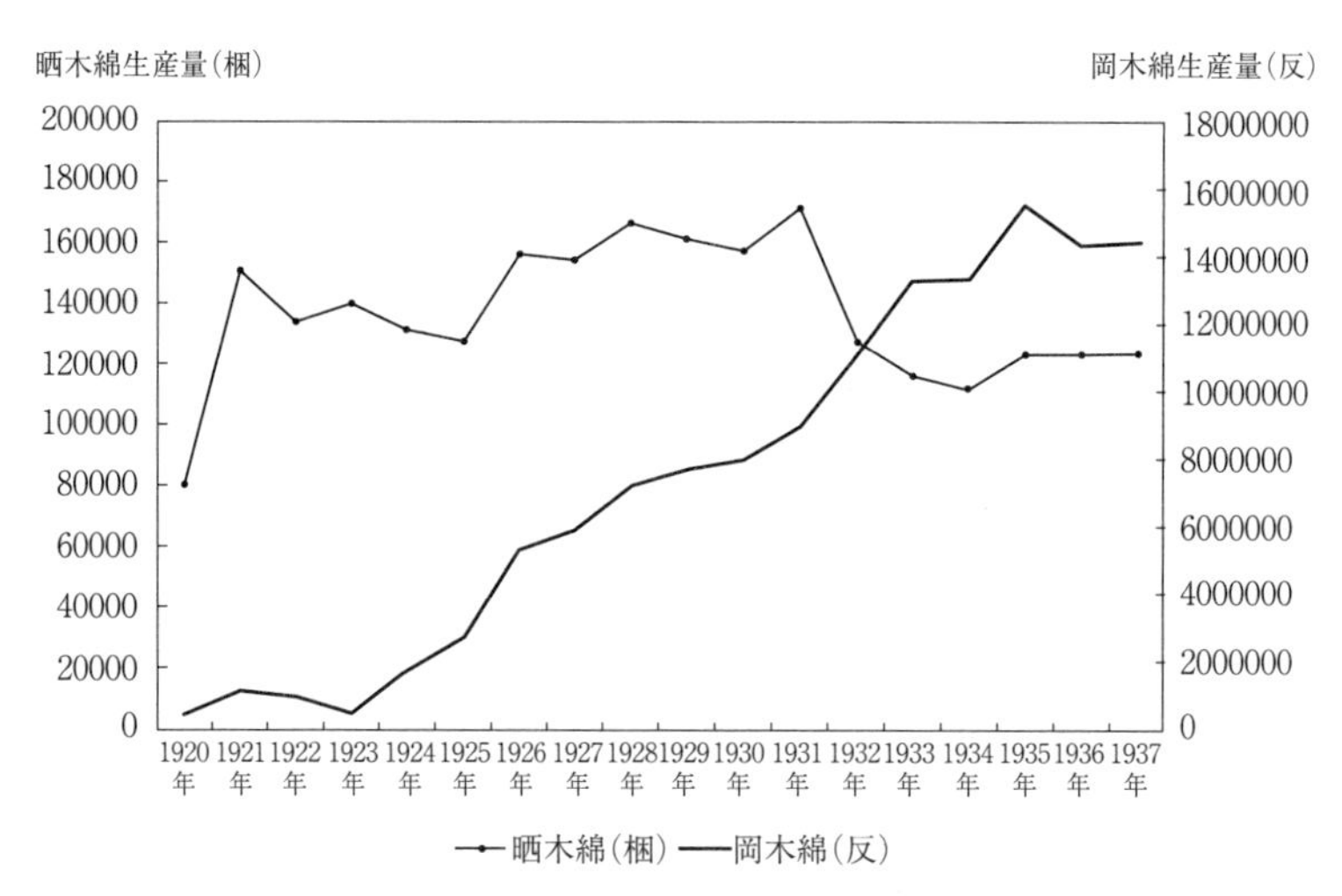

図 2-2　晒木綿と岡木綿の生産額の推移

資料）晒木綿は、知多郡白木綿同業組合・知多綿布工業組合『昭和十二年　統計概要』。

　　　岡木綿は、『愛知県統計書』各年版。

をみせている点は注目に値する。

この要因を明らかにするために、知多産地で有力な小幅木綿であった晒木綿と岡木綿の生産額の変遷を比較検討する[6]。まず、晒木綿は、「知多晒」とよばれる知多産地独自のブランド品であり、東京を主要な市場としていた[7]。それに対して、岡木綿は、主に名古屋方面を市場として出荷される白木綿であり、独自のブランド品ではなく、非常に競争的な財であった[8]。以上の晒木綿と岡木綿の生産額の変遷を、図2-2で検討する。まず、一九二〇年代では、小幅晒木綿が小さな浮沈をみせながらも、ほぼ横ばいで推移するが、一九三二年ごろに生産額を急落させる。そして、若干の上昇をみせたのち、安定して推移する。それに対して岡木綿は、その生産額を上昇させるのは一九二三年ごろからであり、それから一九三五年までほぼ一貫して増大している。小幅木綿の動向をまとめれば、晒木綿は、一九二〇年代に生産量を維持した後に、一九三〇年代に下落させたのに対して、岡木綿は一九二〇年代半ばから急速に生産量を増大させていく。つまり、一九三〇年代における小幅木綿の増大は、岡木綿の生産増大によってもたらされたのである。

したがって、知多綿織物業は、広幅木綿の急速な増大と、小幅木綿における岡木綿生産の増大という構造変化をみせていた。

(6) 商工省商務局編『商取引組織及系統ニ関スル調査（内地向綿織物）』日本商工會議所、一九三〇年。
(7) 農商務省工務局編『織物及莫大小に関する調査』一九二五年。商工省商務局編、前掲書。
(8) 山崎広明、前掲論文。

(二) 北村木綿の分析

それでは、本章で検討対象とする北村木綿について、その特徴と位置づけを確認しておく。

北村木綿の沿革

北村木綿は、明治維新を迎えた一八六八年に、北村七郎平が知多郡成岩町において木綿業を創業したことに端を発した。北村七郎平は、一八八七年ごろには岩田宗五郎と並び成岩町の有力な木綿問屋として活動しており、東京方面に知多晒を売り込んで知多綿織物業をリードしていた[9]。その後一九一七年一二月には、一族出資を基礎にして資本金三万円の北村木綿合資会社を設立した。これは、北村七郎平を代表社員として綿布問屋業を営むものであった[10]。そして北村七郎平は、一九二四年五月、北村木綿合資会社が知多製布合資会社を買収するかたちをとって、北村木綿株式会社を設立するに至った[11]。この知多製布合資会社当主であった山田市太郎は、北村木綿株式会社の監査役に就き、なおかつ北村木綿株式会社馬場工場(織機台数一二〇台)の工場主ともなった[12]。これはおそらく、北村七郎平が、知多製布合資会社をその人材を含めて買収することで、綿布生産部門へと参入していったものと考えられる。その後も一九三三年九月には、織機台数一五四台の北村木綿株式会社一色工場を設立して、さらに生産部門を

(9) 愛知県知多郡成岩町『成岩町史』一九三六年、一二七頁。
(10) 繊維商工業要鑑編纂部『繊維商工業要鑑』信用交換所名古屋局、一九三〇年。
(11) 紡織雑誌社『紡織要覧』一九二五年度版。
(12) 商工省編『全国工場通覧1 昭和六年版①』柏書房、一九九二年。

写真 2-1

写真 2-2

北村木綿工場の跡地

北村木綿は、産地問屋でありながら織機台数 100 台を超える規模の自営工場を次々に設立した。写真は、馬場工場（写真 2-1）と一色工場（写真 2-2）の跡地。馬場工場は現在、住宅地となっており、当時の面影はない。一色工場は、成岩駅（名古屋鉄道河和線）に隣接して設立されていたことから、製品綿布出荷の利便性を見込んでいたものと考えられる。現在は駐車場となっているが、その広大な敷地が、北村木綿自営工場の規模の大きさを想起させる。

拡大させていった。

北村木綿の経営規模

北村木綿について、知多地方における経営規模を確認しておく。第一次大戦前での知多郡の主要資産家を規模順に示した表2-1をみると、上位に木綿業に関わるメンバーが多い。このことから、綿織物業が知多産地において主要な産業であったことがうかがえる。なかでも北村七郎平は、一一九件中一九位に位置していることから、有力な綿織物商人であったことは明らかである。

次に、主な綿織物業者における北村木綿の位置を確認する。一九三〇年の営業税額に応じて上位三〇位まで示した表2-2によれば、北村木綿は三位に位置していた。

最後に、知多産地問屋のなかでの北村木綿の経営規模の推移をみておきたい。先述したように、知多産地は、国内向け販売綿布として小幅晒木綿である知多晒を主力製品としていた。この知多晒を取扱う知多産地問屋は、戦間期に二〇件前後存在していた。この知多産地問屋の晒木綿出荷量の推移を表2-3でみると、期間を通じて北村木綿は、晒木綿出荷量の上位を維持しており、全体の一五%前後の出荷量を占めている。つまり北村木綿は、知多産地で大規模な経営を誇る産地問屋だったのである。

北村木綿の資金調達

次に、北村木綿の経営について、まず北村木綿の資金調達と収支項目を中心に具体的に分析していく。まず、北村木綿の資金調達について表2-4-1および表2-4-2を用いて分析する。設備資金（固定資産）は、土地建物・什器に加えて、馬場工場や一色工場など工場設備の比重が高く、増加傾向にある。それらは期間を通じ

表 2-1　知多郡における主な資産家（1912 年）

順位	名前	所在	職業	年商		所得金額
				以上	未満	
1	中野又左衛門	半田	酢醸造	1,000,000		55,000～60,000
2	小栗三郎	半田	米穀肥料醤油製造	250,000	300,000	30000～35,000
3	竹内佐治	成岩	米穀肥料酒造	200,000	250,000	7,000
4	榊原伊助	成岩	酒造	150,000	200,000	9,000
5	内田七郎兵衛	内海	酒造	100,000	150,000	4,000
6	間瀬佐治平	亀崎	酒造木綿	75,000	100,000	–
7	竹内源助	岡田	木綿	50,000	75,000	4,000
8	小栗七郎	半田	醤油製造	50,000	75,000	3,000
9	石川藤八	亀崎	機業	50,000	75,000	3,000
10	竹田文次郎	岡田	木綿仲買製織	50,000	75,000	3,000
11	盛田善平	半田	製粉醤油	50,000	75,000	2,500
12	榊原太助	成岩	太物卸	50,000	75,000	–
13	瀧本平吉	成岩	酒造	35,000	50,000	2,000
14	岩田一郎三	成岩	木綿買継	35,000	50,000	1,500
15	澤田儀左衛門	枳豆志	酒造	35,000	50,000	–
16	皆川藤七	大野	呉服古着小売	20,000	35,000	4,000
17	鈴木市兵衛	半田	砂糖	20,000	35,000	3,000
18	間瀬富太郎	亀崎	酒造	20,000	35,000	3,000
19	**北村七郎平**	成岩	織物	20,000	35,000	2,500
20	岩田宗五郎	成岩	晒木綿卸	20,000	35,000	2,000
21	石川久太郎	成岩	米穀	20,000	35,000	2,000
22	新美治郎八	亀崎	樽丸材木石炭	20,000	35,000	2,000
23	藤田茂兵衛	半田	木綿買継	20,000	35,000	1,500
24	柿田藤右衛門	常滑	木綿買継	20,000	35,000	1,500
25	福本林蔵	亀崎	米穀肥料	20,000	35,000	1,500
26	水口所助	亀崎	度量衡雑品	20,000	35,000	1,500
27	中野金蔵	半田	酒造	20,000	35,000	1,000
28	澤田儀兵衛	古場	酒造	20,000	35,000	–
29	榊原仁平	半田	味噌溜製造	10,000	20,000	3,000
30	加藤源之助	武豊	運送石炭	10,000	20,000	2,000
31	出口又右衛門	武豊	味噌醤油	10,000	20,000	2,000
32	竹内昇亀	亀崎	織物	10,000	20,000	2,000
33	杉江定五郎	成岩	呉服太物	10,000	20,000	1,500
34	河合儀兵衛	成岩	呉服太物	10,000	20,000	900
35	関傳吉	亀崎	機業	10,000	20,000	800
36	岩田安平	半田	飴製造	10,000	20,000	–
37	横田嘉助	河和	米穀肥料	10,000	20,000	–
38	久田角左衛門	枳豆志	木綿米穀肥料	10,000	20,000	–
39	伊藤善蔵	常滑	酒造	5,000	10,000	2,000
40	小栗スエ	半田	紙薬品	5,000	10,000	1,500
41	柴田助右衛門	半田	呉服太物小間物	5,000	10,000	1,500
42	稲生勝次郎	亀崎	醤油製粉	5,000	10,000	1,500
43	花井得	大府	米穀肥料	5,000	10,000	1,500
44	杉江清太郎	成岩	肥料米穀	5,000	10,000	1,000
45	安井定七	亀崎	雑貨	5,000	10,000	1,000
46	中村伊助	大野	織物	5,000	10,000	1,000
47	榊原由平	半田	酒造	5,000	10,000	600

注 1）資産家の合計は、119 件である。ただし、有松地方の資産家は、含んでいない。
注 2）木綿業に関わる職業の資産家は、網掛けで示した。
資料）商業興信所『商工資産信用録　第十三回』1912 年。
『愛知県尾張国資産家一覧表』1913 年（渋谷隆一編『都道府県別資産家地主総覧　愛知編 2』日本図書センター、1997 年）。

表 2-2　知多地方の主な綿織物業者（1930 年）

順位	名前	所在	職業	営業税	所得税
1	（株）中七木綿	岡田町	晒木綿、広幅木綿製造販売	1,710	
2	（資）西浦木綿商会	大野町	絹綿諸紡織	741	
3	**（株）北村木綿**	成岩町	絹綿諸紡織	406	
4	（株）岡田織布	岡田町	絹綿諸紡織	376	
5	瀧田商店	常滑町	絹綿諸織類（買継）	342	1,242
6	（資）中田織布	岡田町	絹綿諸紡織	193	
7	（資）平藤呉服店	大野町	呉服太物	146	
8	（資）生路工場	東浦村	絹綿諸紡織	111	
9	山口民次郎	大高町	呉服太物	106	115
10	安藤梅吉	岡田町	絹綿諸紡織	99	137
11	守山一助	西浦町	呉服太物	93	83
12	中川儀三郎	野間村	呉服太物	87	74
13	田中和三郎	阿久比村	絹綿諸紡織	85	229
14	石井松太郎	大野町	呉服太物	80	54
15	岡戸嘉七	東浦村	絹綿諸紡織	74	108
16	畑中権吉	成岩町	絹綿諸織類（買継）	70	59
17	丸久呉服店	半田町	呉服太物	67	54
18	大森善平	成岩町	呉服太物	67	41
19	支那光呉服店	半田町	呉服太物	66	62
20	竹内虎王	岡田町	絹綿諸紡織	64	77
21	大黒屋呉服店	岡田町	呉服太物	64	66
22	竹内藤太郎	岡田町	白木綿、三巾金巾、天竺木綿製造販売	62	63
23	藤田茂兵衛	半田町	絹綿諸織類（買継）	61	119
24	土井一二	岡田町	呉服太物	59	49
25	岩田宗五郎	成岩町	絹綿諸織類（買継）	57	459
26	加古かく	大府町	呉服太物	56	35
27	深津富次郎	半田町	絹綿諸織類（買継）	53	36
28	山本兵蔵	大野町	呉服太物	50	15
29	出口三太郎	半田町	呉服太物	49	43
30	宮本弁吉	亀崎町	呉服太物	47	19
合計	66件				

注）単位は、円。

資料）大日本商工会編纂『昭和五年版　大日本商工録』1930 年（渋谷隆一編『都道府県別資産家地主総覧　愛知編 3』日本図書センター、1997 年）。

表 2-3　主な知多産地問屋の晒木綿出荷量の推移

順位＼年	1925年	1926年	1927年	1928年	1929年	1930年	1931年	1932年	1933年	1934年	1935年	1936年	1937年
1	藤田商店	**北村木綿**	**北村木綿**	藤田商店	藤田商店	藤田商店	**北村木綿**	藤田商店	藤田商店	藤田商店	藤田商店	藤田商店	藤田商店
	18,739　16.6	19,425　14.3	19,392　14.4	19,944　13.8	23,218　16.2	26,113　18.4	27,812　17.8	22,234　17.4	23,110　20.3	37,999　30.0	45,911　35.8	43,812　32.5	38,248　28.0
2	**北村木綿**	藤田商店	藤田商店	**北村木綿**	**北村木綿**	**北村木綿**	藤田商店	**北村木綿**	**北村木綿**	小島要蔵	小島要蔵	**北村木綿**	小島要蔵
	16,141　14.3	18,049　13.3	16,580　12.3	18,704　13.0	18,054　12.6	22,130　15.6	26,160　16.7	17,506　13.7	15,288　13.5	18,131　14.3	17,100　13.3	19,104　14.2	25,610　18.7
3	岩田商店	尾白商会	尾白商会	深津富次郎	深津富次郎	山田商店	山田商店	岩田商店	小島要蔵	**北村木綿**	田中和三郎	小島要蔵	**北村木綿**
	12,576　11.1	15,268　11.2	14,934　11.1	16,611　11.5	17,330　12.1	16,197　11.4	16,715　10.7	13,172　10.3	10,450　9.2	15,285　12.1	13,090　10.2	18,337　13.6	18,412　13.5
4	尾白商会	岩田商店	深津富次郎	尾白商会	岩田商店	岩田商店	岩田商店	田中和三郎	山田商店	山田商店	**北村木綿**	田中和三郎	瀧田商店
	9,367　8.3	10,932　8.0	12,889　9.6	13,983　9.7	14,607　10.2	12,011　8.5	15,465　9.9	12,056　9.4	9,450　8.3	12,220　9.6	12,566　9.8	10,639　7.9	12,129　8.9
5	田中和三郎	田中和三郎	岩田商店	岩田商店	畑中商店	田中和三郎	畑中商店	小島要蔵	岩田商店	田中和三郎	瀧田商店	山田商店	田中和三郎
	8,577　7.6	10,612　7.8	11,673　8.7	13,838　9.6	13,340　9.3	11,750　8.3	13,391　8.6	11,310　8.9	9,218　8.1	9,100　7.2	10,622　8.3	10,544　7.8	9,485　6.9
6	瀧田商店	西浦木綿	瀧田商店	田中和三郎	田中和三郎	畑中商店	田中和三郎	山田保造	深津富次郎	岩田商店	山田商店	瀧田商店	山田商店
	8,324　7.4	10,206　7.5	10,022　7.5	10,730　7.5	9,865　6.9	11,617　8.2	10,330　6.6	10,490　8.2	8,028　7.1	8,593　6.8	10,415　8.1	10,333　7.7	7,190　5.3
7	西浦木綿	瀧田商店	田中和三郎	畑中商店	西浦木綿	深津富次郎	深津富次郎	畑中商店	田中和三郎	瀧田商店	岩田商店	深津富次郎	深津富次郎
	8,058　7.1	10,153　7.5	9,460　7.0	8,828　6.1	8,405　5.9	10,055　7.1	10,310　6.6	8,427　6.6	7,900　7.0	6,909　5.4	3,760　2.9	5,700　4.2	6,170　4.5
8	山田保造	山田商店	西浦木綿	瀧田商店	山田商店	杉浦甚蔵	瀧田商店	瀧田商店	瀧田商店	中七木綿	深津富次郎	杉浦甚蔵	中七木綿
	4,798　4.2	7,841　5.8	8,156　6.1	7,934　5.5	8,170　5.7	6,068　4.3	6,359　4.1	6,341　5.0	6,303　5.5	3,472　2.7	3,355　2.6	3,300　2.4	4,748　3.5
9	竹之内商店	山田保造	山田商店	西浦木綿	瀧田商店	瀧田商店	杉浦甚蔵	深津富次郎	山田保造	竹之内商店	中七木綿	山田保造	杉浦甚蔵
	4,642　4.1	7,525　5.5	7,401　5.5	7,933　5.5	5,401　3.8	5,718　4.0	5,697　3.6	6,240　4.9	5,700　5.0	2,865　2.3	3,099　2.4	2,800　2.1	4,015　2.9
10	畑中商店	畑中商店	畑中商店	杉浦甚蔵	杉浦甚蔵	西浦木綿	西浦木綿	中七木綿	西浦木綿	深津富次郎	竹之内商店	岩田商店	山本商店
	4,605　4.1	5,859　4.3	7,061　5.3	5,653　3.9	4,933　3.4	4,882　3.4	5,577　3.6	4,511　3.5	3,715　3.3	2,615　2.1	2,979　2.3	2,726　2.0	2,990　2.2
上位10合計	95,827　84.8	115,870　85.2	117,568　87.5	124,158　86.1	123,323　86.1	126,541　89.2	137,816　88.2	112,287　87.9	99,162　87.3	117,189　92.5	122,897　95.7	127,295　94.4	128,997　94.4
合計	112,962	135,815	134,451	144,002	143,071	141,902	156,472	127,775	113,635	126,812	128,307	134,746	136,601

注1）名前下の数字は、出荷数、そしてその割合（%）を示す。

注2）出荷数の単位は、梱。

資料）知多郡白木綿同業組合・知多綿布工業組合『昭和九年　統計概要』、『昭和十三年　統計概要』。

表 2-4-1　北村木綿の主な資金調達

	固定資産（A）	土地建物什器	製造部 馬場工場	製造部 一色工場	自己資本金（B）	払込資本金	積立金	繰越金	自己資本余裕金（B）−（A）	長期負債借入金（C）	長期資金余裕金（B）+（C）−（A）
1924年	33,914	8,914	25,000	−	132,800	125,000	7,800		98,886		98,886
1925年	33,496	10,130	23,366	−	134,298	125,000	7,800	1,498	100,802	81,450	182,252
1929年	39,760	7,690	32,070	−	104,158	150,000	7,800	▲53,642	64,398	30,000	94,328
1930年	31,927	7,070	24,857	−	84,590	150,000	7,800	▲73,210	52,663	10,000	62,663
1931年	30,804	6,500	24,304	−	84,626	150,000	7,800	▲73,174	53,822	5,000	58,822
1932年	34,703	6,680	28,023	−	87,065	150,000	7,800	▲70,735	52,362	3,000	55,362
1933年	57,144	6,160	25,340	25,644	101,087	150,000	7,800	▲56,713	43,943	5,000	48,943
1934年	58,052	5,670	26,713	25,669	100,744	150,000	7,800	▲57,056	42,692	6,280	48,972
1935年	63,173	6,200	29,058	27,915	101,472	150,000	7,800	▲56,328	38,299		38,299
1936年	73,357	5,700	39,201	28,456	121,604	150,000	7,800	▲36,196	48,247	10,000	58,247
1937年	71,850	5,250	36,881	29,719	168,379	150,000	15,000	3,379	96,529	5,000	101,529

表 2-4-2　北村木綿の主な資金調達

	流動資産（D）	有価証券	預り金	製品営業用品	現金	売掛金	工場貸金	仮勘定	（B）+（C）−（A）−（D）	流動負債	当座借越 愛知銀行	当座借越 明治銀行	当座借越 名古屋銀行	買掛金	未払工賃	未払晒賃
1924年	175,727	38,824	▲11,351	104,379	175	38,933	4,000	767	▲76,841	16,280	▲25,907	▲389	−	15,418	1,388	25,770
1925年	183,244	40,704	1,228	91,465	112	44,969	4,000	766	▲992	23,769	▲12,558	▲382	−	11,197	520	24,992
1929年	132,050	12,088	33,180	80,340	263	563	4,850	766	▲37,722	62,834	24,685	6,296	▲982	6,079	466	26,290
1930年	163,518	10,253	45,513	102,467	41	128	4,350	766	▲100,855	40,576	11,242	1,286	▲3,119	2,992	▲5,017	33,192
1931年	138,002	10,253	61,960	59,157	184	1,332	4,350	766	▲79,180	41,895	11,669	▲122	▲2,343	4,379	▲2,286	30,598
1932年	104,456	−	58,550	35,986	411	7,509	2,000	−	▲49,094	42,870	15,949	−	▲2,024	15,639	▲1,872	15,178
1933年	98,892	−	43,309	46,720	673	5,890	2,300	−	▲49,949	42,046	16,728	−	▲432	12,190	▲3,823	17,383
1934年	79,756	−	29,116	40,250	5	8,585	1,800	−	▲30,784	24,070	13,636	−	68	2,737	▲7,358	14,987
1935年	94,302	−	36,264	42,190	195	153	15,500	−	▲30,784	22,913	3,469	−	▲242	4,630	▲5,892	20,948
1936年	113,121	−	36,407	44,070	493	▲34	32,185	−	▲54,874	34,897	15,016	−	▲323	410	▲6,740	26,534
1937年	173,003	100	49,284	92,530	1,369	35	29,685	−	▲71,474	70,449	15,376	−	▲147	38,234	▲4,565	21,551

注1）当座借越欄の、マイナス数値表記は、当座預金を表すものと考えられるが、そのまま流動負債欄に記載した。

注2）「−」は、皆無を示す。

注3）「▲」はマイナスを示す。

注4）単位は、円。

資料）北村木綿『貸借対照表』（資料ナンバー 712）をもとに、筆者作成。

表 2-5　北村木綿の主要勘定

年	期	収入関係 綿布販売	綿糸販売	綿糸販売 畑中商店	綿糸販売 木村	手形・小切手入り	支出関係 綿糸購入	自営工場	自営工場 工賃	自営工場 綿布購入	自営工場 綿糸購入	ブローカーへの支払い	知多代行社	西村忠司	鈴木商店	その他	賃織工場 工賃	賃織工場 綿布購入	晒賃	運賃	税金	給料	組合費	その他	備考
1924年	下半期	7,853	1,931	···	···	11,408	7,184	···	···	···	···	−	−	−	−	−	1,256	−	−	195	−	3,090	420	1,945	
1925年	上半期	9,279	4,330	···	···	1,894	6,621	5	···	···	···	−	−	−	−	−	768	−	179	422	5	4,187	207	1,843	
	下半期	4,232	−	···	···	···	2,202	···	···	···	···	−	−	−	−	−	592	−	254	74	−	1,647	306	1,554	
1926年	上半期	1,512	−	···	···	···	328	···	···	···	···	−	−	−	−	−	312	−	4	33	33	2,415	219	1,134	
	下半期	1,550	500	···	···	···	677	···	1,300	···	···	−	−	−	−	−	1,665	−	12	812	812	2,405	288	1,129	愛知銀行へ30,029円返済
1927年	上半期	1,062	1,771	···	···	···	1,686	···	···	···	···	−	−	−	−	−	821	−	183	−	−	1,901	230	1,385	
	下半期	1,101	1,198	···	···	···	1,048	···	···	···	···	27	−	−	−	27	1,020	−	300	101	96	2,059	291	890	
1928年	上半期	1,508	−	···	···	···	4,075	···	···	···	···	285	285	−	−	−	977	−	450	9	−	2,233	267	1,456	
	下半期	3,043	1,154	···	···	···	309	···	···	···	···	160	160	−	−	−	1,132	−	50	−	161	2,672	157	1,396	
1929年	上半期	10,410	−	···	···	···	8,859	···	···	···	···	56	56	−	−	−	1,639	164	855	435	3	2,548	303	2,499	
	下半期	2,726	1,965	···	···	···	3,399	···	···	···	···	63	63	−	−	−	613	125	591	67	21	3,241	383	1,788	
1930年	上半期	2,956	505	···	···	···	1,307	···	···	···	···	356	356	−	−	−	694	51	−	2	−	2,480	295	788	
	下半期	2,599	4,016	···	···	350	4,717	···	···	···	···	400	400	−	−	−	589	278	−	67	−	1,445	50	1,963	
1931年	上半期	1,844	1,012	···	···	462	2,028	···	···	···	···	−	−	−	−	−	165	−	67	111	3	2,440	167	1,277	
	下半期	1,700	6,967	6,967	···	354	8,030	···	···	···	···	367	367	−	−	−	503	1,511	200	6	13	2,649	155	2,361	
1932年	上半期	10,111	18,121	16,248	···	550	22,082	−	−	−	−	317	317	−	−	−	611	25	734	51	−	1,147	312	2,755	
	下半期	2,169	21,018	8,222	12,270	···	20,940	578	508	−	−	102	102	−	−	−	971	35	526	6	40	1,518	230	1,437	
1933年	上半期	2,968	30,065	···	27,046	···	26,390	789	−	−	414	29	−	29	−	−	575	−	589	129	30	1,080	114	1,613	
	下半期	1,720	6,378	···	1,537	···	5,413	−	−	−	−	82	24	33	−	25	392	52	672	142	62	1,414	184	785	
1934年	上半期	11,682	1,206	···	···	···	12,009	7,545	1,800	−	5,742	697	485	193	18	1	1,526	766	895	78	45	1,440	389	1,537	信用組合より2,971円借入、1,000円返済
	下半期	2,692	1,741	···	···	···	7,900	13,130	−	−	12,706	161	−	140	21	−	2,632	1,140	479	57	177	360	233	954	信用組合より2,971円借入
1935年	上半期	9,190	5,956	···	···	···	15,205	1,350	1,350	−	−	284	105	132	33	14	890	1,363	4,813	121	64	735	214	1,641	
	下半期	7,214	214	···	···	···	8,952	15,442	−	1,600	12,412	318	185	94	23	16	172	1,053	50	39	81	820	295	1,421	
1936年	上半期	10,574	2,754	···	···	···	14,300	14,495	3,560	−	10,935	140	−	140	−	−	722	2,102	400	50	87	760	150	4,151	信用組合より5,000円借入
	下半期	14,487	884	···	···	···	13,646	−	−	−	9,732	59	−	59	−	−	866	866	300	203	34	1,156	339	1,817	
1937年	上半期	2,218	−	···	···	···	5,175	14,963	1,200	−	13,763	253	112	141	−	−	830	1,633	4	351	11	1,696	645	1,077	津田より5,000円借入
	下半期	10,550	44	···	···	···	7,940	18,412	−	−	18,412	556	192	364	−	−	441	2,343	131	417	4,524	1,542	545	1,698	

注1）「−」は、皆無を示す。「···」は、数値が不明であることを示す。

注2）帳簿上、単位は明らかではない。ただし、表2-7などとの整合性を考えれば、百円とすることが妥当と考えられる。この後、表2-6、表2-7、表2-8、表2-10、表2-12も同様に扱う。

資料）北村木綿『金銭出納帳』（資料ナンバー 791）。

て、自己資本金で完全にカバーされていることが確認でき、それゆえ自己資本余裕金が生じている（表2-4-1）。これは、第一次大戦前あるいは第一次大戦ブーム期に資本を蓄積して、自己資本を充実させたことがその要因であったと考えられる。

ただし、製品在庫や売掛金など運転資金については、長期資金余裕金（自己資本余裕金に長期負債を加えた金額）ではカバーできていない。そのため、買掛金や愛知銀行からの当座借越、未払晒賃が流動負債欄に計上されている（表2-4-2）。つまり北村木綿は、運転資金の不足分を、愛知銀行からの実質的な借入れと、晒工場への晒賃の支払いを延期させることで埋め合わせていた[13]。

北村木綿は、戦間期においても順調に経営を維持・拡大していくが、その経営の内実を、それぞれの収支項目の推移から、表2-5を用いて考察していく。

まず収入は、綿布販売についてみると、一九二五年、一九二九年、一九三二年、一九三四年、一九三六年、一九三七年に販売額が大きく、総じて一九三〇年代に販売が好調であったことがわかる。

次に支出については、綿糸購入の割合が大きい。その推移を追っていくと、一九二四年、一九二九年、一九三二―一九三六年に購入額が大きく、やはり一九三〇年代の取引が活発であったことがうかがえる。ただし、一九三二年および一九三三年の綿糸購入額の大きさは、産地問屋畑中商店や、木村（性格は不明）への綿糸販売に向けられていたからであった。つまり、北村木綿は、同じ産地問屋への綿糸供給の性格をも有していた[14]。

支出項目には、ブローカーへの支払いが一九二七年以降一貫して記載されている。このブローカーは、知多産地

(13) 産地問屋による晒工賃不払いは、知多郡阿久比村でも報告されている。この点について、問屋組合でも重要視したうえで対策を講じるとされている（『知多新聞』一九三一年一一月一八日）。

問屋への市場情報の提供を担当していた。例えばブローカーの知多代行社（植木彦吉）について、資料では以下のように記述されている。

「……専ら知多晒の仲次をなし経営現在に至るものなり（傍線：筆者）[15]」

次に、以下のようにも記されている。

「ブローカーハ東京ニ住シ現在二名アリテ、電話ニテ知多地方ノ存在高ヲ調査シ東京問屋ヲ走リ廻リテ賣先ヲ見付ケルヲ仕事トス、手数料ハ反一厘ニ毛ニテ産地ノ負擔トス（傍線：筆者）[16]」。

つまり、東京在住のブローカーは、知多晒の取次ぎ業務や東京市場情報の提供などを行い、その報酬として手数料を北村木綿から受け取っていた。つまり北村木綿および他の知多産地問屋は、東京在住のブローカーからの市場情報を駆使しつつ、販売戦略を練っていたのである。

さらに、賃織工場への支払が大きいことも確認できる。これは、北村木綿が自営工場での生産に加えて、賃織工場を組織していたことを示しているのである。

---

(14) 畑中商店当主畑中権吉は、かつて北村木綿で番頭として働いており、その後独立したという。それゆえ、両者は綿糸取引を通じたつながりを維持していたものと考えられる（山崎広明、前掲論文）。
(15) 東京信用交換所編『東京織物問屋総覧』東京信用交換所、一九二九年。
(16) 商工省商務局編、前掲書。

写真 2-3

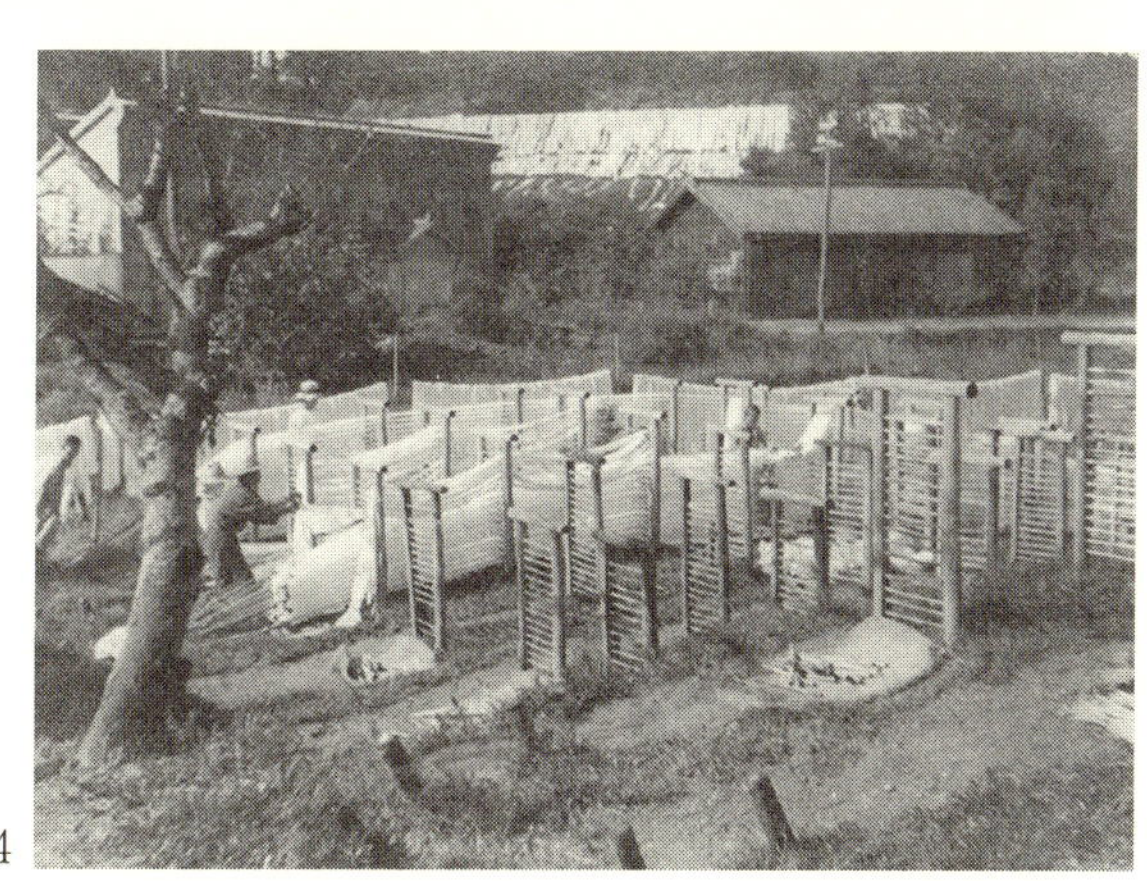
写真 2-4

知多木綿の晒工程

「知多晒」の声価を高めるうえで、木綿の漂白を担当する晒工程の重要性は高かった。知多産地では、独特の製法を有した晒工場が各地で生まれた。産地問屋は、こうした晒工場に製品綿布の晒工程を委託することで、知多晒の付加価値を高めたのである。写真は、丸久晒工場（1904 年創業）の全体写真（写真 2-3）と晒綿布を天日干しする模様（写真 2-4）を示している。

の綿糸購入先の変遷

1924年		1925年		1926年		1927年	
取引額	%	取引額	%	取引額	%	取引額	%
6,788	**76.8**	**2,390**	**27.1**	145	14.4	743	27.2
2,018	22.8			**645**	**64.2**		
		400	4.5				
		400	4.5			**910**	**33.3**
		414	4.7				
		39	0.4	105	10.4		
		2,230	25.3				
		1,648	18.7				
32	0.4	1,302	14.8	115	11.4	1,081	39.5
8,838	100.0	8,823	100.0	1,010	100.0	2,734	100.0

第二節　販売戦略と生産組織の編成

本節では、北村木綿の販売活動および生産組織の分析を行う。先述したように、一九二〇年代は、小幅木綿生産の比重が比較的大きく、安定的に推移した時期であった。

（一）北村木綿の販売活動

綿糸購入先の変遷

まずは、北村木綿の綿糸購入先から検討する。

北村木綿の綿糸仕入先は、一九二〇年代半ばまで判明する。表2-6によれば、名古屋有力綿糸商・信友商店が、一貫して重要な綿糸調達先であったことが判明する。しかし、一九二四年に大阪船場の有力綿糸商・八木商店との取引が生じたことに加え、一九二五年以降丸栄商店や日本綿花、伊藤忠商事など、大阪綿糸商との取引が増大していく。つまり一九二五年以降、名古屋有力綿糸商に加えて、大阪有力綿糸商が知多産地に綿糸売り込みを意図して参入してきた。そのことによって北村木綿は、綿糸調達先を幅

表2-6　北村木綿

取引先名	所在地（すべて名古屋市）	営業税	所得税
信友商店	西区伝馬町6丁目	1,000	1,000
株式会社八木商店出張所	中区仲ノ町3ノ33	1,000	1,000
株式会社三綿商店	西区車ノ町2丁目	1,000	1,000
株式会社丸栄商店名古屋出張所	西区下長者町1丁目	3,000	3,000
日本綿花株式会社支店	東区七間町5丁目	50,000	26,000
Ⓗ			
伊藤忠商事株式会社名古屋支店	中区新柳町	5,000	5,000
合名会社遠山商店名古屋支店	西区下長者町	2,000	2,000
その他			
合計			

注1）1924年は、5月から12月までの数値。
注2）取引期間中、最大の数値は、太字で示した。
注3）金額の単位は、すべて百円。
資料）北村木綿『金銭出納帳』（資料ナンバー791）。
名古屋商工会議所『名古屋商工案内』1928年版。

広く確保することになった[17]。

綿布販売先の変遷

次に、北村木綿の綿布販売先について表2-7を用いて検討する。

まず販売量をみると、金融恐慌や昭和恐慌を経験したもののの、ほぼ横ばいで推移している。

そして、販売先は、杉浦商店、三綿商店、中村商店など東京の有力織物商が上位を占めていた。特に杉浦商店は、一九二七年から一九二九年まで一八％前後のシェアを占めるなど、一貫して一位・二位を確保している。とはいえ、塚本商店や長谷川商店、田端屋商店、小津木綿、稲村商店、丁吟商店、外山商店、大津商店との取引シェアも大きく、しかもこれらはいずれも東京有力織物商であった。したがって北村木綿は、期間を通じて東京市場に多数の販売

(17) 阿部武司は、一九二〇年恐慌を経た一九二〇年代に綿糸商間で綿糸売込競争があった点を指摘している。知多産地においても同様な事態が生じたものと考えられる（阿部武司、前掲書、一四六頁）。また、同じく、知多産地問屋の瀧田商店も、一九二〇年代に大阪の有力綿糸商への取引関係を強めている。しかもそれと連動して、小幅木綿向けの一六番手綿糸の取引額を増大させている（本書第一章）。

の綿布販売先

1929年			1930年（1月～11月）		
名前	個数	%	名前	個数	%
杉浦商店	3,225	17.4	中村商店	3,853	18.0
中村商店	2,547	13.8	杉浦商店	2,610	12.2
三綿商店	1,900	10.3	三綿商店	2,176	10.2
塚本商店	1,627	8.8	遠山商店	2,102	9.8
田端屋商店	905	4.9	塚本商店	1,980	9.2
Ⓗ	810	4.4	田端屋商店	1,238	5.8
奥井商店	735	4.0	長谷川商店	925	4.3
稲村商店	710	3.8	奥井商店	885	4.1
前川太郎兵衛	690	3.7	前川太郎兵衛	813	3.8
長谷川商店	625	3.4	稲村商店	705	3.3
小津木綿	540	2.9	小津木綿	570	2.7
丁吟商店	500	2.7	市田商店	535	2.5
外山商店	445	2.4	丁吟商店	350	1.6
瀧富商店	335	1.8	川喜田商店	340	1.6
丸丁字商店	320	1.7	丸丁字商店	300	1.4
小計	15,914	86.0	小計	19,382	90.5
合計（49件）	18,489	100.0	合計（32件）	21,415	100.0
木綿種類	個数	%	木綿種類	個数	%
壱	4,907	26.5	壱	6,789	31.7
稀	3,981	21.5	参	5,744	26.8
参	3,931	21.3	稀	3,602	16.8
別	3,697	20.0	別	3,478	16.2
最	1,364	7.4	最	1,258	5.9

先を確保しており、安定した綿布販売へとつなげていたのである。

知多産地は、東京市場に知多晒とよばれる小幅晒木綿を主力製品として販売していたが、北村木綿の販売戦略も同様であった。この知多晒は、打ち込み糸数や晒具合等により、細かい等級に分かれていた。まず、「頭物」とよばれる知多晒は、高級品とされており、完全な実需製品であった。そのため、他の銘柄で受渡しすることはできなかった。それに対して、「番物」とよばれる等級品は、知多晒のなかでも生産高も大きく、他の銘柄でも受渡しができるという意味で比較的汎用性の高い中級品の綿布であった[18]。

知多晒の品質区分を念頭に置いて、北村木綿の知多晒販売を等級別にみると、販売戦略の特徴を見出すことができる。例えば、表2-7の一九二七年の製品欄をみる

表 2-7　北村木綿

	1927年			1928年		
順位	名前	個数	%	名前	個数	%
1	杉浦商店	3,679	17.6	杉浦商店	3,720	18.4
2	三綿商店	2,093	10.0	三綿商店	1,966	9.7
3	中村商店	2,072	9.9	中村商店	1,805	8.9
4	塚本商店	1,930	9.3	塚本商店	1,583	7.8
5	(岩)	1,302	6.2	長谷川商店	1,403	6.9
6	長谷川商店	1,156	5.5	(岩)	1,400	6.9
7	田端屋商店	1,130	5.4	田端屋商店	1,223	6.0
8	小津木綿	1,090	5.2	稲村商店	1,015	5.0
9	稲村商店	1,018	4.9	遠山商店	770	3.8
10	丁吟商店	845	4.0	川喜田商店	734	3.6
11	前川太郎兵衛	797	3.8	丁吟商店	603	3.0
12	奥井商店	700	3.4	小津木綿	593	2.9
13	外山商店	545	2.6	奥井商店	555	2.7
14	大津商店	527	2.5	外山商店	530	2.6
15	川喜田商店	320	1.5	瀧富商店	425	2.1
	小計	19,204	91.8	小計	18,325	90.3
	合計（36件）	20,866	100.0	合計（41件）	20,243	100.0
	木綿種類	個数	%	木綿種類	個数	%
1	稀	4,047	19.4	壱	4,865	24.0
2	別	3,471	16.6	稀	4,344	21.5
3	平一	3,112	14.9	参	4,290	21.2
4	平三	2,896	13.9	別	3,970	19.6
5	壱	1,992	9.5	最	1,428	7.1
6	最	1,235	5.9			
7	平二	1,195	5.7			

資料）1927年1月から1927年11月まで：北村木綿『日記帳』（資料ナンバー849）。

1927年11月から1928年9月まで：北村木綿『日記帳』（資料ナンバー850）。

1928年9月から1930年1月まで：北村木綿『日記帳』（資料ナンバー1016）。

1930年1月から1930年11月まで：北村木綿『日記帳』（資料ナンバー1015）。


と、知多晒のなかでも「頭物」とよばれ、高級品とされる「稀」が一九・四%、「別」が一六・六%を占めており、主力製品となっていたことがわかる。しかし一九二八年以降では、「壱」が二四%で比重を高め、一九三〇年には、約三二%に達した。加えて「参」も、一九二八年の約二一%から一九三〇年には約二七%へと高まっていた。これら「壱」や「参」は、知多晒のなかでは、「番物」とよばれる中級品であった。期間を通じて、綿布販売量が増大していたことを考え合わせれば、北村木綿は、金融恐慌や昭和恐慌のなかで、主力製品を高級品から中級品へと移行させることで、綿布販売量の維持・拡大を実現したのである。

（18）福島銀治「知多木綿50年の思い出（50）」知多織物工業協同組合『知多織月報』第二四五号、一九七八年九月。

馬場工場の主要勘定

〔支出〕											〔その他〕	
織機関係修理代	燃料費	食費	糊付け代	本社払	組合費	給料関係				その他	借入金	サイジング出資金
							男工	女工	役員			
242	1,488	451	−	−	22	2,045	315	1,250	480	700	−	−
301	1,014	333	21	−	46	2,181	341	1,360	480	535	−	−
329	752	344	−	−	158	1,407	231	696	480	502	−	−
1,670	855	353	928	−	31	1,983	364	1,139	480	1,120	−	−
3,111	852	333	679	−	21	1,568	300	788	480	241	−	−
97	2,182	266	1,037	−	130	1,769	307	982	480	200	910	−
229	397	725	856	1,225	156	1,762	384	1,058	320	656	−	−
557	712	287	832	−	−	1,612	287	845	480	259	−	2,700
757	1,832	301	1,174	998	325	1,504	248	776	480	713	1,000	1,088
301	809	517	1,189	−	−	1,578	210	888	480	685	−	−
190	1,115	1,533	1,098	−	38	1,643	247	916	480	316	1,000	−
252	867	145	963	−	28	1,403	202	796	405	726	−	−
139	925	222	782	−	−	1,024	170	584	270	124	−	−

（二）北村木綿の生産組織

以上のような販売戦略を実施するにあたって、北村木綿はどのような生産組織を編成していたのかを検討しよう。

自営工場（馬場工場）の分析

先述したように、北村木綿は、自営工場に加えて、賃織工場を組み込んだ綿布生産体制を構築していた。まずは、自営工場について表2-8を用いて分析する。

表2-8は、北村木綿自営工場である馬場工場の『金銭出納帳』を用いて、その収支項目の変遷を一九二九年から一九三二年まで分析したものである。これによれば、まず収入は、木綿代、工賃、綿糸代など、北村木綿本家からの支払いが大きい。この三項目について説明がないため、それぞれの性格を十分に把握することが難しい。ただし、工賃は、馬場工場が北村本家から原料綿糸の支給を受けて、織り上がり綿布を渡すことから得られる差額を示すものと考えられる。次に、木綿代は、織り上がり綿布を北村本家に売り払った代金であったと考えられる。最後に綿糸代で

表2-8　北村木綿

年	月	〔収入〕本社関係 木綿代	工賃	綿糸代	木管代	切木綿代	落綿代	莚代	糸屑	前貸金
1929	1～3	－	2,200	－	1,088	361	10	174	44	23
	4～6	－	1,200	2,200	921	371	－	2	－	－
	7～9	－	1,100	500	1,308	276	－	97	160	－
	10～12	－	－	3,000	1,182	97	－	19	－	－
1930	1～3	－	500	1,300	1,322	58	10	34	11	5
	4～6	－	1,000	－	2,361	355	－	47	－	－
	7～9	3,225	－	－	2,298	246	－	50	35	－
	10～12	－	750	4,315	1,698	228	－	3	5	－
1931	1～3	－	700	900	1,429	175	－	54	12	－
	4～6	－	800	930	2,398	391	11	15	27	－
	7～9	－	－	560	2,200	412	－	70	14	－
	10～12	1,130	400	653	1,597	519	－	25	12	－
1932	1～3	－	355	2,015	1,476	503	－	4	23	－

注）単位は、百円。
資料）製布場『金銭出納帳』（資料ナンバー544）から、筆者作成。

あるが、これは馬場工場自身が、綿糸を購入する代金を、北村本家から支給されていたものと考えられる[19]。

次に支出をみると、給与支払が大きく、続いて織機関係、燃料費、食費の順で、大きな割合を占めている。そのなかでも注目すべき点は、一九二九年末から、糊付け代が増大していることである。糊付けは、サイジングともよばれ、綿糸の色艶を増し、糸の強度を高める効果をもつがゆえに、仕上がり綿布の品質を高めることにつながる工程であった。つまり北村木綿は、製品綿布の品質を高めるために、サイジング工程を重視していたのである[20]。

賃織工場の分析

次に、北村木綿と賃織工場の取引の実態に迫っていく。

表2-9は、北村木綿の賃織工場とその取引額の変遷

（19）製布場『金銭出納帳』（北村木綿史料）で木管代を分析すると、綿糸については、大日本紡績、日出紡績や東洋紡績、福島紡績製の綿糸を多く使用していたことがわかる。

（20）成岩町では、従来手糊で糊付けが行われることが通例であったが、一九二七年にサイジングの設備が導入されるようになったという。支出欄にサイジング出資が見られるが、これはサイジング共同施設に北村木綿が出資していた事実を反映している。愛知県知多郡成岩町、前掲書、一二八頁。

の木綿集荷

支払工賃	綿布購入	綿糸販売	1934～1935年					
			名前	所在地	織機台数	支払工賃	綿布購入	綿糸販売
562	47	150	安井政吉	成岩	54	914		1,318
365			桜井辰次郎	東浦	106	893		
191			**石川芳雄**	成岩	68	725	207	301
100		118	伊藤明	成岩	20	585	348	
100	34		**伊藤清次郎**	・・・		350		
87			**三浦弥吉**	成岩	28	334	867	1,239
70			榊原芳松	阿久比	20	316	65	
69			三浦尭運	成岩	34	311	267	
59			**榊原金太郎**	成岩	20	298	459	
17			**榊原庫吉**	半田	48	180	550	
11			戸島太市	阿久比	85	143		500
5			井伊佐吉	阿久比	30	85	158	13
1,636	81	268	大岩伊吉	小鈴谷	48	80		
1,640	81	268	吉田志市	成岩	26	57		
			関半三	亀崎	164	50		
			15工場（小計）			5,321	2,921	3,371
			合計			5,419	2,921	3,371
			〔綿布購入先〕					
	1,362	6,240	三浦柳亀	・・・			671	
	285		二宮卯吉	成岩	178		114	
	112	1	絹川辰次郎	成岩	16		173	
	1,759	6,241	**岩田太郎吉**	成岩	48		90	
	1,759	6,241	4工場（小計）				1,048	
			合計				1,401	

ただし、石川芳雄は、『紡織要覧』（1926年度版）にて確認。

ただし、伊藤明は、『紡織要覧』（1935年度版）で確認。

を、一九二六年から一九二七年、一九三〇年から一九三一年、一九三四年から一九三五年の三つの時期をとって示している。まず期間を通じた工賃の動きをみると、昭和恐慌の影響で支払工賃はいったん下がるが、一九三四年から一九三五年では増大している。これは、不況のなかでも北村木綿が、賃織工場を組織する体制を維持・拡大していたことを示している。

とはいえ、賃織工場を組織するなかで、取引方法に変化が現れた。それは、賃織工場からの綿布購入が増大していたことである。一九二六年から一九二七年の間では、北村木綿は、賃織工場とすべて賃織契約を結んでおり、織機台数も二〇―三〇台の小規模工場が多数であった。賃織形式の取引とは、まず北村木綿が賃織工場に原料綿

表 2-9　北村木綿

順位	1926～1927年				1930～1931年		
	名前	所在地	織機台数	支払工賃	名前	所在地	織機台数
1	榊原伊平	武豊	36	721	**榊原庫吉**	阿久比	31
2	**榊原庫吉**	阿久比	30	720	久野義一	東浦	52
3	**岩田太郎吉**	成岩	50	600	**三浦弥吉**	成岩	24
4	**榊原金太郎**	武豊	32	300	新美勝	阿久比	84
5	**伊藤清次郎**	成岩	30	200	小田信二	東浦	54
6	長坂吉三郎	東浦	12	190	久田朝造	成岩	24
7	水谷眞一	武豊	23	139	**石川芳雄**	成岩	32
8	杉浦愛助	亀崎	48	130	榊原清久	···	
9	榊原吉次郎	半田	28	100	長坂佳一	東浦	88
10	**小田周輔**	東浦	38	90	大橋司郎	成岩	24
11	**関半三**	亀崎	100	68	鈴木信一	···	
12	竹原	···		67	**小田周輔**	東浦	56
13	久米久次郎	東浦	22	50	12工場（小計）		
14	竹内竹四代	阿久比	36	42	合計		
15	竹重	···		36			
16	長坂泰治	東浦	54	31			
17	**三浦弥吉**	···		30			
18	夕	···		15			
19	**石川芳雄**	成岩	24	14	〔綿布購入先〕		
20	石原	···		13	**伊藤清次郎**	成岩	36
	20工場（小計）			3,556	企	···	
	合計			3,858	**岩田太郎吉**	成岩	64
					3工場（小計）		
					合計		

注１）1926 ～ 1927 年における賃織工場の所在地および織機台数は、『紡織要覧』（1927 年度版）で確認。

注２）1930 ～ 1931 年における賃織工場の所在地および織機台数は、『紡織要覧』（1931 年度版）で確認。

注３）1934 ～ 1935 年における賃織工場の所在地および織機台数は、『紡織要覧』（1934 年度版）で確認。三浦尭運は、『紡織要覧』（1936 年度版）で確認。

注４）２つ以上の期間にわたって現れる工場は、太字で示した。

注５）「綿布購入」欄は、北村木綿が、当該工場から綿布を購入した額を示している。

注６）「綿糸販売」欄は、北村木綿が、当該工場に綿糸を販売した額を示している。

注７）単位は、百円。

資料）北村木綿『金銭出納帳』（資料ナンバー 791）。


糸を渡して綿布生産を依頼する。そして織り上がった綿布と引き換えに、原料綿糸代を差し引いた金額を、織工賃として支払う形式である。したがって賃織工場は、原料綿糸を仕入れる資金や相場判断は必要とされず、製品綿布販売にともなうリスクを負うこともなかった。

　しかし一九三〇年代になると、賃織関係にあった伊藤清次郎や岩田太郎吉が、綿布を売買する形式で取引を行うようになった。この綿布売買形式の取引の場合では、北村木綿は、受け取った綿布の代金を、相場に応じて織布工場に支払うことになった。このため織布工場は、自らの資金で原料綿糸を仕入れ、自らの判断で綿布を販売することが求められた。だから織布工場は、仕入れおよび販売の方法によっては、大きな利益を得ることも期待できたのである。

次に、賃織工場の規模をみると、伊藤清次郎の織機台数が、三〇台から三六台へと増大し、岩田太郎吉に至っては、五〇台から六四台へと増大していた。つまり、機業家のなかには、賃織関係をとり結ぶことで、その生産規模を成長させるものも現れていた。

続く一九三四年から一九三五年になると、石川芳雄や榊原庫吉などもその織機台数が増大していた。それと連動して、賃織取引と綿布売買とを同時に行う工場も増大していた。

これらの事態を合わせてみると、北村木綿と賃織工場との取引関係には変化が生じていたと考えられる。つまり、一九二〇年代半ばでは賃織形式のみの取引関係を結んでいたものの、一九三〇年代に入って賃織工場が成長をみせるにつれて、綿布売買形式の取引へと多様化していったのである。このため、北村木綿の生産組織は、再編を迫られることになった[21]。

それでは、北村木綿と賃織工場との取引関係は、具体的にどのように変化し、その変化に北村木綿はどのように対応していったのか。

分散型生産組織による多品種生産

まず一九二〇年代中頃における賃織工場について、表2-10を用いて検討する。

表2-10は、北村木綿の自営工場（馬場工場）と賃織工場とを、その所在地と織機台数規模で分類したものである。まず織機台数規模をみれば、概ね二〇—三〇台規模の工場が多く分布していることが確認できる。

次に賃織工場の地理的分布をみると、北村木綿が拠点を構える成岩町に、自営工場を含めて一五工場も所在しており、成岩町と隣接する阿久比村に一〇工場存在する。つまり北村木綿は、主として自社の所在地およびその付近に賃織工場を組織していた。

続いて北村木綿の主力工場を検討する。生産委託の割合が上位一五位以内に位置する賃織工場に注目すると、北村木綿自営工場、長坂泰治、関半三、岩田太郎吉、杉浦愛助など、織機台数一〇〇台規模から一〇台規模まで、様々な規模の工場が分布していたことが確認できる。次に生産委託の割合をみると、北村木綿自営工場は全体の約一三％しか生産しておらず、そのほかは賃織工場に生産を委託していた。賃織工場への委託割合をみると、長坂泰治への約一一％の生産委託が最大であり、その他は一〇％未満にとどまっていた。したがって北村木綿は、自家生産部門を強化したり、特定の工場への極端な生産委託をせず、幅広く賃織工場と取引する分散的な生産組織を敷いていたのである。

最後に製品綿布について考察しておく。各工場名の下に、「一六手」、「二〇手」、「二五手」、「二〇手切」、「一八手無尺」などと記載されている。これは、例えば「一六手」の場合は一六手綿糸で織り上げられた綿布を指し、「二〇手切」の場合は二〇手綿糸で織り上げられた切木綿であることを示す。これをみれば、賃織工場は、それぞれ独自の製品綿布を生産していたことが判明する。つまり北村木綿は、賃織工場ごとに多様な綿布を生産させることで多品種生産を実現させていたのである。

---

(21) 賃織形式から売買形式の取引形態は、同じく知多地方の機業家である冨貴織布株式会社の事例でも確認できる（本書第五章）。

場（1924年10月～1925年3月）

阿久比村	東浦町	野間村	小鈴谷村	西浦町
16,954 5.6% 10工場 378	59,243 19.5% 4工場 128	797 0.3% 1工場 40	13,746 4.5% 2工場 88	132 0.04% 2工場 40
戸島太市 92 〔0.03% 16手〕				
	長坂泰治 54 〔10.67%② 16手〕			
土井初太郎 48 〔0.02% 16手切〕 榎本卯吉 46 〔0.05% 18手無尺〕 田中信一 40 〔0.17% 16手〕		河村善太郎 40 〔0.26% 16手〕	永田孫三郎 48 〔0.16% 16手〕 盛田周蔵 40 〔4.36%⑩ 16手〕	
永谷宗十 32 〔0.02% 20手切〕 新海荒次郎 32 〔0.01% 20手切〕 榊原庫吉 30 〔5.21%⑦ 16手〕	鈴木留吉 34 〔1.28% 16手〕			
宮崎齢吉 24 〔0.05% 20手〕	小田周輔 28 〔5.04%⑧ 16手〕			久田萬吉 20 〔0.01% 16手無尺〕 井口増太郎 20 〔0.03% 16手〕
新海佳彦 18 〔0.01% 16手切〕 新海佐之助 16 〔0.01% 16手切〕	長坂吉三郎 12 〔2.48% 16手〕			

め記載していない。取引額は、5.59円であった。

要織り上げ綿布の種類を示している。

表2-10　北村木綿の主な賃織工

所在地（知多郡）	成岩町	半田町	武豊町	亀崎町
集荷額合計（円）	134,573	154	2,478	76,176
（%）	44.2%	0.05%	0.8%	25.0%
工場数・織機台数	15工場　649	3工場　77	2工場　50	4工場　216
織機台数				
100台以上	北村木綿株式会社　120 〔13.47%①　16手〕 大橋安次郎　108 〔7.13%⑥　20手〕			関半三　100 〔8.89%③　16手〕
90台以上				
50台以上	榊原伊平　56 〔0.11%　16手〕 二宮卯吉　50 〔0.14%　16手〕 小林幸平　50 〔0.09%　16手〕 岩田太郎吉　50 〔8.70%④　16手〕			
40台以上				杉浦愛助　40 〔7.76%⑤　16手〕 石川栄一　40 〔3.98%⑪　16手〕
30台以上	石原勝太郎　35 〔0.18%　16手〕 戸島久治　30 〔3.85%⑫　25手〕		山口末吉　30 〔0.04%　16手切〕	河合徳松　36 〔4.39%⑨　16手〕
20台以上	長沢武雄　29 〔0.01%　16手切〕 中野徳太郎　28 〔0.07%　16手〕 伊藤清次郎　25 〔3.32%⑮　16手〕 久田浅次郎　24 〔0.18%　16手〕 石川芳雄　24 〔3.50%⑬　16手〕 加藤富次郎　20 〔0.00%　16手切〕	榊原吉次郎　28 〔0.01%　16手切〕 榊原文治　25 〔0.02%　20手切〕 榊原平助　24 〔0.01%　16手切〕	榊原いま　20 〔0.78%　16手〕	
10台以上	榊原金太郎　16 〔3.44%⑭　16手〕			

注1）機業家の所在地および織機台数は、『紡織要覧』（1925年度版）で確認。

注2）ただし、榊原いま、新海佐之助、新海佳彦、宮崎齢吉は、『紡織要覧』（1926年度版）で確認。

注3）中社治太郎は、北村木綿と取引関係にあった模様であるが、『紡織要覧』で確認できなかったた
注4）賃織工場名の右隣の数字は織機台数で、単位は台。ただし、関半三は、2工場を合わせた数字。

注5）賃織工場名下の〔　〕内には、北村木綿総集荷量に占める割合、取引額の順位（15位まで）、主
注6）北村木綿と取引額の大きかった賃織工場のうちで上位15位までは、網掛けで示した。

注7）1924年10月から1925年3月までで、北村木綿との取引を確認できた工場を記載。

資料）北村木綿『ノート』（資料ナンバー693）。

第三節　輸出市場拡大のインパクトと生産組織の再編

本節は、主として一九三〇年代の北村木綿の経営を検討する。先述したように、輸出市場拡大に直面した知多産地は、広幅木綿がその生産額を飛躍的に増大させ、小幅木綿生産においても岡木綿の比重が大いに高まっていた。

(一) 綿布販売先の変化

北村木綿の綿布販売先を、表2-11-1、表2-11-2にて検討すると、杉浦商店や三綿商店、中村商店などいずれも東京在住の有力綿織物商で占められており、一九二〇年代と同じ傾向が踏襲されている。製品は、知多地方特有の小幅晒木綿である知多晒が主力製品であったことは間違いないが、等級別にみれば、中級品とされる「番物」の「壱」が約四五%、同じく「参」が約三四%を占めるようになった(表2-11-2)。それに対して、高級品とされる「頭物」の「稀」が約一〇%、同じく「別」が約五%を占めるにとどまっていた。先の検討で、北村木綿は知多晒の主力製品を、高級品から中級品へと移行させたことを指摘したが、一九三〇年代でもこの販売戦略を強化していったのである。

(二) 賃織工場の変化

知多地方の輸出産地化

先述したように、一九三〇年代は、知多地方において急速に広幅木綿生産が増大していった。当然ながら、この動きは知多地方の機業家全体にも大きな変化をもたらした。この点について表2-12を用いてさらに詳しく分析す

表 2-11-1　北村木綿の綿布販売先（1933 年～ 1935 年 6 月）

順位	1933年			1934年			1935年（1月～6月）		
	名前	金額	%	名前	金額	%	名前	金額	%
1	杉浦商店	163.0	16.8	杉浦商店	156.0	12.6	石川安太郎	54.2	10.1
2	三綿商店	94.3	9.7	三綿商店	110.8	9.0	㋣　野村	50.9	9.5
3	中村商店	86.0	8.9	中村商店	110.6	8.9	杉浦商店	50.6	9.4
4	長谷川商店	73.2	7.5	石川安太郎	101.0	8.2	三綿商店	47.4	8.8
5	塚本商店	70.1	7.2	⊗	58.3	4.7	長谷川商店	26.4	4.9
6	石川安太郎	55.7	5.7	長谷川商店	57.6	4.7	⊗	24.9	4.6
7	小津木綿	52.3	5.4	∧∧	49.3	4.0	中村商店	21.0	3.9
8	田端屋商店	52.0	5.4	塚本商店	48.3	3.9	塚本商店	16.3	3.0
9	市田商店	39.0	4.0	田端屋商店	42.8	3.5	大一	15.7	2.9
10	∧∧	28.4	2.9	◇HN西塚	42.1	3.4	田端屋商店	13.9	2.6
11	川喜田商店	26.5	2.7	小津木綿	32.5	2.6	∧∧	13.4	2.5
12	遠山商店	23.4	2.4	市田商店	31.5	2.5	◇HN西塚	12.9	2.4
13	⊗	21.1	2.2	奥井新左衛門	30.9	2.5	小梅	12.8	2.4
14	丁吟商店	18.5	1.9	丁吟商店	27.0	2.2	市田商店	11.2	2.1
15	奥井新左衛門	17.7	1.8	川喜田商店	26.4	2.1	中山綿布	11.1	2.1
	小計	821.2	84.7	小計	925.1	74.8	小計	382.7	71.2
	合計（51件）	969.9	100.0	合計（83件）	1,236.1	100.0	合計（56件）	537.5	100.0

注 1）金額の単位は、千円。小数第二位を四捨五入。
注 2）「%」は、小数第二位を四捨五入。
資料）北村木綿『為替取組帳』（資料ナンバー 692）。

表 2-11-2　北村木綿の綿布販売先（1937 年）

順位	1937年		
	名前	数量	%
1	中村商店	3,965	20.4
2	三綿商店	2,740	14.1
3	杉浦商店	1,383	7.1
4	塚本商店	1,345	6.9
5	小津木綿	840	4.3
6	∧小　鈴彦	840	4.3
7	川喜田商店	820	4.2
8	長谷川商店	785	4.0
9	市田商店	775	4.0
10	田端屋商店	635	3.3
11	稲村商店	468	2.4
12	丁吟商店	450	2.3
13	瀧富商店	420	2.2
14	鈴木幸三良	350	1.8
15	川端商店	346	1.8
	小計	16,162	83.4
	合計（32件）	19,390	100.0
	木綿種類	数量	%
1	壱	8,753	45.1
2	参	6,541	33.7
3	稀	1,909	9.8
4	別	952	4.9
5	最	161	0.8
	その他	1,074	5.5

注）数量の単位は、個。
資料）北村木綿『日記帳』（資料ナンバー 1063）。

における織機台数の変化

常滑地区				成岩地区			
小幅	広幅	合計	件数	小幅	広幅	合計	件数
1,051	1,235	2,286	64	1,971	193	2,164	38
602	1,087	1,689	50	893	1,481	2,374	44
東浦・大府地区				合計			
小幅	広幅	合計	件数	小幅	広幅	合計	件数
317	22	339	14	11,521	6,956	18,377	334
154	827	891	19	10,808	13,105	23,823	326

6区（乙川・亀崎）、7区（東浦・大府）。

る。

表2-12は、知多地方を同業組合による区分けにしたがって七区域に分類し、それに基づいて小幅織機台数と広幅織機台数の変化を、一九三〇年と一九三四年とで比較している。知多産地全体をみると、小幅織機台数が、一九三〇年に約一万一五〇〇台であったが、一九三四年では約一万八〇〇台にやや減少している。それに対して、広幅織機台数は、一九三〇年に約七〇〇〇台であったが、一九三四年には約一万三一〇〇台に大きく増大している。これは、知多産地で小幅木綿生産は維持されたものの、その一方で広幅木綿生産が活発になったことを如実に物語っている。

それでは、北村木綿の賃織工場が多数分布していた地区を検討していく。まず半田・阿久比地区は、小幅織機台数は一七二六台から一五八七台へとやや減少をみせ、その一方で広幅織機台数は、四八八台から九七八台へとほぼ倍増している。このことから、広幅木綿生産の比重は相対的に高まったといえよう。

次に、北村木綿が拠点を置き賃織工場も多数分布する成岩地区をみると、小幅織機台数は、一九七一台から八九三台へと半分以下に激減している。それだけではなく、広幅織機台数はわずか一九三台だったのが、一四八一台へと急増している。つまり、知多地方で一九三〇年代に進ん

表 2-12　知多地方各地

時期	岡田・横須賀地区				大野地区			
	小幅	広幅	合計	件数	小幅	広幅	合計	件数
1930年	884	3,454	4,238	52	435	820	1,255	24
1934年	447	5,145	5,592	47	388	1,419	1,807	24
年	半田・阿久比地区				乙川・亀崎地区			
	小幅	広幅	合計	件数	小幅	広幅	合計	件数
1930年	1,726	488	2,214	56	5,137	744	5,881	86
1934年	1,587	978	2,565	48	6,737	2,168	8,905	94

注１）区分けは、知多郡白木綿同業組合によってなされた地区分けに基づく。
　　　１区（岡田・横須賀）、２区（大野）、３区（常滑以南）、４区（成岩以南）、５区（半田・阿久比）、
注２）件数は、機業者の数、複数の工場をもつ工場は、１件として第一工場の所在地に集計した。
注３）織機数の単位は、台。
資料）紡織雑誌社『紡織要覧』各年度版。

だとされる輸出産地化は、北村木綿の「お膝元」の成岩地域で顕著にみられたのである。

一九二〇年代の分析で指摘したように、北村木綿は、成岩地区や阿久比地区の機業家を中心に、広く下請制として組織することで、多品種生産を実現していた。しかし、成岩地区で急速に進展した輸出産地化は、北村木綿に生産組織の再編を迫ることになった。

北村木綿の綿布集荷戦略

それでは、北村木綿の生産組織はどのように再編されたのか。一九三四―一九三七年における北村木綿と賃織工場との取引関係について、表2-13で具体的に検討していく。

この表は、自営工場と賃織工場への工賃および綿布代金の支払額を月ごとに示している。また、表の左端欄には、各月における晒木綿と綿糸の相場を、さらに同業組合に報告されていた工賃を合わせて載せている。各工場名の下欄には、一九二九年、一九三一年、一九三五年に各工場が生産していた綿織物の種類を挙げている。

表から一九三四年における綿布集荷のピークを確認すると、工賃形式のピークは七月にあたる。そして同じ七月に設定された工賃は〇・五厘で最低値を示している。同様に、一九三六年八月にみられた工賃形式の

支払い額（1934 ～ 1937 年）

賃織工場														同業組合休業関係
伊藤清次郎	三浦弥吉	三浦尭運	榊原金太郎	二宮卯吉	榊原庫吉	関半三	榊原芳松	戸島太市	桜井辰次郎	大岩伊吉	三浦柳亀	鈴木孫三郎	その他	
成岩町	成岩町	成岩町	成岩町	成岩町	阿久比	亀崎町	阿久比村	阿久比村	東浦村	小鈴谷村	…	成岩町	…	
1915年5月	1927年6月	1927年6月	1919年12月	1910年1月	1921年4月	1914年9月	…	1910年2月	1934年3月	1929年4月	…	1935年4月	…	
小幅	小幅	…	小幅	小幅	小幅	小幅	小幅	小幅	小幅	…	…	…	…	
晒生地	晒生地	…	天竺	晒生地	晒生地	晒生地・岡木綿	…	並岡木綿	上岡木綿	岡木綿	…	…	…	
…	…	晒生地	…	岡木綿・晒生地	改良(小巾)	晒木綿	金巾	岡木綿	岡木綿	金巾	…	金巾	…	
…	28	34	20	178	48	164	20	93	166	60	…	…	…	
	210													
	【20】													上中旬全休
	30													
150	20			【114】										
200	【48】		281						207				【305】	
	【105】							100	100				82	26日より全休
	20						50	43			【146】		41	上中旬全休
	4【130】								296					
		10					50				【132】			
		117			10		65		150					
	20	50				50	45							
									140		【393】			
	【61】	9					1							
	【60】													
	【118】	25			【40】		25			80				
					50【50】		55							
	42	70【195】			50【75】							15		
	【218】		【218】											
	【28】				70								21【150】	
							【65】						21	
		30【36】												
					【195】								【90】	
	30【79】											【173】	【173】	
		【40】												
	【166】	20	50							200			【124】	
					【20】									
	157	【133】	【99】		【20】									
		【40】			【202】							【52】		
	【86】	【104】	30			50						【250】		
					137					【39】				
	【4】	【72】			542									
	【17】				【194】									
	20【112】				【40】							【48】		
	【41】	【111】	【150】									【38】		
			50									50		
			110		【200】									
					【190】							120		
	94		50【50】		【411】							90		
					【144】							【65】		
	100		30【63】		50【287】							80【191】		
			25【61】										40【87】	
			【56】									30		
			【36】		【187】							【103】		
			5		【186】									
			【92】		【486】									
										100		10		
		【146】	70【113】		【112】							【30】	30【620】	

あったことを示す。

表 2-13　北村木綿の賃織工賃

年	月	相場			工場名	自営工場								
		綿糸	晒木綿	工賃	工場名 所在地 創業 1929年 1931年 1935年 織機台数	合計 工賃	合計 綿糸購入	馬場工場 成岩町 晒生地 晒生地 晒生地 140	一色工場 成岩町 晒生地 晒生地 晒生地 154	合計 工賃	合計 綿布購入	安井政吉 成岩町 1933年2月 … … 金巾 55	石川芳雄 成岩町 1923年4月 小幅 晒生地 金巾 22	伊藤明 成岩町 1934年3月 … … 金巾 20
1934	1	196.0	423	0.4			〔1838〕	〔1838〕		210				
	2	200.0	432	1.0			〔1403〕		〔1403〕		【20】			
	3	194.0	419	0.6			〔926〕	〔463〕	〔463〕	30				
	4	197.6	430	0.5		100		100		170	【134】		〔20〕	
	5	204.0	448	0.6		800		800		788	【460】		100【107】	
	6	224.7	467	0.8		900	〔1575〕	900	〔1575〕	502	【105】		220	
	7	225.0	496	0.5			〔1008〕	〔1008〕		936	【146】	392	140	250
	8	221.0	480	0.5			〔1575〕	〔525〕	〔1050〕	490	【130】	100	25	65
	9	212.5	478	0.5			〔1560〕	〔520〕	〔1040〕	60	【132】			
	10	177.6	482	1.2			〔2480〕	〔1500〕	〔980〕	764		422		
	11	202.4	482	0.7			〔2000〕	〔1000〕	〔1000〕	225				60
	12	205.5	467	0.8			〔4083〕	〔1950〕	〔2133〕	140	【393】			
1935	1						〔493〕	〔493〕		10	【61】			
	2						〔1862〕	〔1862〕			【60】			
	3						〔1840〕	〔1840〕		190	【158】		60	
	4						〔1970〕	〔1970〕		495	【298】		180	210【248】
	5					1000		1000		177	【270】			
	6					350	〔573〕	150	200〔573〕		【516】		【80】	
	7						〔960〕	〔720〕	〔240〕	91	【178】			
	8						〔3798〕	〔1628〕	〔2170〕					
	9						〔78〕		〔78〕	21	【65】			
	10						〔2200〕	〔1000〕	〔1200〕	30	【36】			
	11						〔3666〕	〔965〕	〔2701〕		【285】			
	12					【1600】	〔1710〕	〔1260〕	〔450〕【1600】	30	【525】			【100】
1936	1	187.7	426	2.0		600		600			【40】			
	2	183.6	420	2.0		1260	〔2600〕	1260	〔2600〕	430	【347】	160		【57】
	3	185.0	427	2.7			〔5046〕	〔753〕	〔4293〕		【20】			
	4	192.0	440	3.2		1000		1000		207	【351】	50		【99】
	5	189.6	424	2.0		400		400			【599】			【305】
	6	194.5	433	1.7		300	〔3290〕	300	〔3290〕	80	【440】			
	7	205.2	439	1.5			〔1764〕	〔294〕	〔1470〕	137	【39】			
	8	203.6	432	0.5			〔1426〕	〔238〕	〔1188〕	542	【76】			
	9	210.0	452	0.5			〔2018〕	〔2018〕			【211】			
	10	214.6	473	0.5			〔2050〕	〔2050〕		20	【200】			
	11	228.8	504	1.3			〔1187〕	〔1187〕			【340】			
	12	241.1	524	1.0			〔1288〕	〔713〕	〔575〕	100				
1937	1	259.3	562	1.5			〔1380〕	〔460〕	〔920〕	110	【200】			
	2	234.7	515	1.5			〔3300〕	〔900〕	〔2400〕	120	【190】			
	3	243.1	519	1.5		1200	〔2350〕	1200	〔2350〕	234	【461】			
	4	253.5	533	1.0			〔2720〕	〔2720〕			【209】			
	5	246.6	551	0.5			〔2000〕	〔400〕	〔1600〕	260	【541】			
	6	252.8	526	0.2			〔2013〕	〔575〕	〔1438〕	85	【180】			20【32】
	7	238.2	521	0.0			〔2000〕	〔500〕	〔1500〕	30	【171】			【115】
	8	217.2	499	0.7			〔4163〕	〔1800〕	〔2363〕		【326】			
	9	239.3	520	0.5			〔2200〕	〔2200〕		5	【399】			【213】
	10	226.2	501	0.0			〔1785〕	〔1785〕			【578】			
	11	219.4	508	0.2			〔4469〕	〔2725〕	〔1744〕	110				
	12	233.2	585	2.0			〔3795〕	〔3795〕		70	【401】			

注1）自営工場欄、〔　〕内の数字は、綿糸購入と表記された額を示す。【　】内の数字は、綿布購入と表記された金額を示す。

注2）賃織工場欄、【　】内の数字は、綿布購入に際して北村木綿が支払った金額を示す。

注3）工場名の下は、順にその工場の所在地、織機台数、生産綿布（1929年、1931年、1935年）を示す。織機台数は、1935年時の数字。「…」は不明で
注4）相場欄において、濃い網掛けは、年間で相場の高い時期を、薄い網掛けは低い時期を示す。

注5）自営工場欄、賃織工場欄において、濃い網掛けは年間で支払額が多かった時期を示す。

注6）自営工場の工賃合計欄（1935年12月）の【1600】は、綿布購入額を示す。

注7）単位は、百円。

資料）北村木綿『金銭出納帳』（資料ナンバー791）。

知多郡白木綿同業組合・知多綿布工業組合『昭和九年　統計概要』、『昭和十一年　統計概要』、『昭和十二年　統計概要』。

『工場通覧』各年版。

紡織雑誌社『紡織要覧』1929年度版および1936年度版。

綿布集荷ピーク時においては、工賃は〇・五厘と最低値であった。一九三七年五月の工賃形式の綿布集荷ピーク時においても、工賃は〇・五厘で、一年間を通じてみれば比較的低い値であった。このように、北村木綿が賃織形式で綿布を大量に集荷する場合は、工賃が比較的低い時期にあたっていたのである。

この時期の工賃設定および産地内での工場操業については、知多郡白木綿同業組合が、その主導権を握っていた。工賃が最低の値を示した一九三四年七月の状況を、当時を報告した『知多新聞』の六月二七日の記述から示すと、

「知多白木綿同業組合では小巾の不況で對策考究中であつたが二十六日より十五日間一斉に休業をすること、し（傍線：筆者）[22]」

と、報告されているように、知多郡白木綿同業組合主導で、産地の小幅木綿生産量をストップさせる措置をとった。

そして翌七月には、

「知多郡白木綿の小巾は先月（＝六月：筆者）二十五日以来休業をなしてゐたが二十一日から操業を開始することになつたが工賃は据置五毛である（傍線：筆者）[23]」

これは、産地規模の綿布生産の再開を知多郡白木綿同業組合が指示した事実を伝えるものであるが、加えて工賃の設定についても強い影響力を持っていたことを示している。表2-13で、七月の工賃が〇・五厘と記されていることから、資料にある五毛という記述と合致する。

つまり、知多郡白木綿同業組合は、産地問屋主導で運営されており、その工賃設定にも大きくその意図を反映さ

せていた。だとすれば、産地問屋である北村木綿は、工賃を低く設定し、そのうえで綿布を大量に集荷したと考えられる。これは、不況期における工賃コスト圧力を成功裡に回避し、低コストで綿布を集荷する北村木綿の経営戦略を反映していたのである。

知多晒の不振と岡木綿の台頭

とはいえ、知多郡白木綿同業組合が主導で進めてきた工賃引き下げは、知多産地の機業家に大きな転機をもたらした。一九三四年一二月一四日の『知多新聞』には、問屋による工賃引き下げと、その影響について以下のように記されている。

「知多白木綿のうち改良は不況つゞきで工賃は最近五毛下げの一厘となつたがまた今日から五毛下げの五毛となつた需要激減によるものであるが 岡木綿、ガーゼ等の代用品があるのと大体に生産の不統制と販売にも統制なく問屋筋の言ふまゝになつて生産してゐるのが衰微の原因でこの調子でゆくと知多特産晒は影を没し去られやうといふ状態にあり……（傍線：筆者）[24]」

知多特産晒は、知多地方特有の小幅木綿「知多晒」を指しており、東京市場においてブランド品として確固たる地位を築いており、知多産地問屋が販売のイニシアチブを握っていた[25]。その知多郡白木綿同業組合による度重なる

(22)『知多新聞』一九三四年六月二七日。
(23)『知多新聞』一九三四年七月二〇日。
(24)『知多新聞』一九三四年一二月一四日。
(25)「知多晒」をめぐる知多産地問屋の活動については、本書第一章参照。

工賃引き下げが、知多小幅綿織物業を衰退に導く要因となっていることが指摘されている。加えて記事の叙述にあるように、岡木綿やガーゼなど、「知多晒」に代わる代替財の登場が指摘されている。

それについて、例えば、一九三四年六月一三日『知多新聞』では、以下のように報告されている。

「知多白木綿のうち晒木綿は需要期にあり乍ら減産で五月は昨季より約半の八十万反に減じた　原糸高もあるが第一は需要の途に行詰つたもので岡木綿に轉業するもの多く　これは百四十万反で五十万反から増加した。浴衣地の需要増大を物語るもので異常な活況を呈してゐる」[26]

この記事によれば、晒木綿（「知多晒」）の生産高が減少した原因として、需要の減少が指摘されている。その一方で浴衣地への需要が増大し、その裏地に利用される岡木綿の需要も増大した。その結果、岡木綿生産に転業する機業者が続出したのである。

一方、一九三〇年代半ばは、為替相場の急落による日本製綿布の相対的な競争力向上が、輸出産地の急速な拡大をもたらした[27]。『知多新聞』に、「知多の廣巾　飛躍期に入る」[28]と報告されたように、知多産地にも同じような事態が生じた[29]。その結果、この時期には、輸出向けの広幅木綿を生産する機業家が現れることになった[30]。しかもそれは、小幅木綿機業家の広幅木綿生産への転業をも含んでいた。

生産組織の再編

以上の事態は、北村木綿と賃織工場との関係にも大きく影響を与えた。

特に、一九二〇年代から賃織関係を継続していた機業家（表2-9参照）は、以下の三つの方向へと分岐していった。

（Ⅰ）賃織関係を解消した機業家

石川芳雄、二宮卯吉、関半三は、一九二〇年代から北村木綿と賃織関係を取り結んでいたが、それぞれ一九三五年以降には、賃織関係から離脱した。表2-13によれば、石川芳雄は、一九三一年には小幅の晒生地を生産していたが、一九三五年には広幅木綿の金巾を生産するようになった。さらに二宮卯吉（織機一七八台）や関半三（織機一六四台）など大規模な賃織工場は、一九三四年には北村木綿との取引関係を希薄化させ、製品では晒生地に加えて岡木綿の生産へと進出した。つまり、これらの機業家は、知多晒の不振に対応して、広幅木綿や岡木綿へと進出することで、北村木綿の生産組織から離脱したのである。

（Ⅱ）賃織関係を継続した機業家

それに対して、三浦弥吉、榊原庫吉は、一九二〇年代から北村木綿との取引関係を継続している。両者ともに、小幅木綿の晒生地を生産して、知多晒を生産する北村木綿の生産組織に一貫してとどまっていた。

（Ⅲ）その他の機業家

北村木綿は、安井政吉（一九三三年二月創業）、伊藤明（一九三四年三月創業）、鈴木孫三郎（一九三五年四月）など、一

(26)『知多新聞』一九三四年六月一三日。
(27) 阿部武司、前掲書。
(28)『知多新聞』一九三四年一月一三日。
(29) 山崎広明、前掲論文。ただし、山崎は、日本綿布の輸出競争力の一因に、女工賃金の低位固定化の重要性も指摘している。
(30) 知多産地の広幅織機台数は、一九三〇年で六九五六台、一九三二年で八三六九台、そして一九三四年では一万三一〇五台と急増している。知多産地では、一九二〇年代よりも、むしろ一九三〇年代半ばに広幅木綿生産の比重が高まっている（本書第四章の表4-1を参照）。

九三〇年代に広幅木綿で新規参入した機業家とも取引関係を築いている。おそらく、輸出産地化のブームに乗って新たに創業した中小機業家に、広幅木綿生産を委託していたのであろう。

以上をまとめると、輸出市場の拡大や岡木綿の台頭など、一九三〇年代の市場構造変化は、北村木綿が生産組織を維持するうえで大きな転機をもたらした。これに対して北村木綿は、賃織工場を編成した生産組織を解体しなかった。むしろ、長期的に賃織関係を取り結ぶ機業家との分業関係を継続させ、新規参入の機業家との取引も始めることで、生産組織の再編を図った。さらに北村木綿は、一九三三年九月に織機台数一五四台の北村木綿一色工場が設立することで、自営工場部門の強化へと舵を切った。この一色工場は、小幅木綿を生産して、北村木綿の生産組織の一翼を担った[31]。つまり、自営工場である一色工場は、二宮卯吉や関半三など大規模な賃織工場の離脱を埋め合わせる役割を果たしたのである。

とはいえ、一九二〇年代から取引関係を結んできた賃織工場が離脱したことは、多品種少量生産体制の維持を、困難にさせたと考えられる。知多晒への織り上げには、綿布生産を実際に担う各機業家の技術力が大きく反映されたからである。このため、北村木綿は、東京市場に販売される知多晒を、一九三〇年代に汎用性の高い「番物」へと比重を高めることで対応した。つまり、北村木綿は、中級品を主軸とした販売戦略へと転換し、自家工場部門を強化することで、経営拡大への道を歩んでいったのである。

第四節　賃織工場の自立化にともなう生産組織の再編——本章のまとめ

知多産地は、輸出市場の拡大や国内市場の構造変化に直面し、その対応が迫られることになった。その影響は、産地問屋だけでなく中小規模の織布工場にも及んでいた。北村木綿は、こうした市場環境の変化と中小織布工場の動向を組み込みながら、国内市場を選択して生産組織を再編した。その独自の経営戦略は、北村木綿を産地屈指の大規模製造問屋へと成長させた。こうした北村木綿の経営に着目しつつ、以下の二点を主張して本章のまとめとしたい。

第一に、市場構造変化が生産組織の再編に与えた影響について述べたい。

知多綿織物業は、研究史が指摘するように、特に一九三〇年代において、輸出産地の性格を強めていった。加えて、小幅木綿生産についても岡木綿生産の上昇という事態が生じていた。しかし、知多晒生産は、その相対的地位を下げるものの、衰退したわけではなかった。ただし、市場構造の変化は知多産地の機業家の編成を大きく変化させ、それゆえ賃織工場を組織する知多産地問屋は対応を迫られることになった。一九三〇年代の知多産地問屋が直面した問題は、自ら編成した生産組織を産地の変動に合わせてどのように対処するかということであった。つまり、従来の生産組織を再編できるか否かが、産地問屋の浮沈および競争力への決め手となっていた。本章で取り上

(31)　一色工場には期間を通じて北村木綿より「綿糸購入」代金が支給されている。工賃が支払われていないにもかかわらず綿糸代が恒常的に支給されていること、そして一色工場で晒生地を生産していたということから、この綿糸代には、織上げ綿布に支払う工賃が含まれていたものと考えられる。

げた北村木綿は、一九二〇年代に組織した生産組織を再編しつつ、分散型生産組織を堅持していた。それは、一部の賃織工場と長期的な取引関係を継続し、その一方で自家工場生産を強化するというものであった。その結果、北村木綿は、知多産地トップクラスの産地問屋として知多綿織物業をリードすることができたのである。

第二に、分散型生産組織がどのようにして維持されたのかという点について述べたい。賃織という分散型生産組織では、いわゆる「機場（はたば）の我儘」とよばれる、高い工賃への要求がデメリットとして指摘された[32]。しかし、本章でも指摘したように、知多郡白木綿同業組合規模で実施された工賃規制は、一定の工賃引き下げ効果を発揮し、このデメリットを成功裡に解決した。また、一九二〇年代に北村木綿が形成した生産組織で明らかにされたように、多品種生産を実現するうえでも効果をあげた。

しかし、知多晒市場が極度の不振に直面し、その一方で岡木綿や広幅木綿を生産する選択肢が浮上すると、事態は一変した。特に、戦間期で織機台数一五〇台を超えるまでに成長した二宮卯吉や関半三は、その資金力を背景に、①工賃下落を受け入れて賃織工場にとどまるか、②岡木綿（あるいは広幅木綿）生産に乗り出して自らの相場判断で経営するか、という選択が可能になった。そしてこの二者は、賃織関係から離れることを選択したのである。つまり、戦間期の産地発展のなかで賃織工場は成長を遂げ、産地問屋との下請関係を取捨選択するものが現れたのである[33]。これは、下請工場側が取引関係においてイニシアチブを発揮したことを如実に語っている。

このような賃織工場の離脱に直面した北村木綿は、新たな自営工場設立へのインセンティブに駆りたてられたものと考えられる。つまり、北村木綿の自営工場設立は、賃織工場の自立化にともなう生産組織再編の産物だったのである。

(32) 斎藤修・阿部武司、前掲論文。
(33) 二宮卯吉や関半三と同じように、知多で賃織工場を営んでいた冨貴織布株式会社（織機台数一二〇台）も、賃織工賃などの条件に応じて、販売先を選択していた（本書第五章）。

第三章

輸出市場の選択と生産者化

——中七木綿株式会社の産地大経営——

◉——輸出市場を選択した産地問屋の急速な成長過程を追ったのが本章である。中七木綿株式会社は、知多郡でも先駆的な産地問屋であったが、輸出市場向けの戦略を選択し、その需要に応えるために自社工場拡大路線を選択した。中七木綿株式会社は、名古屋輸出綿布商・服部商店の主力工場として急成長して、「産地大経営」へと発展していく。

中七木綿と並ぶ全国屈指の産地大経営へと成長した安藤梅吉（二代目）。

参考地図　名古屋と岡田地域

本章の課題は、知多産地において輸出向け広幅綿布生産が本格化した要因を、産地問屋の市場の選択および生産組織の選択に注目しながら明らかにすることである。

知多産地は、山崎広明の研究で指摘されてきたように、戦間期を通じて輸出向け綿布生産を主軸に据えるなかで急速な成長を遂げてきた。そしてこの成長は、名古屋綿布商との密接な取引と連動するものであった[1]。知多産地が輸出向け白生地綿布生産を主力製品として設備拡張するなかで、全国産地機業家でもトップクラスの規模にまで成長した機業家＝「産地大経営」が現れたことも阿部武司によって指摘されている[2]。

とはいえ、こうした知多産地の輸出産地化が進む一方で、瀧田商店のように国内向け市場を選択した産地問屋が存在していたことは第一章で明らかにした通りである。だとすれば、知多産地は、戦間期を通じて輸出産地化が全体として進んだのではなく、国内市場と輸出市場について各産地問屋がそれぞれの経営戦略に基づいて選択していたと考えられる。この市場選択は、①取引相手の選択（東京綿布商と名古屋綿布商）、②製品の選択（小幅綿布「知多晒」と広幅綿布)、③生産組織の選択(自社生産と分散的な委託生産)といった経営戦略に基づくものであった。

このような選択の多様性を考えると、知多産地の全体像を解明するためには、戦間期において、知多産地が輸出産地化した側面だけでなく、国内市場に展開した側面も明らかにしなければならない。そのために、国内市場と輸出市場双方において生産・販売活動を行った産地問屋に注目する必要がある。すでに瀧田商店・北村木綿の事例で国内市場を選択した産地問屋を取り上げたので、本章では輸出向け綿布生産を選択した中七木綿株式会社(以下、中七木綿と略す)を検討することにしたい。

中七木綿は、知多郡岡田地域を拠点とした産地問屋で、国内向け綿布生産から輸出向け綿布生産への転換を遂げて急成長し、全国的にみて有数の規模を誇る「産地大経営」と評されるまでになった[3]。つまり中七木綿は、輸出市場拡大という市場インパクトに直面して、国内向け綿布生産から輸出向け綿布生産へとシフトした産地問屋であり、第一章の瀧田商店とは対照的な路線を選択することになった。その意味では輸出産地化の要因を明らかにするには最適な検討対象といえる。本章は、中七木綿が輸出向け生産へ転換するプロセスを名古屋商人との取引関係や工場設備拡張をも含めた経営戦略に注目しながら、課題を解明していく。

(1) 山崎広明「知多綿織物業の発展構造——両大戦間期を中心として」『経営志林』第七巻第二号、一九七〇年。
(2) 阿部武司『日本における産地綿織物業の展開』東京大学出版会、一九八九年。
(3) 阿部武司、前掲書。

写真 3-1

写真 3-2

中七木綿の設立と躍進

中七木綿は、1896年に加藤六郎右衛門と杉浦憲弌が合資会社を設立したことに始まった。若くして経営者への道を歩んだ2人であったが苦難を乗り越えて経営規模を拡大し、1915年に本社を新築するに至った（写真3-1)。集合写真（写真3-2）は、1929年10月に、俵孫一商工大臣（前列中央）が、中七木綿第一工場を視察した際に撮影されたもの。知多産地屈指の織布機業・中七木綿の躍進を示している。なお、中七木綿本社跡は、現在の岡田地域に残っている。

第一節　先駆的産地問屋としての中七木綿

(一) 中七木綿の沿革

中七木綿の源流は江戸時代に遡る。それは、中島七右衛門が先駆的な産地問屋として知多木綿の集荷販売を始めたことがその嚆矢であった。それから知多産地での地位を高めて、享保年間には江戸木綿問屋組合と独占的に取引関係を結ぶ知多木綿買継問屋となった(4)。

しかし近代に入ると、中島七右衛門は商品先物取引に失敗し問屋業を廃業させざるを得なくなった。この事態を受けて元店員は事業の再興を協議して、一八九六(明治二九)年に合資会社を設立した。資本金一万五〇〇〇円とし、社名は中島七右衛門の頭文字をとって中七木綿合資会社になった。中七木綿は、小幅木綿を取扱う産地問屋としての性格を維持したが、合資会社設立を機に、主業を木綿製造業として生産部門を重視した。そこで、当時開発の著しかった力織機を早くも二四台導入した。続く一九一九(大正八)年に資本金五〇万円の中七木綿株式会社へと改組した(5)。その当時の中七木綿の規模を表3-1で確認しておこう。

表3-1は知多郡所在の株式会社一八九社のうち、ベスト一〇をランキング化して示したものである。これによれば、知多郡では、銀行業や醸造業が上位を占めていることがわかる。そのなかで中七木綿は、北村木綿株式会社(6)とともにランキング第八位に位置する有力企業であり、木綿製造販売業ではトップクラスの地位にあった。こののち中七木綿は、知多産地だけでなく全国有数の産地大経営へと成長を遂げていく。

表 3-1 知多郡における主要企業ランキング（1924 年）

順位	企業名	代表者	所在地	資本金（万円）	設立年	業種
1	株式会社中埜酢店	中埜又左衛門	半田町	300	1923	清酢製造販売
2	株式会社中埜銀行	中埜良吉	半田町	200	1917	銀行業
3	株式会社衣浦銀行	伊東雅次郎	亀崎町	100	1895	銀行業
	株式会社中埜酒店	榊原亮之助	半田町	100	1918	酢酒醤油業等
	株式会社知多銀行	内田佐七	内海町	100	1922	銀行業
6	盛田合資会社	盛田久左衛門	小鈴谷村	70	1897	酒類味噌醤油製造販売
7	中埜産業合名会社	中埜又左衛門	半田町	60	1914	土地建物ノ利用開拓
8	中埜貯蓄銀行	中埜又左衛門	半田町	50	1906	銀行業
	伊東合資会社	伊東信蔵	亀崎町	50	1908	酒類味噌溜醸造
	株式会社亀甲富中埜醤油店	中埜良吉	半田町	50	1910	醤油味噌酢製造販売等
	中七木綿株式会社	加藤六郎右衛門	岡田町	50	1919	各種織物製造販売
	菱文織物株式会社	榊原清之助	成岩町	50	1920	物品販売製造等
	株式会社竹内商店	竹内一平	成岩町	50	1920	物品販売製造仲立代理
	知多製糸株式会社	内藤傳禄	半田町	50	1921	生糸製造販売
	亀崎製油株式会社	山本義堯	亀崎町	50	1921	豆粕豆油製造販売
	吉中醤油株式会社	土平松兵衛	武豊町	50	1922	味噌醤油製造販売
	北村木綿株式会社	北村七郎平	成岩町	50	1924	綿布製造販売等

注）対象企業の数は、189 社。
資料）知多商業會議所編『知多商工案内』1924 年。

（二）中七木綿の資金調達

それでは、中七木綿を全国有数の機業家へと押し上げた要因とはなんだったのか。その要因を明らかにするために、自己資金、株主、綿布販売に注目しながら検討していく。

まず中七木綿の設備資金調達状況について表3-2を用いて分析する。

固定資産（A）は、自己資本（B）でほぼカバーされており自己資本余裕金（C）が一貫してプラスとなっている。払込株金と積立金が着実に充実しただけでなく、前期繰越金や当期利益金が期間を通じて計上されていたことが資金的余裕を生じさせていた。そのため借入金は全くない無借金経営を堅持した。その豊富な自己資本は、建物機械欄にみられる

表 3-5　中七木綿役員の変遷

年	専務取締役	取締役	取締役	取締役	監査役	監査役	監査役
1923	加藤六郎右衛門	杉浦憲弌	竹内小四郎	竹内金四郎	竹内仁重	竹内清三郎	竹内武男
1924	加藤六郎右衛門	杉浦憲弌	竹内小四郎	竹内金四郎	竹内仁重	竹内清三郎	竹内武男
1925	加藤六郎右衛門	杉浦憲弌	竹内小四郎	竹内金四郎	竹内仁重	竹内清三郎	竹内武男
1926	加藤六郎右衛門	杉浦憲弌	竹内小四郎	竹内金四郎	竹内仁重	竹内清三郎	竹内武男
1927	加藤六郎右衛門	杉浦憲弌	竹内小四郎	竹内金四郎	竹内仁重	竹内清三郎	竹内武男
1928	加藤六郎右衛門	杉浦憲弌	竹内小四郎	竹内金四郎		竹内清三郎	竹内武男
1929	加藤六郎右衛門	杉浦憲弌	竹内小四郎	竹内金四郎	竹内良策	竹内文兵衛	竹内武男
1930	加藤六郎右衛門	杉浦憲弌	竹内小四郎	竹内金四郎	竹内良策	竹内文兵衛	竹内武男
1931	加藤六郎右衛門	杉浦憲弌	竹内小四郎	竹内金四郎	竹内良策	竹内文兵衛	竹内武男
1932	加藤六郎右衛門	杉浦憲弌	竹内小四郎	竹内金四郎	竹内良策	竹内文兵衛	竹内武男
1933	加藤六郎右衛門	杉浦憲弌	竹内小四郎	竹内金四郎	竹内良策	竹内文兵衛	竹内武男
1934	加藤六郎右衛門	杉浦憲弌	竹内小四郎	竹内金四郎	竹内良策	竹内文兵衛	竹内武男
1935	加藤六郎右衛門	杉浦憲弌	竹内小四郎	竹内金四郎	竹内良策	竹内文兵衛	竹内武男
1936	加藤六郎右衛門	杉浦憲弌	竹内小四郎	竹内金四郎	竹内良策	竹内文兵衛	竹内武男
1937	加藤六郎右衛門	杉浦憲弌	竹内小四郎	竹内金四郎	竹内良策	竹内文兵衛	竹内武男
1938	加藤六郎右衛門		竹内小四郎	竹内金四郎	竹内良策	竹内文兵衛	竹内武男
1939	加藤六郎右衛門	杉浦幹七	竹内小四郎	竹内金四郎	竹内良策	竹内文兵衛	竹内武男

資料）中七木綿『営業報告書』各年版。

ように、自営工場拡大につながった。一九二三年・一九二六年・一九二七年には、相次いで機械増設関係に投資され、第一工場と第二工場の設備が拡張された。それだけでなく、一九三四年には第三工場が設立され、一九三六年にはまたしても機械増設関係に資金が投入されている。つまり、中七木綿は強固な自己資本を自社工場設備に積極的に投資することで全国有数の産地大経営へと成長を遂げたのである。

次に、中七木綿の当期利益金の推移と運用方法とを表3-3を用いて詳しく検討する。

先述したように、期間を通じて当期利益金が生じている。その利益金から減価償却（工場建物償却）を差し引いた当期純益金の運用方法について分析すると、その多くが株主配当金に充てられていることがわかる。つまり中七木綿は、積立金や繰越金だけでなく、株主配当金を収益に応じて計上することで出資者を確保して自己資本充実を図っていた。

それでは、中七木綿の主要株主はどのような構成と編成で推移したのかについて検討していく。表3-4

表 3-2　中七木綿設備資金の調達

年	固定資産（A）								自己資本（B）							自己資本余裕金（C）
					建物機械											
		土地	建物	什器	第1工場	第2工場	第3工場	増設関係		払込株金	積立金	償却積立金	退職積立金	前期繰越金	当期利益金	C＝B－A
1923	243,851	3,746	5,000	200	15,748	91,500		127,657	509,741	250,000	70,000		15,000	49,155	125,586	265,889
1924	334,903	3,746	5,000	200	19,698	306,259			571,029	250,000	90,000		15,000	57,741	158,288	236,125
1925	307,353	3,746	5,000	200	19,698	278,709			558,856	250,000	110,000		20,000	76,029	102,827	251,502
1926	467,667	4,258	5,000	200	19,168	258,584		180,457	561,724	300,000	120,000		20,000	71,156	50,569	94,057
1927	505,846	14,822	5,000	200	222,673	239,584		23,566	634,761	300,000	125,000		20,000	95,224	94,537	128,915
1928	494,745	14,822	5,000	200	259,789	214,934			633,008	300,000	135,000		20,000	96,761	81,247	138,263
1929	461,170	15,917	5,000	200	240,053	200,000			642,432	300,000	143,000		20,000	97,008	82,424	181,262
1930	452,518	15,917	5,000	200	241,401	190,000			607,487	300,000	151,000		20,000	98,432	38,055	154,970
1931	423,467	15,917	5,000	200	212,350	190,000			629,414	300,000	151,000		20,000	85,086	73,328	205,948
1932	403,184	15,917	5,000	200	202,068	180,000			765,161	300,000	159,000		20,000	86,064	200,097	361,977
1933	338,273	15,685	5,000	200	162,388	155,000			763,456	300,000	174,000	7,114	20,000	116,161	146,181	425,184
1934	518,469	15,685	2,000	200	139,754	132,400	228,430		823,934	300,000	184,000	7,114	20,000	123,842	188,978	305,465
1935	500,295	15,685	2,000	200	102,831	100,000	279,579		803,669	350,000	194,000	7,114	20,000	137,820	94,735	303,374
1936	542,219	15,685	2,000	200	104,015	86,305	247,410	86,604	890,570	350,000	199,000	7,114	20,000	139,055	175,401	348,351
1937	502,266	15,685	2,000	200	99,550	184,831	200,000		948,794	400,000	209,000	7,114	20,000	142,456	170,224	446,528

注）単位は、円。
資料）中七木綿『営業報告書』各年版。

表 3-3　中七木綿の利益金運用

年	利益金・その他					運用					
	当期利益金			前期繰越金	合計	積立金	退職積立金	賞与金	株主配当金	後期繰越金	合計
		工場建物償却	当期純益金								
1923	125,586	15,000	110,586	49,155	159,741	20,000		7,000	75,000	57,741	159,741
1924	158,288	30,000	128,288	57,741	186,029	20,000	5,000	10,000	75,000	76,029	186,029
1925	102,827	20,000	82,827	76,029	158,856	10,000		2,700	75,000	71,156	158,856
1926	50,569	20,000	30,569	71,156	101,724	5,000		1,500		95,224	101,724
1927	94,537	35,000	59,537	95,224	154,761	10,000		3,000	45,000	96,761	154,761
1928	81,247	35,000	46,247	96,761	143,008	8,000		2,000	36,000	97,008	143,008
1929	82,424	35,000	47,424	97,008	144,432	8,000		2,000	36,000	98,432	144,432
1930	38,055	26,401	11,654	98,432	110,086			1,000	24,000	85,086	110,086
1931	73,328	32,350	40,978	85,086	126,064	8,000		2,000	30,000	86,064	126,064
1932	200,097	60,000	140,097	86,064	226,161	15,000		5,000	90,000	116,161	226,161
1933	146,181	50,000	96,181	116,161	212,342	10,000		3,500	75,000	123,842	212,342
1934	188,978	70,000	118,978	123,842	242,820	10,000		5,000	90,000	137,820	242,820
1935	94,735	50,000	44,735	137,820	182,555	5,000		3,500	35,000	139,055	182,555
1936	175,401	70,000	105,401	139,055	244,456	10,000		4,500	87,500	142,456	244,456
1937	170,224	60,000	110,224	142,456	252,680	10,000	2,000	4,500	80,000	156,180	252,680

注）単位は、円。
資料）中七木綿『営業報告書』各年版。

表 3-4　中七木綿主要株主の変遷

順位	1923年			1929年			1934年			1939年		
	名前	株数	住所	名前	株数	住所	名前	株数		名前	株数	
1	加藤六郎右衛門	1,510	岡田町	加藤六郎右衛門	1,510	岡田町	加藤六郎右衛門	1,210		加藤六郎右衛門	1,210	
2	杉浦さだ	1,000	亀崎町	杉浦さだ	1,000	亀崎町	杉浦憲弌	860		竹内良策	810	
3	杉浦憲弌	860	岡田町	杉浦憲弌	860	岡田町	竹内良策	810		竹内林一	546	
4	竹内金四郎	455	岡田町	竹内林一	546	岡田町	竹内林一	546		杉浦幹七	700	
5	竹内滝三	336	岡田町	竹内金四郎	455	岡田町	竹内金四郎	525		竹内金四郎	525	
6	竹内仁重	304	岡田町	竹内玉一	347	岡田町	杉浦さだ	500		加藤七郎	324	
7	伊井市太郎	300	岡田町	竹内武男	308	岡田町	竹内武男	308		竹内武男	308	
8	竹内文兵衛	298	岡田町	加藤七郎	304	岡田町	加藤七郎	304		加藤木三	300	
9	竹内武男	298	岡田町	伊井市太郎	300	岡田町	加藤木三	300		竹内玉一	297	
10	竹内良策	280	岡田町	竹内良策	290	岡田町	竹内玉一	297		竹内角三	286	
11	竹内清三郎	270	岡田町	竹内文兵衛	283	岡田町	竹内角三	286		竹内文兵衛	283	
12	竹内角三	266	岡田町	竹内清三郎	270	岡田町	竹内文兵衛	283		竹内小四郎	275	
13	安藤梅吉	264	岡田町	竹内角三	266	岡田町	竹内小四郎	275		安藤梅吉	264	
14	安藤實男	264	岡田町	安藤梅吉	264	岡田町	安藤梅吉	264		安藤實男	264	
15	竹内小四郎	255	岡田町	安藤實男	264	岡田町	安藤實男	264		伊井市太郎	250	
16	竹田文治郎	232	岡田町	竹内小四郎	255	岡田町	伊井市太郎	250		杉浦憲弌	250	
17	榊原止	212	岡田町	竹田文治郎	214	岡田町	竹田文治郎	214		竹田文治郎	214	
18	竹内愛之丞	200	岡田町	榊原止	212	岡田町	榊原止	212		榊原止	212	
19	竹内林一	200	岡田町	竹内愛之丞	200	岡田町	竹内愛之丞	200		杉浦さだ	200	
20	竹内金三	190	岡田町	竹内金三	190	岡田町	竹内金三	190		竹内金三	190	
小計	20名	7,994	79.9％	20名	8,338	83.3％	20名	8,098	81.0％	20名	7,708	77.1％
合計	48名	10,000	100％	49名	10,000	100％	52名	10,000	100％	58名	10,000	100％

注）株数の単位は、株。
資料）中七木綿『営業報告書』各年版。

は、中七木綿の主要株主を各期に分けて取り上げている。

まず一九二三年の株主構成をみれば、上位二〇名の株主は中七木綿が拠点とする岡田町にほぼ在住していたことがわかる。加えて上位株主が約八〇%の株式を保有しており極めて集中度が高い。この傾向は期間を通じて維持された。特に、加藤六郎右衛門は筆頭株主の地位を確保していた。第二位株主の杉浦さだは唯一の亀崎町在住者で一九二〇年代は主要株主だったものの一九三〇年代から保有株式数を減少させ、代わって竹内良策が上位株主となった。同じく一九三四年まで上位株主であった杉浦憲弌も一九三九年には保有株式を二五〇株にまで減少させ、代わって杉浦幹七が一九三九年に七〇〇株を有する上位株主として登場した。

次に表3-5で中七木綿役員の変遷を確認すると、上位株主が主要役員であったことがわかる。

専務取締役の加藤六郎右衛門、取締役の杉浦憲弌、竹内小四郎、竹内金四郎らはすべて上位株主であった。特に加藤六郎右衛門と杉浦憲弌は、一八九六年の中七木綿合資会社創業のために工場敷地確保・資金集めに奔走した。当時加藤は一五歳、杉浦は二一歳の若さで、二人は地域の有力者からの出資を募り借地に工場を建設した[(7)]。中七木綿が発足してからは、加藤は業務担当責任者として企業経営を担い、杉浦は工場主任責任者として製造面を担当した[(8)]。しかし日露戦後、知多産地に織布工場の増設・新設が相次ぎ、営業担当者や技術者の引き抜きが横行した。そ

(4) 木綿買継問屋に選ばれたのは、中島七右衛門・竹ノ内源助・濱島傳右衛門・西村傳右衛門の四名であった(知多商業會議所編『知多商工案内』一九二四年、三三頁)。
(5) 加藤統一郎氏書簡「中七木綿株式会社の社歴 No.1」(二〇〇一年八月二一日)。
(6) 北村木綿株式会社については、本書第二章を参照。
(7) 中七木綿創業にあたっては、地域の有力者一三名が出資に応じたという。設立の目的は、地域の子供たちの職場づくりであった。加藤統一郎氏への聴き取り(二〇〇二年一一月一五日)。なお、二人の年齢差は写真3-1と異なるが、史料を尊重しこのまま掲載する。

のため、中七木綿は、経営幹部の給与を飛躍的に上昇させ[9]、表3-3の賞与金欄に示されるように賞与金を充実させた。この結果、中七木綿の役員層が結束して上位株主として定着したのである[10]。

(三) 中七木綿の取引関係

中七木綿の綿布取引について具体的に検討していく。

第一章で明らかにしたように知多産地問屋は、知多晒とよばれる小幅木綿を、排他的な取引関係を基盤として東京織物商へ販売してきた。中七木綿も、この特権的取引関係を有する知多産地問屋として創業した。しかし、第一次大戦ブーム期以降、輸出向け綿布需要が高まってくると、知多産地にも広幅綿布取引がその比重を高めてくるようになった。広幅綿布は、名古屋集散地問屋を介して輸出されるため、従来の取引とは異なったルートを開拓しなければならなかった。中七木綿はこの潮流に乗って、輸出向け白生地綿布生産・販売に参入した。特に天竺とよばれる白生地広幅綿布を主力製品とし、従来から取扱っていた小幅晒木綿とともに優良製品との評価を得ることになった[11]。

それでは、中七木綿と名古屋綿布商との取引関係を具体的に検討したい。表3-6は、名古屋の有力綿糸布商・

(8) 加藤統一郎氏書簡「中七木綿株式会社の社歴 No.3」(二〇〇一年八月二一日)。
(9) 例えば、社長の俸給(半年)は五〇円から一〇〇円に、工場責任者のそれは八五円から一二〇円に昇給した(福島銀治「知多木綿50年の思い出(32)」知多織物工業協同組合『知多織月報』第二二六号、一九七七年二月)。
(10) 杉浦憲弌は一九三八年に亡くなったため、取締役には息子の杉浦幹七が就任し株式も継承した(福島銀治「知多木綿50年の思い出(32)」知多織物工業協同組合『知多織月報』第二二六号、一九七七年二月)。
(11) 繊維商工業要鑑編纂部『繊維商工業要鑑』信用交換所名古屋局、一九三〇年、二三頁。

写真 3-3

写真 3-4

中七木綿の設備拡張

中七木綿は、岡田地域を拠点に、自社生産を重視することで企業成長を遂げていった。写真3-3は、1926年8月の第一工場の増築風景。写真3-4は、地域の大工たちが第一工場の増築作業に取り組む様が描かれた貴重な写真。写真3-5は、昭和初期の第二工場の写真。この後、輸出向け広幅綿布生産を本格化させた中七木綿は、第三工場まで設備拡張し、全国有数の織布企業「産地大経営」へと成長を遂げた。

写真 3-5

工場（愛知県知多郡）

				買入形式											
1919年				1917年				1918年				1919年			
約定月	銘柄	工賃	量	約定月	銘柄	量	価格	約定月	銘柄	量	価格	約定月	銘柄	量	価格
1	小幅	0.018										2	天竺	10,000反	0.02
2	白菊天竺	0.027	12,000反					7	ロールつき	21,000反	0.015				
8		0.034	150,000反												
								10	捺染生地	72,000反	0.012				
								12	天竺	40,000反	0.016				
4	…							7	20手20手	21,000反	0.015	1	象兎ロール	20,000反	0.019
1	三幅	0.019										1	木綿	20個	
3		0.225	5,000反												
3	ネル	0.020													
3	三幅金巾	0.020		10	花印	40個	1.16								
9	三幅	0.015													
3		0.225	5,000反												
								3	木綿	…					
				7	…	…		1	都岡	4,000反					
								1	天竺	1,000反					
1	小幅木綿	0.017		3		500,000綛	0.01					1	ガーゼ	15,000疋	
												1	天竺	6,000反	0.018
8	小幅木綿	0.030													
								6	錦	100,000反	0.011				
9	ジンス	0.020						5	小幅木綿	…	…				

表 3-6　服部商店の賃織

名前	所在地	設立	織機台数			製品	賃織形式							
							1917年				1918年			
			計	小幅	広幅		約定月	銘柄	工賃	量	約定月	銘柄	工賃	量
中七木綿合資会社	岡田町	1896年	466	250	216	広幅白木綿 小幅白木綿	2	司印 20手20手	0.010		9		0.018	30,000反
											10	小幅木綿	0.012	84,000反
											10	ドーテ	…	…
											11	小幅木綿	0.015	
											12	菊天	0.019	20,000反
安藤梅吉	岡田町	1913年	102	0	102	白木綿	11	粗布	0.014		4	桐天	0.0105	
							11	天竺	0.012					
安藤菊次郎	岡田町	1915年	125	…	…	白木綿	2	20手20手	0.012		12	菊天	0.015	
											12	双鹿	0.019	
											12	双猿	0.018	
											12	双童	0.018	
岡田織布合資会社	岡田町	1911年	52	0	52	白木綿								
竹内甚太郎	岡田町	1912年	64	…	…	白木綿					12	双鹿	0.019	
											12	双猿	0.018	
											12	双童	0.018	
早川木綿合資会社	八幡村	1908年	102	102	0	白木綿	1	…	…		3	…	…	
合資会社西浦木綿商会	大野町	1902年	255	127	…									
大野木綿株式会社	大野町	1892年	…			木綿綿糸製造販売	2	順印	0.009	60,000反	2	粗布	0.013	
											2	金巾	0.011	
											3	粗布	0.012	
											3	金巾	0.011	
											3	天竺	0.011	
							10	八寸	0.010		3	小幅木綿	0.008	
											9	金巾	0.017	
岡戸嘉七	阿久比村	…	70	…	…	白木綿	2	岡木綿	0.015		3	粗布	0.012	
											3	金巾	0.011	
											3	天竺	0.011	
											3	小幅木綿	0.008	
石川藤八	亀崎町	1909年	194	…	142	白木綿					6	綾	0.015	
											12	双猿綾	0.020	
山田佐一	亀崎町	1916年	194	…	…	白木綿					7	錦	0.011	60,000反

注1）『興和百年史史料』のなかで、記録されていた取引のみ取り上げた。

注2）「工賃」「価格」の単位はいずれも円。

注3）「…」は不明であることを示す。

注4）大野木綿株式会社は、取締役の吉峰治右衛門・小島要蔵と服部商店との取引を集計している。

資料）『興和百年史史料』、『紡織要覧』1919年版。

服部商店が第一次大戦ブーム期（この表では一九一七―一九一九年）で綿布取引を行った知多産地の機業家を取り上げている。

これによれば、服部商店は知多郡のなかでも岡田町の機業家を中心に取引関係を結んでいたことがわかる。中七木綿と並んで後に産地大経営へと成長を遂げた安藤梅吉は、この時期に服部商店と取引関係を結んでいた。それに加えて、機業家は織機台数一〇〇台を超えるものが多いことから、服部商店は比較的大規模な機業家から綿布を大量に集荷する体制を構築していたと考えられる。[12]

次に取引綿布を確認すると、小幅木綿に加えて粗布・天竺・金巾など白生地広幅綿布が多いことがわかる。この製品は、規格が比較的単純であるため大量生産に適していた。それゆえ服部商店は、知多産地の大規模な機業家に綿布生産を委託したと考えられる。小幅木綿についても、知多産地特有の製品「知多晒」ではなく、岡木綿とよばれる大衆的な白綿布であったから、[13]同じく大量生産に適していたといえる。

綿布取引には、賃織と買入との二種類の方法がとられた。この点について、加藤統一郎氏（加藤六郎右衛門のご令孫）のお話によれば、中七木綿は、服部商店など名古屋有力綿布商との取引方法は、やはり賃織と綿布販売との二本立てだったという。このうち綿布販売での取引方法（「買入」と同義と考えられる：筆者）は、綿糸購入と綿布販売を機業家自身が行うため、大きな収益を見込める半面、大幅な損失のリスクをも負うことになったという。一方で賃織形式での取引方法は、安定した工賃収入が見込める点で堅実路線であったという。このうち、中七木綿は主として賃織での取引関係を結ぶ道を選択した。[14]

以上の検討をまとめると、服部商店は、白生地綿布の大量集荷地域として知多産地を位置づけていたと考えられる。第一次大戦ブームによる輸出綿布需要拡大に応えるために、服部商店は、一九一四年三月に桜田工場（織布専門：織機三〇八台）、一九一六年五月に小牧工場（織布専門：広幅織機一一二台・小幅織機六八台）、一九一七年四月に熱田工場（織布専門：七二台）と自社工場を相次いで設立していった。[15] しかしそれだけでは急増する需要に応えることはできなかったため、綿布生産を産地機業家に委託することが必要であった。その際には、他産地に先駆けて力織機導入が進んだ知多産地こそ生産委託地として最適であった。

知多産地においても岡田地域は特に大規模な機業家が多く、産地内において名古屋と比較的距離が近かったから、名古屋綿布商との取引関係もより一層緊密になっていった。岡田地域において、広幅木綿生産が急速かつ広範囲に進んだ要因はこのような事情があった。なかでも中七木綿は、服部商店との取引回数・取引量からみても、服部商店の主力工場であったと推測できる。広幅織機二一六台、小幅織機二五〇台を有する中七木綿は、服部商店自社工場に匹敵する生産能力を誇っていたからである。その一方で、中七木綿が白生地綿布の大量生産という経営戦略を貫徹するうえで、服部商店の主力工場となることは、安定した綿布販売先を確保するうえで有効な選択肢であった。

（四）中七木綿の設備拡張

中七木綿がどのような設備拡張の道をたどっていったのかを具体的に検討していく。中七木綿は、小幅綿布を取

---

(12) 服部商店は、明治末期に下請織機台数は二〇〇〇台であったが、一九一九年には七〇〇〇台にまで急増させた。この取引先の多くは、織機二〇〇台を超える有力機業家であった（興和紡績株式会社・興和株式会社編『興和百年史』一九九四年、三五―四〇頁）。

(13) 知多晒を除く小幅木綿は、岡木綿が中心であった。明治末頃、この岡木綿のうち八―九割が名古屋向けに出荷されていたという（福島銀治「知多木綿50年の思い出（6）」知多織物工業協同組合『知多織月報』第一九九号、一九七四年一一月）。

(14) 加藤統一郎氏への聴き取り（二〇〇二年一一月一五日）。

(15) 興和紡績株式会社・興和株式会社編、前掲書、二一〇―三四頁。

機業家の設備拡張

北村木綿				雀印織布				山田商店				瀧田商店			
工場数	織機数			工場数	織機数			工場数	織機数			工場数	織機数		
		広幅	小幅			広幅	小幅			広幅	小幅			広幅	小幅
…	…	…	…	1	223	…	…	…	…	…	…	…	…	…	…
…	…	…	…	…	…	…	…	…	…	…	…	…	…	…	…
…	…	…	…	1	223	…	…	…	…	…	…	…	…	…	…
…	…	…	…	1	223	…	…	…	…	…	…	…	…	…	…
…	…	…	…	…	…	…	…	1	86	0	86	1	66	36	30
…	…	…	…	1	226	0	226	1	194	…	…	1	56	56	0
…	…	…	…	1	226	0	226	1	194	…	…	1	56	56	0
…	…	…	…	…	…	…	…	…	…	…	…	…	…	…	…
…	…	…	…	…	…	…	…	1	50	…	…	2	71	71	0
…	…	…	…	…	…	…	…	…	…	…	…	…	…	…	…
1	130	0	130	…	…	…	…	…	…	…	…	1	100	0	100
…	…	…	…	…	…	…	…	…	…	…	…	…	…	…	…
…	…	…	…	…	…	…	…	1	50	…	…	1	100	0	100
…	…	…	…	…	…	…	…	1	50	…	…	1	100	0	100
…	…	…	…	2	372	…	…	2	510	256	254	2	131	31	100
…	…	…	…	2	372	…	…	2	510	256	254	2	131	31	100
1	120	0	120	2	372	…	…	2	510	256	254	2	131	31	100
1	120	0	120	2	340	169	171	2	1,060	566	494	2	131	31	100
1	680	0	680	2	340	169	171	2	1,060	566	494	2	131	31	100
1	140	0	140	2	342	170	172	2	760	264	496	1	31	31	0
…	…	…	…	2	342	170	172	3	790	264	526	1	46	46	0
2	294	0	294	2	380	260	120	3	790	264	526	1	46	46	0
2	700	200	500	2	380	254	126	3	790	264	526	1	46	46	0

過大と考えられるが、そのまま掲載する。

扱う産地問屋として発足したものの、次第に輸出向け広幅綿布へとシフトしていくことになる。つまり、中七木綿を含めた知多有力機業家は綿布需要の変化に応じて、取扱綿布をそれぞれ独自に変化させていた。この変化の特徴について、各有力機業家を比較検討することを通じて明らかにし、そのうえで中七木綿の特徴を浮かび上がらせたい。

表3-7は、有力機業家の織機台数の推移を取り上げている。この機業家のうち、安藤梅吉を除くすべては東京織物商へ「知多晒」を特権的に販売していた産地問屋であった。

表3-7から、この企業の動向を四つに分類できる。

（Ⅰ）小幅綿布生産から広幅綿布生産へと移行して設備拡大を進めていく企業〔中七木綿・安藤梅吉〕

表3-7　知多主要

年	中七木綿				安藤梅吉				西浦木綿商会			
	工場数	織機数			工場数	織機数			工場数	織機数		
			広幅	小幅			広幅	小幅			広幅	小幅
1913	1	202	90	112	1	34	34	0	1	135	…	…
1914	…	…	…	…	…	…	…	…	…	…	…	…
1915	1	202	90	112	1	34	34	0	1	135	…	…
1916	1	202	90	112	1	46	46	0	1	128	…	…
1917	…	…	…	…	1	94	94	0	…	…	…	…
1918	1	466	216	250	1	102	102	0	1	127	…	127
1919	1	466	216	250	1	102	102	0	1	128	…	…
1920	…	…	…	…	…	…	…	…	…	…	…	…
1921	2	524	216	308	1	220	100	120	1	150	0	150
1922	…	…	…	…	…	…	…	…	…	…	…	…
1923	2	524	216	308	1	280	100	180	1	248	106	142
1924	…	…	…	…	…	…	…	…	…	…	…	…
1925	2	732	424	308	1	140	140	0	1	256	106	150
1926	2	732	424	308	3	308	308	0	1	256	106	150
1927	2	732	424	308	3	316	316	0	1	312	160	152
1928	2	1,064	740	324	3	448	358	90	1	312	160	152
1929	2	790	640	150	4	557	557	0	1	312	160	152
1930	2	964	640	324	4	711	711	0	1	312	160	152
1931	2	964	640	324	4	711	711	0	1	312	160	152
1932	2	892	784	108	4	767	767	0	1	312	160	152
1933	2	892	784	108	4	1,001	1,001	0	1	312	160	152
1934	2	856	856	0	4	1,074	1,074	0	1	312	160	152
1935	3	1,292	1,292	0	6	1,986	1,986	0	1	312	160	152

注１）「…」は不明。
注２）織機数の単位は、台。
注３）北村木綿の織機数のうち、1931年の小幅織機680台、1935年の小幅織機500台と合計700台は、
資料）紡織雑誌社『紡織要覧』各年度版。

（Ⅱ）広幅綿布生産と小幅綿布生産とを並行してその規模を維持する企業〔雀印織布・西浦木綿商会〕

（Ⅲ）小幅綿布生産を主軸に据えて設備拡大を進めていく企業〔山田商店・北村木綿〕

（Ⅳ）小幅綿布生産を主軸に据えながらその規模を維持する企業〔瀧田商店〕

知多の有力企業は、以上のように四タイプに分類することができる。すべてに共通していることは、小幅綿布生産が出発点であったことである。その小幅綿布生産は一九二〇年代では維持されており、広幅綿布生産が活発化するのは一九三〇年代からであった。これは、戦間期を通じて、綿布需要の変化や各社の自己資本などの事情に応じて、各機業家が経

表 3-8　中七木綿の綿布生産

年	第1工場				第2工場（広幅綿布）		第3工場（広幅綿布）	
	小幅綿布部門		広幅綿布部門					
	操業日数（日）	生産高（反）	操業日数（日）	生産高（本）	操業日数（日）	生産高（本）	操業日数（日）	生産高（本）
1923	330	1,029,738			330	219,499		
1924	319	807,340			328	303,016		
1925	329	788,645			330	294,481		
1926	327	827,114			328	277,003		
1927	281	571,663	263	78,027	327	265,111		
1928	330	678,602	330	113,967	334	280,056		
1929	334	755,251	334	121,883	334	267,366		
1930	303	285,935	303	172,167	303	262,786		
1931	327	331,799	327	221,352	327	292,708		
1932	335	169,773	335	260,922	335	292,942		
1933			326	269,233	326	291,083		
1934			334	282,352	334	332,327		
1935			326	246,525	330	261,517	322	263,131
1936			339	327,932	340	437,438	339	389,685

資料）中七木綿『営業報告書』各年版。

営戦略を多様化させていったことを反映している。このうち、（Ⅰ）タイプの中七木綿が設備拡張していく道筋を詳しく検討する。第一次大戦ブーム期から一九二三年ごろまでは、広幅織機、小幅織機ともに増設が進んで知多産地随一の規模（総織機台数五二四台）へと達した。ところが一九二五年以降、広幅織機の増設が設備拡大を牽引していく。一九二八年にもその傾向が続き、広幅織機は七四〇台に、総織機台数は一〇〇〇台を超える規模に達した。昭和恐慌を経た一九三〇年代に至っても広幅織機台数は増設の一途をたどり、中七木綿は全国屈指の規模に成長した。しかしその一方で、小幅織機は一九三二年には一〇八台にまで減少、そして一九三四年にはすべての小幅織機は中七木綿から姿を消した。つまり、中七木綿は、一九三〇年に輸出綿布生産へ傾斜していくなかで設備拡大を急速に進め、産地大経営に向かっていった[16]。それではなぜ、中七木綿は輸出向け綿布生産へと転換したのか、次節で検討しよう。

第二節　輸出向け綿布生産への転換と産地大経営

（一）中七木綿の自社生産体制

中七木綿の生産綿布

まず、中七木綿生産綿布の変化をみよう。表3-8は、中七木綿自営工場の生産綿布を示している。これによれば、小幅綿布生産は一九二三年の約一〇三万反をピークとして一九二〇年代は五〇万反から八〇万反で推移していた。しかし、一九三〇年には約二九万反にまで急減した。その後も小幅綿布の生産量は振るわず、一九三二年を最後に小幅綿布生産は姿を消した。一方、広幅綿布生産は第二工場を主力として生産を強化していった。さらに中七木綿は第一工場で一九二七年に広幅綿布生産を始め、一九三五年には第三工場を新設して広幅綿布生産を拡大した。こうして中七木綿は小幅綿布生産から広幅綿布生産へと主力綿布を転換させ、飛躍的に設備拡大していったのである。

広幅綿布生産の開始

中七木綿の生産組織は、自社工場生産を主軸としていたことに特徴があった。小幅木綿「知多晒」を取扱う場合、中七木綿は商社機能を担っていたので、近隣の機業家に賃織形式で綿布生産を委託していた[17]。しかし中七木綿

---

(16)　このうち、(Ⅳ)タイプに属する瀧田商店は本書第一章で、(Ⅲ)タイプは北村木綿を事例に第二章で検討した。

は、賃織工場への委託生産について期間を通じて重視しなかった。事実、一九三〇年代初頭における知多問屋の自営工場と賃織工場の所在を調査した『會員所属織機臺数簿』によれば、中七木綿は自社工場（中七木綿第一工場）での生産に加えて、賃織工場は竹内三吉（所在は岡田町、織機台数八九台）[19]一件にとどまっている。[18]他の知多産地問屋が積極的に賃織工場との取引関係を結んでいることと比べれば、中七木綿は委託生産よりも自社生産を重視していたことは明らかである。

中七木綿の自社生産路線は、一八九六年の創業当初、小幅織機二四台で木綿製造会社として小幅木綿製造販売業へと乗り出したことに始まった。そして一九〇七年四月、事業成績が安定してきたことを受けて、中七木綿有力株主が設備拡張について協議した。[20]当時、日露戦争にともなう軍需・日露戦後の輸出綿布需要の増大を受けて、広幅綿布生産の設備拡張・技術向上が必要とされていたからである。[21]

しかし、知多産地では、輸出向け広幅綿布を生産する機業家が少なかったことに加えて、品質問題が生じていた。一八九五年の日清戦後から力織機工場が現れ始め、綿布は一年で一〇〇〇万反以上産出するに至った。その一方で粗製濫造が進んだため、一九〇一年に知多郡白木綿同業組合を設立して品質向上を図った。それだけでなく、綿布生産では農家婦女子による手織機製織が根強く残っていたため、農閑期の生産量が著しく減少することになっ

---

(17) 加藤統一郎氏への聴き取り（二〇〇二年一一月一五日）。
(18) 本銘知多晒統制會『會員所属織機臺数簿』。出版年は記載されていない。ただしこの資料で中七木綿第一工場の織機台数が一〇八台と報告されていることから、一九三二年あるいは一九三三年の調査報告であると考えられる。
(19) 知多産地問屋と賃織工場との取引関係については、本書第四章で詳しく検討する。
(20) 加藤統一郎氏書簡「中七木綿株式会社の社歴 No.3」（二〇〇一年八月二一日）。
(21) 福島銀治「知多木綿50年の思い出（32）」知多織物工業協同組合『知多織月報』第二二六号、一九七七年二月。

写真 3-6▲

▼写真 3-7

知多木綿の発展と岡田地域の繁栄

日本屈指の綿工業地帯へと成長した岡田地域は、街並みも大きく変化した。写真 3-6 は、1929 年ごろの岡田地域の写真。知多木綿が飛躍的に発展したため、大量の綿布を輸送するためには旧道（写真右の道）の道幅は不十分だった。そのため、県に働きかけて新道（写真左の道）を開通・整備した。一方、産業の発展で、岡田地域の賑わいも増した。写真 3-7 は、1938 年ごろ、慈雲寺に至る大門前の祭りの風景。人々が集い活気溢れた様子が伝わってくる。

た。さらに、生活費の高まりにつれて労働賃金が上昇し始めたこと[22]も深刻な問題であった。

こうした状況を受けて中七木綿は、「生産設備のない問屋には将来性がない」という方針から、木製小幅織機五〇台余・石油発動機一基を設置して自社工場の充実を図った[23]。ところが一九〇九年一一月、火災のため中七木綿工場が不運にも全焼してしまった。しかし中七木綿は、これを機に、自社工場で競争力を有する生産体制を築いていった。そのために、①最新鋭織機の導入、②良質な原料綿糸の仕入れ、③サイジング機の導入を進めた[24]。まず、火災保険金（約七四〇〇円）を基にして力織機一九〇台（豊田製小幅力織機一一四台、広幅力織機七六台）、さらに蒸気機罐を有する新鋭工場を建設し一九一一年五月に操業を開始した[25]。加えて一九一〇年、ドイツ製の最新鋭熱風乾燥式糊付機を導入して自社工場の設備を充実させた[26]。糊付とはサイジングともよばれ、原料綿糸の糸切れを防ぐために施される工程である。原料綿糸については、東洋紡績半田工場から直送で仕入れることで梱包費・輸送費を削減した。この原料綿糸は良質な一流紡績糸であったため、サイジング機の貢献と相まって糸切れが減少し作業能率が高まった[27]。この結果、中七木綿の広幅綿布生産部門は、知多産地屈指の技術水準を誇ること[28]となり、従来の製品小幅綿布をも含めて優良製品として評価を得ることになった[29]。

このように中七木綿は、自社工場の設備投資を充実させることで生産性向上を狙ったため、賃織工場へ生産委託する選択肢はとらなかった。下請に委託するよりも自社生産のほうが競争力を高めるうえで有利と判断したからである。この設備投資は、火災保険金と豊富な自己資金とが支えていた[30]。

（二）広幅綿布生産の本格化

二度目の工場火災

中七木綿が広幅木綿生産へと本格的に舵を切るきっかけは、一九二七年に発生した中七木綿第一工場の二度目の火災にあった。原因は従業員の放火であった。このため第一工場は全焼し損害額は九―一〇万円に達した。しかし中七木綿は、この第一工場再建にあたって、火災保険金六万五〇〇〇円を活用し、耐火構造を備えた最新織機を導入することで更なる生産性向上を図った(31)。そのために、豊田式鉄製力織機四四インチ二一六台、同五〇インチ二一六台を新たに設置し、一二〇本細布と三巾天竺生産に乗り出した(32)。つまり中七木綿第一工場は、工場の火災・再建を通じて最新鋭設備を有する広幅綿布工場としての性格を強めていくことになった。

(22) 知多商業會議所編、前掲書、三六頁。
(23) 杉浦幹七氏（一九一八年四月、中七木綿に入社した杉浦甚七氏ご令息）の回想。福島銀治「知多木綿50年の思い出（32）」知多織物工業協同組合『知多織月報』第二二六号、一九七七年二月。
(24) 加藤統一郎氏への聴き取り（二〇〇二年一一月一五日）。
(25) 福島銀治「知多木綿50年の思い出（32）」知多織物工業協同組合『知多織月報』第二二六号、一九七七年二月。
(26) 加藤統一郎氏書簡「中七木綿株式会社の社歴 №1」（二〇〇一年八月二一日）。
(27) 加藤統一郎氏、書簡によるご教示（二〇〇一年八月二一日）。
(28) 加藤統一郎氏、書簡によるご教示（二〇〇一年八月二一日）。
(29) 繊維商工業要鑑編纂部、前掲書、二三頁。
(30) 加藤統一郎氏への聴き取り（二〇〇二年一一月一五日）。加藤氏は、火災によって工場が全焼したために、工場設計を一からやり直せたことも中七木綿の生産性を高めるうえで大きかったと指摘する。当時の織布工場は増設を重ねるケースが多く、工場の設計が悪いケースが多かったからである。
(31) 加藤統一郎氏、書簡によるご教示（二〇〇一年八月二一日）。
(32) 福島銀治「知多木綿50年の思い出（32）」知多織物工業協同組合『知多織月報』第二二六号、一九七七年二月。

昭和恐慌と小幅木綿撤退

一九二九年に始まった昭和恐慌は、国内外市場を問わず綿布市場に深刻な打撃を与えた。まず小幅晒綿布市場については、これに先立つ一九二七年金融恐慌の影響で「晒木綿ハ一月以来賣行悪敷六月頃迄ハ工賃モ六七厘見當ニテ至テ閑散タル商状タリ七月以来ハ内地一般ノ不況ニ伴ヒ一層活気ナク（傍線：筆者）[33]」という状況にあった。この状況は、一九二九年昭和恐慌を迎えて、「晒木綿ハ年（＝一九三〇年：筆者）初以来内地ノ極端ナル不況ニ連レ不絶不出合ヲ繰返シツツ（傍線：筆者）[34]」と報告されているように、悪化の一途をたどった。この苦境に対して知多郡白木綿同業組合は、産地内の小幅木綿生産を調節するという手段を用いた[35]。翌一九三一年には、「晒木綿ハ是又不絶製産過剰ノ為採算点以下多ク拾、拾壱月ハ組合（＝知多郡白木綿同業組合：筆者）決議ニ依ル二割内至三割ノ休台ヲ實行シ（傍線：筆者）[36]」た。この組合決定は、知多産地内の小幅晒木綿の生産量を二〇―三〇％縮小しようとするものであった。この組合決定を受けて中七木綿は、小幅綿布部門の縮小を決断した。同年、中七木綿は第一工場の小幅織機一六〇台を二六五〇円にて早くも売却した[37]。続く一九三二年には、第一工場の小幅織機付属品を約一七二円で売却したうえで、広幅織機（二巾）を七二台増設した[38]。

つまり、中七木綿は知多郡白木綿同業組合の小幅木綿の生産調整（減産決議）を遵守するために、小幅生産設備を売却したのである。この選択は、創業以来続けてきた小幅木綿生産から撤退し、広幅木綿生産へ一本化することを決定づけることになった。この要因は、中七木綿が自社工場生産体制をとっていたため、小幅綿布市場の縮小への対応が難しいという事情にあった。それゆえ中七木綿は、輸出綿布生産へ一本化して広幅綿布設備を拡張することで、規模の経済性を追求する戦略をとったのである。

産地大経営への道

中七木綿は一九三四年、豊田式織機四二インチ四三二台を有する第三工場を建設した。この結果、中七木綿は総織機台数一〇〇〇台を超える日本有数の産地大経営へ成長を遂げた[39]。とはいえ、当時の輸出市場は、決して見通しが明るかったわけではなかった。一九三三年四月、日印貿易摩擦のため綿布輸出が「一頓挫ヲ来シ」て不安定な状況にあったからである。その後も日本政府は、日英会商・日蘭会商で捗々しい成果を得ることができなかった[40]ため、輸出市場の将来は不透明なままであった。さらに原料綿糸価格の上昇が加わって「綿布採算ハ益々悪化」するなど苦境のなかにあった[41]。つまり輸出市場への選択は、中七木綿にとって順調な成長を約束するものではなかった。

それでも表3-9にみられるように、一九三五年以降で綿糸布販売額が四〇〇万円を超えるに至ったのは、政府間の会商が不調であっても綿布が「必需品」であったために、蘭印への輸出が継続できたことにあった[42]。そして、

(33) 中七木綿『昭和貳年度 第九回営業報告書』一九二七年。
(34) 中七木綿『昭和五年度 第拾二回営業報告書』一九三〇年。
(35) 中七木綿『昭和五年度 第拾二回営業報告書』一九三〇年。
(36) 中七木綿『昭和六年度 第拾三回営業報告書』一九三一年。
(37) 中七木綿『昭和六年度 第拾三回営業報告書』一九三一年。
(38) 中七木綿『昭和七年度 第拾四回営業報告書』一九三二年。
(39) 加藤統一郎氏書簡「中七木綿株式会社の社歴 №1」(二〇〇一年八月二一日)。中七木綿『昭和九年度 第拾六回営業報告書』一九三四年。
(40) 中七木綿『昭和九年度 第拾六回営業報告書』一九三四年。
(41) 中七木綿『昭和八年度 第拾五回営業報告書』一九三三年。

表 3-9　中七木綿の収入内訳

年	綿糸布販売	賃織工賃	雑収入	木管売	商品後期繰越	木管繰越代金	有価証券	その他	合計
1923	1,667,895		19,179	4,692	81,179	2,013		3,686	1,778,644
1924	2,632,319		37,683		76,574			8,847	2,755,423
1925	2,918,657		34,728		90,481			12,473	3,056,339
1926	2,183,470		28,822	3,079	101,533	2,947	42,976	15,598	2,378,425
1927	2,331,039		92,608	14,245	128,930	1,871		11,809	2,580,503
1928	2,819,046		26,745	11,279	147,063	3,249		15,752	3,023,134
1929	2,790,348		32,594	17,806	138,808	2,541		11,988	2,994,086
1930	1,791,072		52,273	38,579	69,034	1,713		8,702	1,961,372
1931	1,661,149		42,926	28,038	103,279	3,400		7,211	1,846,001
1932	2,247,989		66,773	3,505	115,086	1,542		8,883	2,443,739
1933	3,055,318		56,781		110,250	1,906		13,904	3,238,158
1934	3,276,051		85,317		111,844	2,599		13,744	3,489,556
1935	4,026,086		75,983	9,573	143,718	3,497		16,464	4,275,322
1936	4,089,970	1,362	106,653	29,107	273,415	4,215		16,761	4,521,483
1937	4,686,025	25,626	119,576	32,928	216,150	4,618		194,142	5,104,338

注）単位は、円。
資料）中七木綿『営業報告書』各年版。

名古屋綿布商の成長が大きな基盤となっていた。とりわけ、服部商店の急成長は、第一次大戦ブーム期以来取引関係を有していた中七木綿の販路確保にとって重要であった。服部商店は一九三〇年代に輸出市場を拡大して、中七木綿をはじめ知多産地の有力機業家を生産委託先として取り込んでいった[43]。この結果、中七木綿は名古屋綿布商人との取引関係を強めていくことで安定した販路を確保して産地大経営への道を歩むことができた。岡田地域の有力機業家は、中七木綿と同様の道筋で成長を遂げ、知多地方は、輸出産地としての性格を強めていくことになったのである。

第三節　大都市綿布商と産地機業家との分業関係 —— 輸出産地化の促進要因

本章の課題は、知多産地において、なぜ輸出産地化が本格化したのか、という疑問を解明することにある。これまでの分析結果をふまえて結論をまとめたい。

まず中七木綿が産地大経営へと成長したプロセスについて述べておきたい。一九三〇年代に中七木綿が広幅綿布生産を選択した要因は、輸出市場が大量生産を見込め、設備拡大による規模の経済を享受しやすかったことにあった。とりわけ中七木綿が、広幅織機導入をいち早く積極的に推し進めて知多産地屈指の規模に成長できたのは、豊富な自己資金が基盤となっていた。

そもそも中七木綿は、知多産地の小幅晒木綿「知多晒」の誕生に貢献し、近世から東京市場へ特権的取引関係を基盤に知多晒を販売する先駆的な産地問屋であった。しかし、合資会社として創業する際には、産地問屋としての活動よりも、生産部門を重視する方針をとった。それだけでなく、知多産地のなかでもいち早く広幅織機を導入し輸出向け生産の先駆けとなった。

二度の火災とそれにともなう新織機導入で設備拡張を続けた中七木綿は、一九二〇年代では国内向け綿布と輸出向け綿布双方の生産に軸足を置いていた。その中七木綿が輸出向け綿布生産に一本化する契機は、昭和恐慌が国内

(42) 中七木綿『昭和九年度　第拾六回営業報告書』一九三四年。
(43) 服部商店は、昭和五年の昭和恐慌期であっても知多産地機業家から綿布を大量に集荷していた（興和紡績株式会社・興和株式会社編、前掲書、九七—一一六頁）。

市場への小幅綿布の販売不振をもたらしたことにあった。

輸出市場への一本化は一九三〇年代前半では捗々しい成果につながらなかったが、一九三〇年代中盤以降、販売額を大幅に伸ばしていき、中七木綿は産地大経営へと成長することになった。

中七木綿の経営戦略の特徴は、期間を通じて自社生産体制を重視し続けたことにあった。それは、最新設備を積極的に大量導入することで、高品質で低コスト生産を目指していたからである。この経営戦略は中七木綿の競争力を高める主要な原動力となった。このように高い生産力を有する中七木綿は、広幅綿布を大量に集荷しようとした名古屋集散地問屋（服部商店など）にとっても最適の生産委託先であった。中七木綿は、名古屋集散地問屋の主要生産委託先となることで、安定した大口販路を確保し成長につなげていった。

最後に中七木綿の検討を通じて、知多綿業が輸出産地へと本格化していった要因をまとめたい。知多産地は、研究史が指摘するように、①輸出向け綿布生産が戦間期を通じて知多産地に広がっていたこと、②その主力製品綿布が大量生産に適した白生地綿布にあったことは間違いない。ただし広幅綿布生産は知多産地全域で本格化したのではなかった。本章で指摘したように、広幅綿布生産が進んだ地域は、主として岡田地域をはじめとする知多半島西側であった。加えて産地問屋は、輸出市場拡大に直面したものの、〈小幅綿布生産を選択する産地問屋〉・〈広幅綿布生産を選択する産地問屋〉・〈広幅綿布と小幅綿布の双方の生産を選択する産地問屋〉というように、それぞれ独自の経営戦略を採った。

このうち岡田地域は、輸出向け綿布生産への傾斜が顕著にみられた地域であった。この背景には、服部商店をはじめとする名古屋集散地問屋の影響が大きい。第一次大戦ブーム期の輸出市場拡大という市場インパクトは、大量の綿布需要の拡大をもたらした。このインパクトは、名古屋集散地問屋を介して知多産地に押し寄せた。力織機化が進んだ知多産地は、名古屋集散地問屋の生産委託先となることで、その需要に応えた。特に名古屋に比較的近接し、力織機の導入が早かった岡田地域は、広幅綿布の主力生産部門を担ううえで大きな役割を果たした。なかでも中七木綿は、最新織機を大量に備えて産地屈指の生産能力を有していたから、服部商店の主力生産委託先として大いに貢献した。名古屋服部商店は、輸出市場拡大の波に乗ってその取引量を急速に増大させていった。そのため、知多産地の広幅綿布生産は、その大量発注に応えるために自家工場設備の拡大がいっそう必要とされた。つまり、中七木綿・安藤梅吉など全国屈指の産地大経営は、名古屋綿布商と産地機業家との密接な分業関係を基盤にして生まれていったのである。

第Ⅱ部

工業化の波及と下請制の展開

——問屋・工場・労働者——

◉——第Ⅱ部は、地域工業化を支えた下請制展開の要因と論理を、その主役となった産地問屋・賃織工場・労働者を対象として解明していく。第四章では、問屋は、「なぜ賃織工場を下請制のもとで編成したのか」、そして「下請制をどのように機能させていたのか」に注目する。第五章は、「賃織工場（下請工場）が、問屋に対してどのような条件交渉を行い、企業経営に寄与させていったのか」を明らかにする。第六章は、「工業化を支える賃金労働者が、産地に生み出されていたのか」を焦点とした い。産地問屋が地域工業化のなかで中小工場を生産組織に組み込むことで、社会的分業関係はどのように形成されていったのか。「産地問屋—賃織工場—労働者」の関係を実証的に分析していく。

第四章

問屋制から下請制へ
——分散型生産組織のメリット——

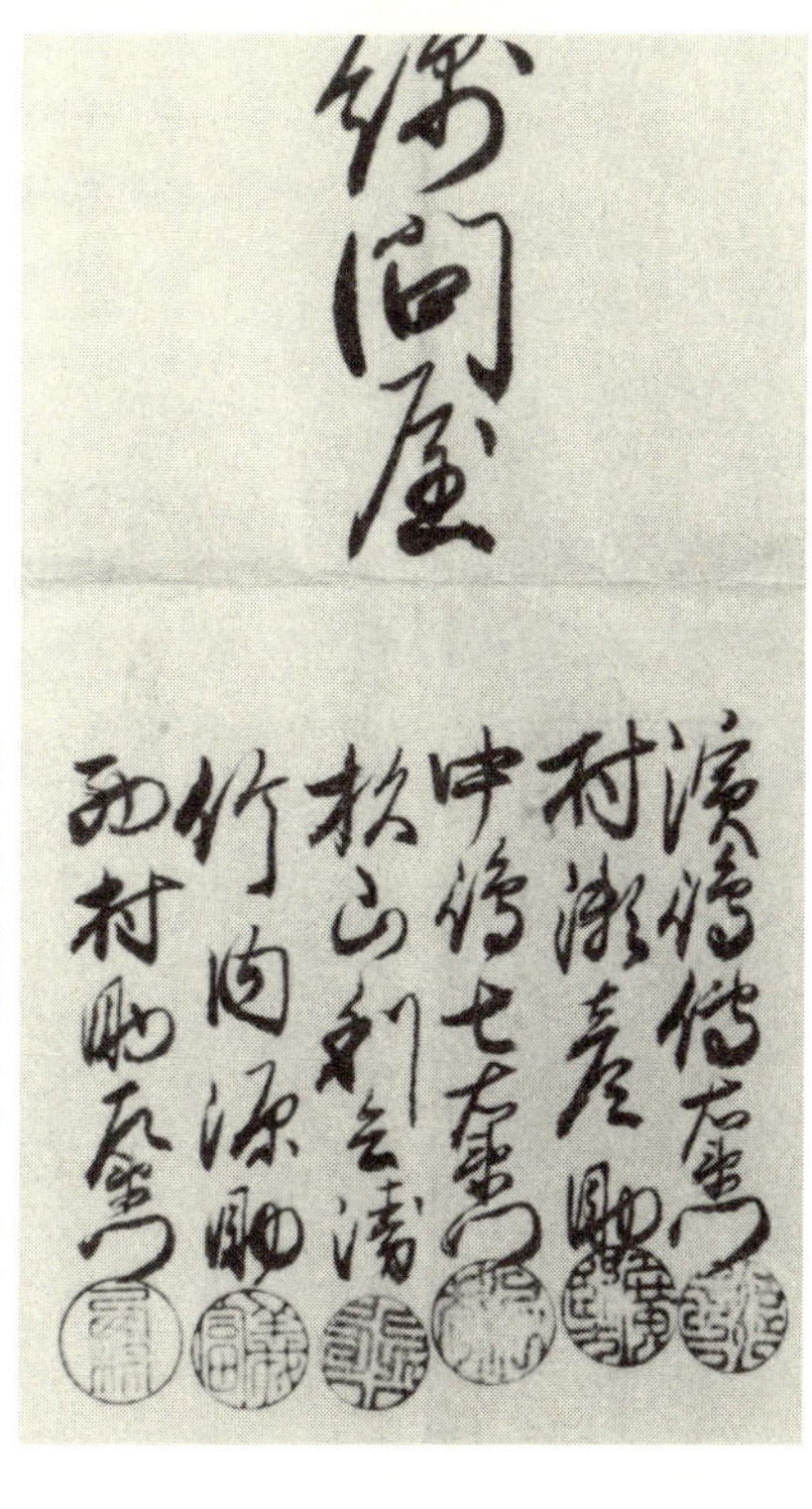

知多地域で先駆的に活動した産地問屋たち。

◉——本章では、地域に普及した生産組織が「問屋制」から「下請制」へと姿を変えていったプロセスとその要因を解明する。かつて地域発展の基軸となった問屋制家内工業は、力織機工場が設立されることで、完全に姿を失ったわけではなかった。むしろ、問屋制の分散型生産組織の機能は生かされ、力織機工場を取り込んだ下請制へと引き継がれたのである。本章は、その下請制が産地問屋に選択された要因とその維持・展開を可能にしたメカニズムを実証していく。

本章の課題は、戦間期における知多綿織物業の展開を、産地問屋が編成した生産組織の変化――つまり問屋制から下請制への変化――に着目して検討することにある。

明治期以降、新しく登場し比較的大規模であった近代産業部門が発展を遂げた一方で、多くが近世に端を発する在来産業は、独自の成長を遂げてきた。なかでも、産地綿織物業は代表的な在来産業部門にあたる[1]。本章で対象とする戦間期に至っても、産地綿織物業は、浮沈をともないながらもその独自の競争力を見出し急速に発展していった[2]。

産地綿織物業が展開するうえでは、産地問屋が賃機農家を組織する問屋制の役割が大きかった。それは、従来のように問屋制をマニュファクチュアの前段階としてとらえるのではなく、問屋制には利点があり、むしろ積極的に選択されたとするものであった。その利点とは、問屋制を製品の外注として位置づけ、多品種生産を実現するうえで有効な経営戦略であるというものであった[3]。事実、松方デフレ期に問屋制は本格的な普及をみせていた。

しかし、日露戦争後の産地綿織物業においては、力織機化を果たした工場がその比率を高め、問屋制に変化がもたらされることになった。斎藤修によれば、産地綿織物業の力織機化は、不況期であった一九一〇年前後と一九二〇年代に活発に進んだという。不況期には製品綿布価格が下落し、労賃などコスト圧力が増大した。そうした事態に対して生産性向上を意図して、機業家が力織機化を推し進めたからであった[4]。

（1） 中村隆英『明治大正期の経済』東京大学出版会、一九八五年。
（2） 阿部武司『日本における産地綿織物業の展開』東京大学出版会、一九八九年。
（3） 斎藤修・谷本雅之「在来産業の再編成」梅村又次・山本有造編『日本経済史3　開港と維新』岩波書店、一九八九年。
（4） 斎藤修「在来織物業における工場制工業化の諸要因――戦前期日本の経験」『社会経済史学』第四九巻第六号、一九八四年。

産地に力織機化が進むもう一つの要因は、問屋制のデメリットにあった。ポラード（S. Pollard）は、問屋制で生産を行う場合には、賃織側による原料着服、品質統一の困難、納品の遅れなどがデメリットであると指摘した。このため問屋制による生産から、自営工場による生産へとシフトしたという[5]。

戦前日本における問屋制についても、斎藤修・阿部武司によって同様の立場から指摘がなされている[6]。日露戦後の泉南地方の事例によれば、工賃引上げ要求や原料着服など「機場（はたば）の我儘」が横行して、問屋はそうした事態への対応策として、賃織との取引から離れ、自らの工場を設立したという。それが産地の力織機化を促したとしている。

確かに、産地綿織物業に力織機化を推し進めた主体として、比較的資力をもつ産地問屋が存在することは事実である。しかし、力織機化が、「もう一つの道」を通じて産地に展開していたことにも注目しなければならない。それは、農村から輩出される新規の力織機工場である。この主体は、産地内で比較的資力のある農家や資産家、あるいは賃機農家が想定される。つまり、こうした層から輩出した多数の力織機工場が、産地内の中小規模工場として無視できないウェイトを占めていたと考えられるのである。このような新たに創業した力織機工場は、規模が比較的小さく、旧来の取引関係をもたないことから、産地問屋あるいは集散地問屋の下請織布工場として操業することが想定される。この事態を問屋サイドからみれば、問屋は、農家賃織を組織する問屋制家内工業から、賃織工場を組織する下請制へと移行することになるであろう。

（5） シドニー・ポラード、山下幸夫・桂芳男・水原正亨訳『現代企業管理の起源――イギリスにおける産業革命の研究』千倉書房、一九八二年。D・S・ランデス、石坂昭雄・冨岡庄一訳『西ヨーロッパ工業史――産業革命とその後　一七五〇―一九六八』第一巻、みすず書房、一九八〇年。

（6） 斎藤修・阿部武司「賃機から力織機工場へ」南亮進・清川雪彦編『日本の工業化と技術発展』東洋経済新報社、一九八七年。同様の論点から分析したものとして、籠谷直人「西三河地方における木綿賃織経営の一事例」『岡崎市史研究』第一三号、一九九一年。

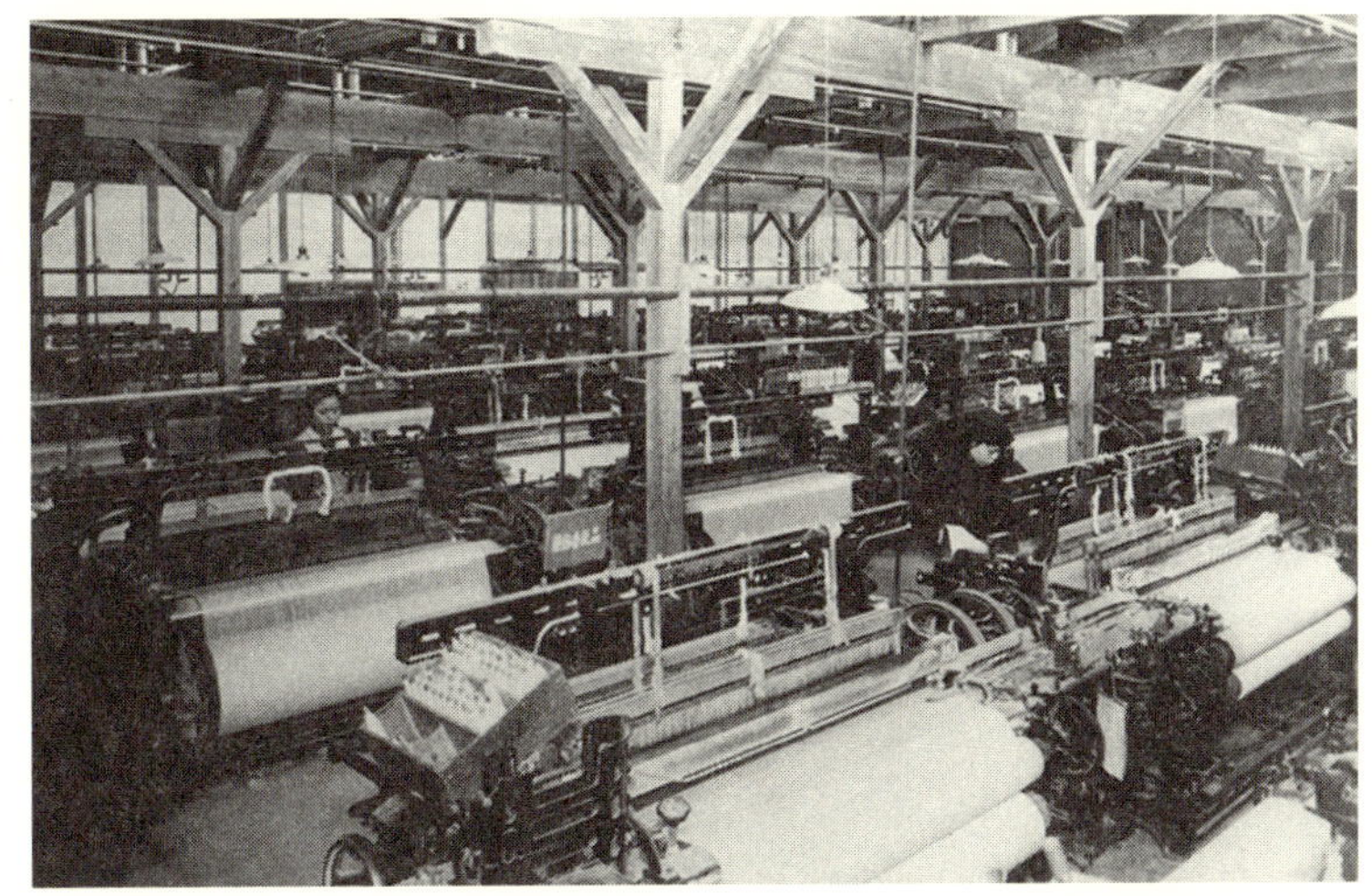

写真 4-1▲

▼写真 4-2

織布工場内部の様子

写真 4-1 は、瀧田自営工場内部の写真で 1944 年ごろの様子とみられる。当時は瀧田繊維工業株式会社と名を変えて軍需関係の繊維製品（軍隊用の寝間着や下帯など）を生産していた。写真 4-2 は、戦前期の中七木綿第一工場の機織場。大量の力織機が導入された機械制大工場の様子が見て取れる。

戦間期の綿織物産地に下請制が普及した点は、田杉競や小宮山琢二らが新問屋制という用語をあてて指摘している。ただしそれは、従来の問屋制に比べて新問屋制（本章でいう下請制）では、織元と賃織間の支配―従属関係が希薄化する点を指摘するにとどまっている[7]。

しかし、ここで問題としなければならないことは、なぜ問屋が下請制を生産組織として選択したかである。具体的にいえば、問屋は下請制に移行したことで、先に述べた問屋制のデメリットをどのようにして解決し、メリットをどのように享受したのかを明らかにすることが必要とされるのである。

下請制が選択された要因として、多品種生産というメリットが存在していた事実を、第一次大戦ブーム期の播州地方を事例に佐々木淳が指摘している。あわせて、産地問屋の自営工場設立についても、下請制にとって対極に位置するものではなく、むしろ賃織工場に自営工場を加えた分業生産体制を再組織したとも指摘している[8]。ただし、下請制を経営戦略として選択するうえで主要な問題となるのは、阿部武司が指摘したように、①工賃の高騰と、②製品の品質管理という問屋制のもつデメリットをどう解決するかであった。したがって、産地問屋が、①と②に集約されたデメリットを解決し、メリットを見込んで下請制を選択したのかについての検討は未だ不十分といえる[9]。

以上の問題関心をふまえ、一九二〇年代初頭に力織機化した工場を産地問屋がどのように組織していったのかを検討して、知多産地の展開を論じることとしたい。

知多綿織物業の発展過程を論じた研究としては、山崎広明の論考がある[10]。しかしそれは、本章で課題とする下請制の役割に着目するものではない。藤田敬三は、下請制の展開を指摘しているが、これは賃織工場に対する問屋の支配という側面を強調するものであった[11]。確かに、下請制の展開に、問屋が主導的役割を果たしたことは首肯できる点である。しかし、産地で広範囲に下請制が展開した事実を考えれば、下請制を選択する問屋側のメリットが存在した点に加えて、問屋と賃織工場双方に、下請制を有効に機能させる要素があったことを明らかにせねばならない。

したがって、問屋の下請制選択の要因を解明するにあたり、問屋側の利害の分析に加え、賃織工場側の利害の側面にも焦点をあてて分析したい。この際、小幅木綿をめぐる取引に主な焦点をあてる。小幅木綿取引は、第一次大戦前より、産地問屋による問屋制のもとで生産がなされており、戦間期における下請制の展開を検討するうえで最適の事例といえることと、品種の多い小幅木綿が下請制に適合的であると考えられるからである。

---

(7) 田杉競『下請制工業論――経済発展過程における中小企業』有斐閣、一九四一年。小宮山琢二『日本中小工業研究』中央公論社、一九四一年。また、泉南地方を取り上げた前川恭一は、「親機制度」と名づけている。これも、主に織元の出自や性格の変遷に着目した研究である（前川恭一「下請制度の歴史的考察――泉南機業における問屋制から下請制への展開過程」竹林庄太郎編『中小企業の研究』ミネルヴァ書房、一九六八年）。本章では、織元と賃織工場のそれぞれの利害意識を組み込み検討する。

(8) 佐々木淳「日本の工業化と産地綿織物業における力織機導入後の前貸し問屋制」『社会経済史学』第六四巻第六号、一九九九年。

(9) 問屋制のもとでも、デメリットの解決がいかに行われたかという論点を検討したものとして、谷本雅之の研究がある。第一次大戦前の入間地方における織物業を検討した谷本雅之は、問屋制のメリットとして生産量調整などを指摘したことに加えて、デメリット解決の問題も取り上げた。これによれば、品質管理問題は、問屋側が原料と製品との重量管理を行うことと、賃織を地理的に近接した地域に置くことで一応の解決をみたとされる。さらに問屋との継続的取引を行ううえで、賃織は信用を損なう可能性のある原料着服は避ける傾向にあったことも指摘されている。しかし、織賃高騰問題については、武蔵織物同業組合による協定工賃の役割を指摘するものの、その効果は不況期にその効果が限られ、好況期に織賃の高まりを抑えられないなど、十分な効力をもったものとして評価していない（谷本雅之『日本における在来的経済発展と織物業――市場形成と家族経済』名古屋大学出版会、一九九八年、三九七―三九八頁）。一九二〇年代の同業組合協定工賃について見附産地を事例に検討したものとして、大島栄子「在来産業の近代化――地域における力織機化の過程」（中村政則編『日本の近代と資本主義――国際化と地域』東京大学出版会、一九九二年）がある。

(10) 山崎広明「知多綿織物業の発展構造――両大戦間期を中心として」『経営志林』第七巻二号、一九七〇年。

(11) 藤田敬三『日本産業構造と中小企業――下請制工業を中心にして』岩波書店、一九六五年。

第一節　知多産地の力織機化

(一) 力織機化の地域性

先に述べたように、一九二〇年代初頭は、知多産地で力織機化の進んだ時期であった。その力織機化は、広幅木綿に加えて小幅木綿の分野でとりわけ進んだ。本節では、一九二〇年代の力織機化の内実と、力織機工場への産地問屋による組織化とを検討することにしたい。

表4-1は、知多における地区別織機台数を示している。知多郡白木綿同業組合が行った区分けに基づいて、七区間に分割している。図4-1には知多半島における七区間の大体の位置を示した。概ね、第一区、第二区、第三区は知多半島の西側に位置し、第四区、第五区、第六区、第七区は知多半島の東側に位置していることが確認できる。これを用いて、知多産地における工場分布の特徴を明らかにしたい。

まず、全体的に織機台数は順調な増加傾向にあることが確認できる。さらに、小幅木綿および広幅木綿別に検討を加えると、広幅織機合計数の推移をみれば、第一次大戦ブーム期の一九一六年より一九二〇年の間、そして第一次大戦恐慌を経た一九二四年以降広幅織機が増大していることが看取できる。特に、知多半島西側の第一区では広幅織機台数の増加が著しい。この第一区は、産地大経営といわれた中七木綿や安藤梅吉がその経営基盤を築いた地域であった[12]。続いて小幅織機合計台数の動向を確認すると、その数が拡大するのは、第一次大戦後恐慌期にあたる一九二〇年から一九二四年の間である。一九三〇年以降は、横ばいあるいは微減という推移を示している。このなかで、第三区こそ知多半島西側に位置するものの、第四区、第五区、第六区という知多半島東側地域の増大が顕著

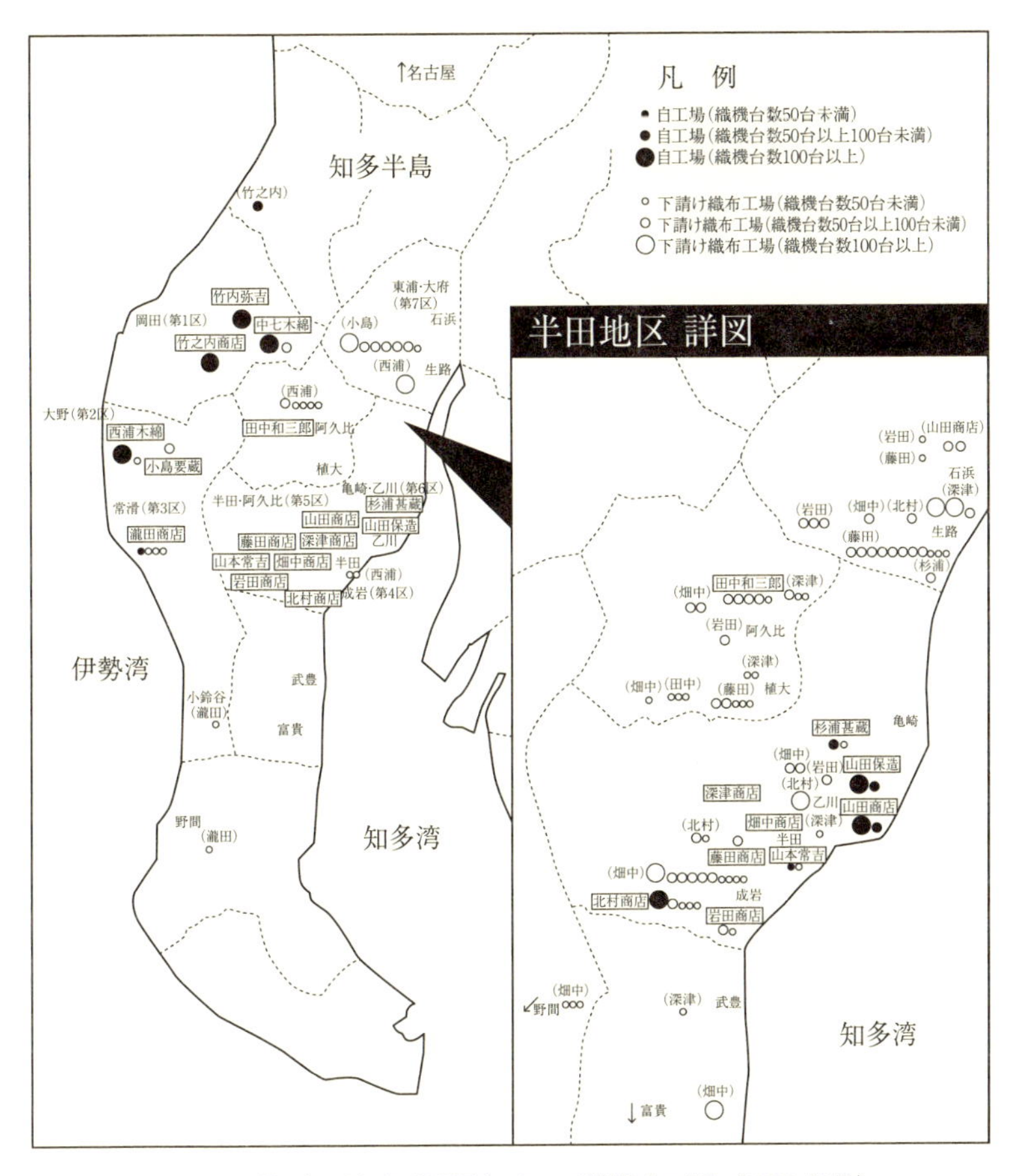

図 4-1　「知多晒」産地問屋とその下請織布工場（1930 年代）

注1）産地問屋および下請織布工場の分布、織機台数は、畑中商店『知多綿業大観』、本銘知多晒統制會『會員所属織機臺数簿』（瀧田商店資料）を参照。

注2）区分けは、知多郡白木綿同業組合によるもの。

注3）産地問屋名を□で囲んだ箇所は、産地問屋の本店所在地を示す。産地問屋名を（　）で囲んだ箇所は、その産地問屋の下請織布工場所在地を示す。

表 4-1　知多郡地区別織機台数の推移

	第1区				第2区				第3区				第4区				第5区				第6区				第7区				合計			
	小幅	広幅	計	件数	小幅	広幅	計	件数	小幅	広幅	計	件数	小幅	広幅	計	件数	小幅	広幅	計	件数	小幅	広幅	計	件数	小幅	広幅	計	件数	小幅	広幅	計	件数
1912年	…	…	1,737	22	…	…	442	8	…	…	1,179	30	…	…	982	21	…	…	795	18	…	…	779	17	…	…	194	5	…	…	4,371	121
1914年	…	…	1,737	22	…	…	444	8	…	…	1,195	30	…	…	982	21	…	…	831	19	…	…	778	17	…	…	194	5	…	…	6,161	122
1916年	1,669	368	2,037	27	602	101	703	14	1,069	238	1,307	34	991	140	1,131	25	716	20	858	15	704	78	782	18	306	0	306	6	6,021	945	7,124	139
1918年	1,831	567	2,398	29	489	163	652	16	1,288	366	1,654	44	983	272	1,255	25	1,017	22	1,039	19	860	198	1,058	20	418	0	418	5	6,886	1,588	8,474	158
1920年	1,144	978	2,274	33	716	392	1,108	22	1,201	1,158	2,359	75	1,045	396	1,441	38	1,285	331	1,616	31	1,623	256	1,871	63	121	0	121	6	7,135	3,511	10,790	268
1922年	1,601	1,026	2,779	43	836	407	1,243	27	1,832	970	2,802	80	1,618	233	1,851	34	1,733	180	1,913	48	2,154	412	2,562	69	174	0	174	8	9,318	3,228	13,324	309
1924年	1,371	1,372	2,743	49	741	492	1,233	30	1,579	1,090	2,669	78	1,650	119	1,769	36	1,684	200	1,884	49	2,795	373	3,168	79	344	50	394	25	10,164	3,696	13,860	346
1926年	1,104	2,333	3,619	54	600	872	1,472	34	1,196	1,427	2,623	74	1,556	185	1,741	32	1,661	376	2,037	50	3,507	742	4,249	88	329	88	417	23	9,953	6,023	16,158	355
1928年	948	3,023	4,071	59	517	900	1,417	29	965	1,446	2,411	69	1,182	162	1,344	36	1,653	390	2,043	46	3,884	953	4,837	85	340	8	348	18	9,489	6,882	16,471	342
1930年	884	3,454	4,238	52	435	820	1,255	24	1,051	1,235	2,286	64	1,971	193	2,164	38	1,726	488	2,214	56	5,137	744	5,881	86	317	22	339	14	11,521	6,956	18,377	334
1932年	712	4,136	4,848	52	498	890	1,388	21	829	777	1,606	50	1,457	364	1,821	34	1,684	698	2,382	45	5,549	1,325	6,874	82	224	179	403	13	10,953	8,369	19,322	297
1934年	447	5,145	5,592	47	388	1,419	1,807	24	602	1,087	1,689	50	893	1,481	2,374	44	1,587	978	2,565	48	6,737	2,168	8,905	94	154	827	891	19	10,808	13,105	23,823	326
1936年	…	…	5,808	48	…	…	1,807	24	…	…	1,787	50	…	…	2,372	44	…	…	2,639	48	…	…	9,219	95	…	…	644	18	…	…	24,276	327

注1）区分けは、知多郡白木綿同業組合によってなされた地区分けに基づく。

　　1区（岡田・横須賀）、2区（大野）、3区（常滑以南）、4区（成岩以南）、5区（半田・阿久比）、6区（乙川・亀崎）、7区（東浦・大府）。

注2）件数は、機業者の数、複数の工場をもつ工場は、1件として第一工場の所在地に集計した。

注3）「…」は不明。

注4）単位は、台。

資料）紡織雑誌社『紡織要覧』各年度版。

表 4-2　知多郡における規模別企業数の推移

		1912年	1914年	1916年	1918年	1920年	1922年	1924年	1926年	1928年	1930年	1932年	1934年	1936年
10台未満	小幅					1		10	10	7	4	4	1	
	広幅			1			1	6	7	7	11	4	3	
	小・広									0		0	0	
	合計			1		1	1	16	17	14	15	8	4	6
10台以上 50台未満	小幅			72	66	135	183	188	159	136	118	84	62	
	広幅			13	24	63	46	65	82	84	81	76	117	
	小・広			1	1	5	3	2	9	9	3	4	3	
	合計	79	80	86	91	203	232	255	250	229	202	164	182	178
50台以上 100台未満	小幅			23	36	26	31	29	36	44	57	60	44	
	広幅			2	3	9	9	8	18	16	16	21	26	
	小・広			11	7	7	12	13	10	9	6	10	9	
	合計	31	30	36	46	42	52	50	64	69	79	91	79	82
100台以上 200台未満	小幅			11	11	5	7	7	4	4	4	14	23	
	広幅			1	3	5	3	3	5	6	6	6	13	
	小・広			1	2	3	1	1	2	5	8	2	6	
	合計	8	9	13	16	13	11	11	11	15	18	22	42	44
200台以上	小幅			1	2		1	2	2	1	4	0	0	
	広幅								2	3	1	3	8	
	小・広			2	1	3	5	3	5	5	5	9	9	
	合計	3	3	3	3	3	6	5	9	9	10	12	17	17
不明					2	6	7	9	4	5				

注1）小幅は、小幅木綿のみの機業者数。

注2）広幅は、広幅木綿のみの機業者数。

注3）小・広は、小幅と広幅両方を生産する機業者数。

注4）単位は、件。

資料）紡織雑誌社『紡織要覧』各年度版。

であることがわかる。

次に、知多産地において力織機化を推し進めた機業家は、どのような規模であったのか。表4-2で検討しよう。表4-2では、知多における機業家を織機台数別に区分けして、年次ごとの変遷を追っている。小幅木綿を生産する機業家の推移をみると、一九二〇年代前半に一〇台から五〇台未満の工場の増大が目立つ。一九一八年に六六件だったのが、一九二〇年では一三五件、一九二二年では一八三件と急増をみせた。つまり、織機台数一〇台から五〇台規模の工場の設立が目立っていたといえる。さらに、「本晒地（＝小幅晒木綿：筆者）相場は幾分糸價に伴はざる形勢を示し多少前途の成行を杞憂せしも原料糸價は全月を通し硬勢の一方なりしと取引亦季節的實需の増發と共に漸次旺盛に向ひ殊に現品は絶へず拂底勝なりしかば最近工場の新増設に着手するもの續出し……（傍線：筆者）[13]」という記述から、一九二〇年代初頭に小幅木綿工場設立ブームが存在していたことが確認できる。一九二〇年初頭から一九二〇年代中ごろまでの知多産地の力織機化は、一〇台から五〇台規模の小幅織布工場の活発な設立が中心であった。以後、一九二〇年代後半以降、一〇台以上五〇台未満の工場が減少に転じ、五〇台を超える工場が増大する。これは五〇台未満の工場の大規模化あるいは五〇台以上の工場の参入がみられたからであろう。

さらに広幅木綿生産者については、やはり一九二〇年代においては織機台数一〇台以上五〇台未満の工場の増大が中心であり、一九三〇年代以降、一〇〇台を超える工場が増大していくことになる。

総じていえば、一九二〇年代は織機台数一〇台から五〇台未満の中小規模工場の増大が中心であった。そして一九三〇年代に至り、織機台数一〇〇台を超える比較的大規模な工場が登場することになる。特に、一九二〇年代初

(12) 本書第三章を参照。
(13) 知多商業會議所『知多商工月報』一九二一年九月。

表4-3　知多郡綿織物業者内訳

年	総数	製造業	問屋仲買業	製造受負	紹介業	
1915年	177	–	–	–	–	
1916年	167	–	–	–	–	
1917年	211	–	–	–	–	
1918年	207	42	17	148	–	
1919年	278	42	18	218	59	1920年3月末日現在
1920年	324	42	20	262	59	1920年12月末日現在
1921年	350	46	20	284	59	1921年12月末日現在
1922年	370	46	20	304	58	1922年12月末日現在
1923年	397	48	20	329	59	1923年12月末日現在
1924年	–	–	–	–	–	
1925年	394	45	20	329	37	1925年12月末日現在
1926年	–	–	–	–	–	
1927年	392	39	34	319	26	1927年12月末日現在
1928年	383	34	37	312	14	1928年12月末日現在
1929年	385	33	44	308	14	1929年12月末日現在
1930年	371	33	46	292	–	1930年12月末日現在
1931年	341	33	46	262	1	1931年12月末日現在
1932年	370	34	50	286	–	1932年12月末日現在
1933年	368	34	28	306	20	1933年12月末日現在

注1）1915年から1918年までは、『愛知県統計書』各年版のデータ。

1919年から1932年までのデータは、『愛知県織物同業組合聯合會案内』各年版。

1932年および1933年のデータは、『愛知県織物要覧』。

注2）「－」は記載がなかったため不明。

注3）「総数」には、「紹介業」は含んでいない。


頭に、中小規模の小幅工場の増大が顕著であったことをここで確認しておきたい。

(二) 機業家の類型

それでは、一九二〇年代において存続あるいは新規参入した機業家はいかなる類型に属するのかについて検討したい。表4-3では、知多機業家の数を、製造業、問屋仲買業、製造請負に分け、その変遷を追っている。問屋仲買業は知多産地問屋であり、製造請負は知多産地問屋あるいは名古屋織物商の賃織工場となる。

総数は、一九一五年から一九二三年まで増大し、一九二五年および一九二七年に下落する。続いて、さらに一九三〇年代初頭に下落を経験して、一九三二年に増大するという推移であった。このなかで、総数の増減に製造請負の増加がほぼ連動していることが注目に値する。つまり、賃織工場の増大が、知多産地機業家の増大の主因となっていたのである。

当時を報告した『知多新聞』の記述によれば、「……知多の白木綿の機屋は二百余あれどその多くは問屋側の仕事をやつて居る（傍線：筆者）」[14]とされている。さらに『日本金融史資料』をみれば、「機業組織カ群小機業家ノ集団ニシテ有力ナル機業家極メテ尠ナク従ツテ機業家総数三三〇名中独立機業家ハ四六名ノ少数ナルニ賃織機業家ハ二八四名ノ多数ヲ算シ（傍線：筆者）」[15]とあるように、知多産地に問屋制下の賃織工場が多数存在したことを示している。さらに表4-3によれば、一九二〇年代初頭に賃織工場の増加がみられるが、この点について『日本金融史資料』は、「……五十台（＝織機台数：筆者）以下ノモノハ実ニ二五四ノ多数ヲ占ム、此等小機業家ハ多ク農家ヨリ転シタルモノニテ薄資者ナレハ自己ノ計算ニテ製織ヲナスコト能ワス主トシテ名古屋及当地方問屋ト原糸ノ供給及製品ノ納入ヲ特約シ工賃ヲ取得スルニ過キサル（傍線：筆者）」[16]と報告している。つまり、一九二〇年代初頭の力織機化は、農家による小幅木綿新規参入が主たる要因となっていた。ただ新規参入者の資金が少ないために、下請制下に入るという選択をとったのである。[17]

---

(14) 『知多新聞』一九二三年八月一八日。
(15) 「三、知多織物業と其近況」「管内主要機業地の現況（其一）」日本銀行名古屋支店、一九二二年五月一三日（日本銀行金融研究所編『日本金融史資料　昭和続編　付録　第二巻　地方金融史資料（二）』六七八―六八一頁）。
(16) 「三、知多織物業と其近況」「管内主要機業地の現況（其一）」日本銀行名古屋支店、一九二二年五月一三日（日本銀行金融研究所編『日本金融史資料　昭和続編　付録　第二巻　地方金融史資料（二）』六七八―六八一頁）。
(17) 農家は自分の田畑を売却し、織物工場を創業したとされている（東浦町誌編纂委員会編『東浦町誌』一九六八年、二六八頁）。

以上のように、問屋は新規開業した小幅織布工場を、下請工場として組織した。そのなかで知多産地問屋については、「当地方ニ於ケル問屋二十余名（内二、三名ハ機屋ヲ兼営ス）中相当ノ資力アル者ハ十余名ヲ数ヘ各々多数小機業家ヲ専属工場トナシ多量ノ商品ヲ取扱フモ殆ト当地方ノ特産タル晒木綿ニ限ラレ……（傍線：筆者）[18]」とあるように、知多産地問屋は、小幅晒木綿を主力製品とし[19]、中小機業家[20]を下請工場として組織していた[21]。

以上の検討をまとめてみよう。一九二〇年代初頭の知多の力織機化は、農家による小幅工場の創業がその主要な要因であった。そしてその規模は、織機台数一〇台から五〇台規模の中小規模の工場であり、創業と同時に賃織工場として産地問屋に組織されたのである。

したがって、戦間期の知多産地綿織物業の発展を論じるうえで、賃織を組織する下請制は重要な役割を果たしていたといえる。それでは、第一次大戦恐慌後に創業し成長した小幅織布工場を、知多産地問屋はどのように組織し、維持していったのか。次節で検討する。

第二節　産地問屋の地理的分布と下請制の展開

(一) 知多産地問屋の地理的分布

知多産地問屋と下請織布工場間の分析に入る前に、知多産地問屋の生産組織およびその分布を確認しておこう。上述したように、本章で取り上げる知多産地問屋は、主に小幅晒木綿「知多晒」を東京織物商に販売していた。その知多産地問屋の「知多晒」出荷額を数量順に整理し、生産組織を記したものが表4-4である。

表4-4から、全体として知多産地問屋は、織機台数にして七五・七％を下請織布工場に生産依託していたことがわかる。つまり、知多産地の小幅木綿生産は下請工場による生産が主力であったことになる。ただし、生産組織の方法には違いがみられ、それは三つの類型に整理できる。①自営工場でのみ綿布生産を行う産地問屋、②自営工場で綿布生産を行い、かつ下請織布工場に綿布生産を委託する産地問屋、③下請織布工場に生産をすべて委託する産地問屋、である。この表から、以上三タイプの産地問屋のうち「知多晒」出荷額上位である藤田商店、岩田商店をはじめとする上位の産地問屋は、下請織布工場に生産を依託する③のタイプが多いことが確認できる。

次に、知多産地問屋の地理的分布を図4-1から検討する。出荷額上位の産地問屋は、第四区、第五区、第六区という知多半島東側の半田近辺を中心に分布している。下請織布工場についても、織機台数一〇〇台未満の工場が多い。つまり、「知多晒」取扱いが主力の知多産地問屋は、知多半島東側に分布しており、下請織布工場を主軸に据えて綿布生産を行う、②③タイプの体制をとるものが多かったといえる。先の検討から、知多半島東側に小幅木綿を生産する機業家の増加が著しいことを合わせて考えると、知多産地問屋が知多半島東側に分布していたことが

---

(18)「三、知多織物業と其近況」「管内主要機業地の現況（其一）」日本銀行名古屋支店、一九二二年五月一三日（日本銀行金融研究所編『日本金融史資料　昭和続編　付録　第二巻　地方金融史資料（二）』六七八―六八一頁）。

(19)知多郡白木綿同業組合と東京織物同業組合との間で、「知多晒」とよばれる小幅晒木綿の取扱いにアウトサイダーを参入させないという取決めを行っていた。このため、同業組合に所属する知多産地問屋は、「知多晒」を独占的に取扱うことができた。この点については、本書第一章参照。

(20)本章でいう「中小規模工場」という規定は、織機台数一〇台から一〇〇台規模の工場を便宜的に指すこととする。「大規模工場」についても同様に、織機台数一〇〇台を超える工場をここでは指すこととする。

(21)『日本金融史資料』を用いた知多機業者内訳の分析は、『半田市誌』にその記述があるが、統計資料を駆使した分析はされていなかったため、本章で取り上げ、分析を深めている。

表 4-4　知多産地問屋の生産組織

順位	名前	出荷数（梱）	自営工場			下請工場			合計
			工場数	織機台数（A）	A/C（%）	工場数	織機台数（B）	B/C（%）	織機台数（C）
1	藤田商店	22,234			0.0	18	914	100.0	914
2	北村木綿	17,506	1	140	24.2	8	438	75.8	578
3	岩田商店	13,172			0.0	9	486	100.0	486
4	田中和三郎	12,056			0.0	8	410	100.0	410
5	小島要蔵	11,310			0.0	8	634	100.0	634
6	山田保造	10,490	2	418	100.0			0.0	418
7	畑中商店	8,427			0.0	20	1216	100.0	1216
8	瀧田貞一	6,341	1	46	20.1	5	183	79.9	229
9	深津商店	6,240			0.0	11	552	100.0	552
10	中七木綿	4,511	1	108	54.8	1	89	45.2	197
11	山田商店	4,160	2	526	81.4	2	120	18.6	646
12	杉浦甚蔵	4,050	1	80	40.8	2	116	59.2	196
13	竹之内商店	2,498	2	172	100.0			0.0	172
14	西浦木綿	2,260	1	152	27.9	9	392	72.1	544
15	竹内弥吉	1,950	1	118	100.0			0.0	118
16	山本常吉	570	1	34	58.6	1	24	41.4	58
合計		127,775	13	1,794	24.3	102	5,574	75.7	7,368

注）織機台数は、小幅力織機の台数で、おそらく 1930 年代のもの。単位は、台。
資料）畑中商店『知多綿業大勢観』（半田市立図書館蔵）。年代はおそらく 1932 年。
本銘知多晒統制會『會員所属織機臺数簿』（瀧田商店資料）。年代はおそらく 1930 年代。

その要因となっていたのであろう。

一方、知多半島西側に所在する産地問屋の動向を確認すると、岡田を中心とする第一区の産地問屋、竹之内商店、中七木綿、竹内弥吉はほぼ自営工場での生産を志向していた点が特徴である。しかし、大野（第二区）、常滑（第三区）をみると、下請織布工場に生産を依託する傾向が強かった。西浦木綿や瀧田商店（瀧田貞一）は②のタイプで、自営工場で生産するほか下請織布工場に生産を委託していた。小島商店（小島要蔵）の場合は、③のタイプで下請織布工場にのみ生産を委託していた。下請工場の分布は、半田、阿久比、生路、南には小鈴谷、野間など比較的広範囲にわたっていた。

つまり、第一区以外の知多産地問屋は、下請織布工場を広範囲に組織して、綿布生産を行っていた。これは、一九二〇年代初頭の中小織布工場増大を受けて、産地問屋が下請制を積極的に選択していたことを示しているのである。

(二) 生産品目による分業体制

本項では、知多産地に広範囲に展開した知多産地問屋が、下請制をどのように組織していたのかについて、瀧田商店を事例とした生産品目の分析から明らかにしたい。先に検討したように、瀧田商店は現在の常滑市に位置する産地問屋で、自営工場で綿布生産を行うほか、下請織布工場に生産を委託していた。常滑市のある第三区は、一九二〇年代初頭に小幅工場が急増した地域であるため、小幅木綿を生産する下請織布工場と産地問屋との関係を分析するには適当な事例である。

まず瀧田商店の自営工場生産綿布の推移を表4-5で検討しておきたい。瀧田商店自営工場の設立は一九一六年八月であるから[22]、設立時から一九二〇年代初頭に至る期間の自営工場生産綿布を取り上げたことになる。表によれば、一九一六年から一九二〇年まで、「天竺」、「金巾」など広幅綿布およびガーゼが主力製品であったことがわかる。この時期の瀧田商店は、第一次大戦ブームに乗じ、輸出向け綿布生産を主として行っていた[23]。この時期における、瀧田商店自営工場と下請織布工場との生産綿布を取りまとめたものが、表4-6である。表4-6は、一九一八年当時瀧田商店の有力販売先であった服部商店を取り上げ、その綿布を生産した下請織布工場を挙げた。表によれば、瀧田商店自営工場は、「金巾」「三八ヤード金巾」に生産を特化し、「ガーゼ」「桐天竺」は川端工場、「三巾金巾」は水野大六および澤田宗吉に依託していたことがわかる。つまり、自営工場は「金巾」生産に専念し、他の品種は中小規模の下請織布工場に依託するという体制をとっていた。また、各工場の創業年月をみると、水野大六や

(22) 紡織雑誌社『紡織要覧』一九一七年度版。
(23) 瀧田商店の綿布販売についての検討は、本書第一章を参照。

澤田宗吉、鯉江新太郎、森下亮平などは一九一四年あるいは一九一六年といった第一次大戦ブーム期に創業した工場であることがわかる。また、織機台数も二〇台から五〇台の中小規模である。先の検討で、第一次大戦ブーム期に中小規模の広幅工場が激増した指摘と合わせて考えると、瀧田商店は新規に創業した中小規模の広幅工場を下請制のもとで組織したのである。

しかし、表4-5で一九二一年以降の自営工場生産綿布の変化を確認すると、「十六小巾」（一六手綿糸で製織された小幅綿布）など小幅綿布生産が中心になっていくことがわかる。これは、瀧田商店自営工場が広幅木綿生産から小幅木綿生産へと転換したことを示しており、先述した一九二〇年代初頭の小幅工場設立ブームと時期を同じくしている。それでは、一九二〇年代以降、小幅工場へと転換した瀧田商店は、下請織布工場をどのように組織していたのか。

表4-7および表4-8は、それぞれ一九二三年、一九二七年における瀧田商店自営工場そして下請織布工場の所在地、原動馬力、支払い織賃の総計、種類別生産綿布の支払い織賃を挙げている。先述したように、一九二〇年代初頭は、小幅工場設立ブームがあった。瀧田商店もその小幅工場設立ブームに合わせて、小幅工場を中心に生産組織を再編していたことがわかるのである。

表4-7および表4-8によれば、瀧田商店自営工場や大和工場、川端工場、仲野善左が瀧田商店との取引額一〇%を超える主力工場である。この四工場のシェアを足し合わせると、一九二三年では六一・七%、一九二七年では六四・七%とほぼ三分の二を占めている。さらに、この四工場を中心に、製品ごとに分業体制が形成されていることが確認できる。

表4-8で一九二七年の生産組織をみると、第一次大戦ブーム期に自営工場で生産していた広幅綿布は、「金巾」は大和工場、「天竺」は川端工場に生産を委託することになったことがわかる。そして、瀧田商店の自営工場は小

表 4-5　瀧田工場自営工場生産品目

	1916年		1917年		1918年		1919年		1920年		1921年		1922年	
	製品	数量	製品	数量	製品	数量	製品	数量	製品	数量	製品	数量	製品	数量
1	一九天竺	5,610	九尺天竺	15,070	金巾40	13,493	ガーゼ	11,581	天竺	20,740	十六小巾	227,739	十六小巾	162,120
2	天竺	1,662	ネル	9,170	金巾	12,310	金巾	8,068	四〇ガーゼ	4,630	四〇ガーゼ	645	十六手	86,640
3	ネル	1,020	天竺	1,958	ガーゼ	2,049	二〇ガーゼ	7,684	十六ソフ	2,461	無尺	60	無尺	300
4	20手	512	金巾40	980			二尺八分	2,401	四〇・三八ガーゼ	1,276				
5			金巾	80			天竺	1,360	二〇天竺	391				
6							七斤	1,040	四〇金巾	7				
7							ガーゼ380ヤード	570	二〇ガーゼ	5				
8							二尺金巾	460						

注 1）数量の単位は、反。
注 2）製品名に下線をつけたものは、広幅木綿であることを示す。
資料）瀧田織布工場『織物引取帳』（1916 年 8 月から記載）。

表 4-6　瀧田商店の下請織布工場と生産綿布（1918 年）

工場名	所在	創業	織機台数	原動馬力	織賃	38ヤード金巾	39ヤード金巾	三巾金巾	金綿金巾	金巾	三巾	三巾ガーゼ	三巾七斤	二巾ガーゼ	ガーゼ	桐天竺	合計
瀧田工場	常滑町	1916年	広幅56台	瓦斯(20)	−	2,820	670			12,335							15,825
川端工場	西浦町榛水	1912年	広幅50台	瓦斯(13)	13,250	1,120								20	1,836	2,215	5,191
久田精二郎	西浦町西阿野	1907年	広幅28台	瓦斯(13)	12,094		580			8,050							8,630
水野大六	西浦町西阿野	1914年	広幅50台	瓦斯(13)	11,650	480		4,325		80	380						5,265
澤田宗吉	小鈴谷村大谷	1916年	広幅30台	瓦斯(13)	7,915			3,315									3,315
鯉江新太郎	常滑町	1916年	広幅24台	電気（3）	2,444	320											320
森下亮平	西浦町苅屋	1916年	広幅24台	瓦斯（12）	1,100											3,210	3,210
合計						4,740	1,250	7,640		20,465	380			20	1,836	5,425	41,756
生産量総計						5,320	1,330	8,671	120	31,138	380	40	80	20	1,986	6,469	55,554

注 1）織賃は、瀧田商店『金銭出納帳』による。1918 年中の合計。
注 2）生産量は、瀧田商店『晒木綿出荷通達帳』を基にして集計。生産工場が記載されている数字のみとりあげた。
注 3）所在、創業、織機台数、原動馬力は、『紡織要覧』（1919 年度版）で確認。
注 4）生産量総計は、服部商店以外の取引相手も含んだ合計。
注 5）単位は、織賃は円、生産量は本。
注 6）生産綿布の出荷先は、主として服部商店。

表 4-7　瀧田商店の下請織布工場と生産綿布（1923 年）

	工場名	所在	織機台数	原動馬力	総計	%	小巾綿布 八本	七本八分	七本五分	七本三分	七本二分	七本	六本七分五厘	六本七分	六本六分	六本五分	六本二分	六本	合計	%	広巾綿布 金巾230	桃天竺	七福天	ジンス	合計	%
1	瀧田工場	常滑町	小巾100台	吸（22）	17,607	20.0					14,700			2,907												
2	川端工場	西浦町	二巾31台	−	15,911	18.1																5,304	5,358	5,249		
3	大和工場	小鈴谷村	三巾27台	−	10,826	12.3															10,826					
4	仲野善左	野間村奥田	小巾51台	吸（15）	9,971	11.3	384	6,161		1,167	74	2,185														
5	竹部千松	−	−	−	7,693	8.7						3,217		2,438	2,037											
6	渡辺清吉	小鈴谷村上野間	小巾24台	電（3）	6,886	7.8			546		5,870	470														
7	榊原庄吉	半田町	小巾50台	電（10）	5,988	6.8					1,720	4,268														
8	澤田宗吉	小鈴谷村大谷	小巾40台	吸（13）	3,795	4.3				2,129		1,666														
9	榊原庫吉	阿久比村椋岡	小巾24台	電（5）	3,504	4.0								3,504												
10	盛田清平	小鈴谷村大谷	小巾36台	吸（13）	2,927	3.3			1,672			806	449													
11	大和第一	小鈴谷村	小巾24台	−	2,369	2.7										454	1,147	768								
12	岩出広吉	西浦町苅屋	小巾20台	電（3）	579	0.7						579														
	合計				88,056	100.0	384	6,161	2,218	3,296	22,364	13,191	449	8,849	2,037	454	1,147	768	61,318	69.6	10,826	5,304	5,358	5,249	26,737	30.4

注 1）工場の所在、織機台数、原動馬力は、『紡織要覧』（1923 年度版）にて確認。

　　ただし、川端工場、大和工場は、『愛知県織物同業組合聯合會案内』（1924 年度版）で確認。

　　大和工場と大和第一工場とは、同一工場とみなす。

注 2）取引額の単位は、円。

資料）瀧田商店『綿糸木綿請渡帳』1923 年。

表 4-8　瀧田商店の下請織布工場と生産綿布（1927 年）

	工場名	所在	織機台数	原動馬力	総計	%	小巾綿布 七本八分	七本五分	七本二分	七本一分	七本	六本八分	六本七分	六本五分	合計	%	広巾綿布 上金巾	金巾230	金巾225	七福	桃16天竺	合計	%
1	瀧田工場	常滑町	小巾100台	吸（20）	11,684	19.9	2	4	11,121		21		537										
2	大和工場	小鈴谷村大字小鈴谷	三巾32台	電（15）	9,667	16.5											3,177	3,967	2,523				
3	川端工場	西浦町大字榛水	二巾31台	吸（25）	9,471	16.1														9,441	30		
4	仲野善左	野間町大字奥田	小巾48台	吸（15）	7,174	12.2	4,209			1,856		1,109											
5	渡辺清吉	小鈴谷村大字上野間	小巾28台	電（5）	4,619	7.9		3,758			861												
6	永田孫太郎	小鈴谷村大字大谷	小巾48台	電（7.5）	3,986	6.8					2,829		1,150	7									
7	森下保吉	西浦町大字西阿野	小巾26台	電（5）	3,716	6.3					3,083			633									
8	大岩猶次郎	西浦町大字西阿野	小巾26台	電（4）	3,270	5.6			998				2,271										
9	谷川多蔵	河和町大字河和	小巾30台	吸（12）	2,321	4.0								2,321									
10	中野武雄	−	−	−	2,054	3.5			761		341		952										
11	内田呂市	−	−	−	771	1.3		521			240												
	合計				58,733	100.0	4,211	4,283	12,880	1,856	7,375	1,109	4,910	2,961	39,585	67.4	3,177	3,967	2,523	9,441	30	19,138	32.6

注 1）工場の所在、織機台数、原動馬力は、『紡織要覧』（1927 年度版）にて確認。
注 2）取引額の単位は、円。
資料）瀧田商店『綿糸木綿請渡帳』1927 年。

幅綿布「七本二分」の生産にほぼ特化、そして同じく「七本八分」については、下請織布工場である仲野善左に依託している。こうした体制に渡辺清吉や永田孫太郎、森下保吉など多数の工場が「七本」など製品の生産を担当することで製品ごとの分業体制を担っていた[24]。

以上の瀧田商店の事例から明らかなように、知多産地問屋は中小織布工場を自営工場をも含めた分業体制に組織していた。そして、先に述べたような一九二〇年代初頭に設立あるいは成長した中小織布工場は、産地問屋と中小織布工場間の分業体制に組み込まれたなかで展開していた。加えて、川端工場の「天竺」、大和工場の「金巾」、仲野善左の「七本八分」など特定の製品を生産委託される工場は、二期間にわたり取引を継続している点も注目される。瀧田商店は、比較的長期にわたって取引をもつ工場を生産の主力工場として位置づけ、他工場に比べて多くの綿布生産および特定の製品の生産を委託していた。これは、知多産地問屋が、中小織布工場を製品別の分業体制に組織することで、下請制のメリットを享受していたことを示している。

(24)「七本八分」「七本二分」などは、糸の本数など規格をもとにした名称で、なかでも「七本八分」および「七本二分」などは糸本数も多く、「知多晒」においても高級品になる綿布だったと考えられる。北村明彦氏(取材当時、きたむら株式会社代表取締役社長)への聴き取り(二〇〇二年四月)。

第三節　産地問屋と下請織布工場との取引関係

(一) 産地問屋による工賃規制

産地問屋は、下請制という生産組織を築き上げたが、この組織を維持するためには多くの課題が存在していた。本節では、この課題をどのようにして解決したのかを明らかにしていきたい。

まず、綿糸および綿布価格と織賃との分析から下請制について考えていく。図4-2では、一九二三年時を基準とした綿糸価格指数と白木綿価格指数の推移を追っている。これは知多における綿糸布価格の動向を知る手がかりになるものと考えられる。さらに、瀧田商店が下請織布工場に支払った一反あたりの織賃（賃織工賃）の推移を取り上げている。このグラフの推移から、一九二〇年代半ば以降、綿布価格に比べ綿糸価格が上昇傾向にあったことがわかる。いわゆる「原料高製品安」の状況下にあった。つまり知多の機業家は常に原料費の圧迫に悩まされていたのである。このように厳しい環境下で生産コスト低下への必要に迫られた産地問屋は、下請工賃引下げという手段を講じることになる。こうした産地問屋の織賃をめぐる対応過程を、以下で検討していく。

まず瀧田商店の織賃をみれば、綿糸・綿布価格差が少なく比較的良好な販売条件下にあった一九二三年は、織賃が期間を通じて比較的高いことがわかる。しかし、一九二七年、一九二九年になると、綿糸価格は綿布価格より高い値をとることになる。一九二七年上半期は、「晒木綿は例年的不需要期なるを以て取引頗る閑散を呈し其の出荷額に於ては近来になき激減を来したる[25]」というように、綿布販売は苦戦をみせていたものの、「相場は原料綿糸の昂騰に依り付随的昇進を告げ[26]」とあるように綿布相場は綿糸相場に連動して上昇をした。しかし、綿糸相場はより一層上昇を続けたため、一九二七年下半期には、「……原料高製品安に苛まれて依然不算當を免れず甚だ不活発なる商状を以て推移[27]」することになった。当然、一般に言われる金融恐慌にともなう綿布需要の減退も綿布販売に不利に作用したものと考えられる。他方、綿糸価格は、一九二七年に上昇をみせた後、一九二八年、一九二九年とその値を維持することになる。つまり、綿糸価格の高止まりがみられた。この背景には、「十六番手（＝綿糸：筆者）の如きは紡績會社の操短と需要増加との依り大沸底を告げ需給極めて不圓滑なりき[28]」、といわれるように、紡績会社間の申し合わせに基づいた操業短縮による綿糸価格操作が存在していた。

このような「綿糸・綿布価格のシェーレ」は、一九二〇年代後半には一般にみられた傾向であった。こうした事態に対応し、産地問屋は織賃切下げを行い対応した。図4-2には、一番から二三番までの縦の黒い網掛けと灰色の網掛けとがあるが、これは産地問屋による織工賃切上げあるいは切下げが行われた時期を示している。黒い網掛けは織工賃切上げ、灰色の網掛けは織工賃切下げ、となる。切上げおよび切下げに関する経過も合わせて表に示している。

図4-2をみると、瀧田商店の織工賃の推移と、織賃切上げあるいは切下げの時期が相関関係にあることがわかる。例えば一九二三年四月の場合、「晒木綿の商況は實需期となつたので多少の商談かあつて商勢も鈍状ながら上向きの歩調である協定一綛八厘の工賃は三月二厘方引上げてゐるが四月に入つてまた一厘の引上げ[29]」というよう

(25) 知多商業會議所『知多商工月報』一九二七年三月。
(26) 知多商業會議所『知多商工月報』一九二七年三月。
(27) 知多商業會議所『知多商工月報』一九二七年一二月。
(28) 知多商業會議所『知多商工月報』一九二八年一二月。
(29)『知多新聞』一九二三年四月二二日。

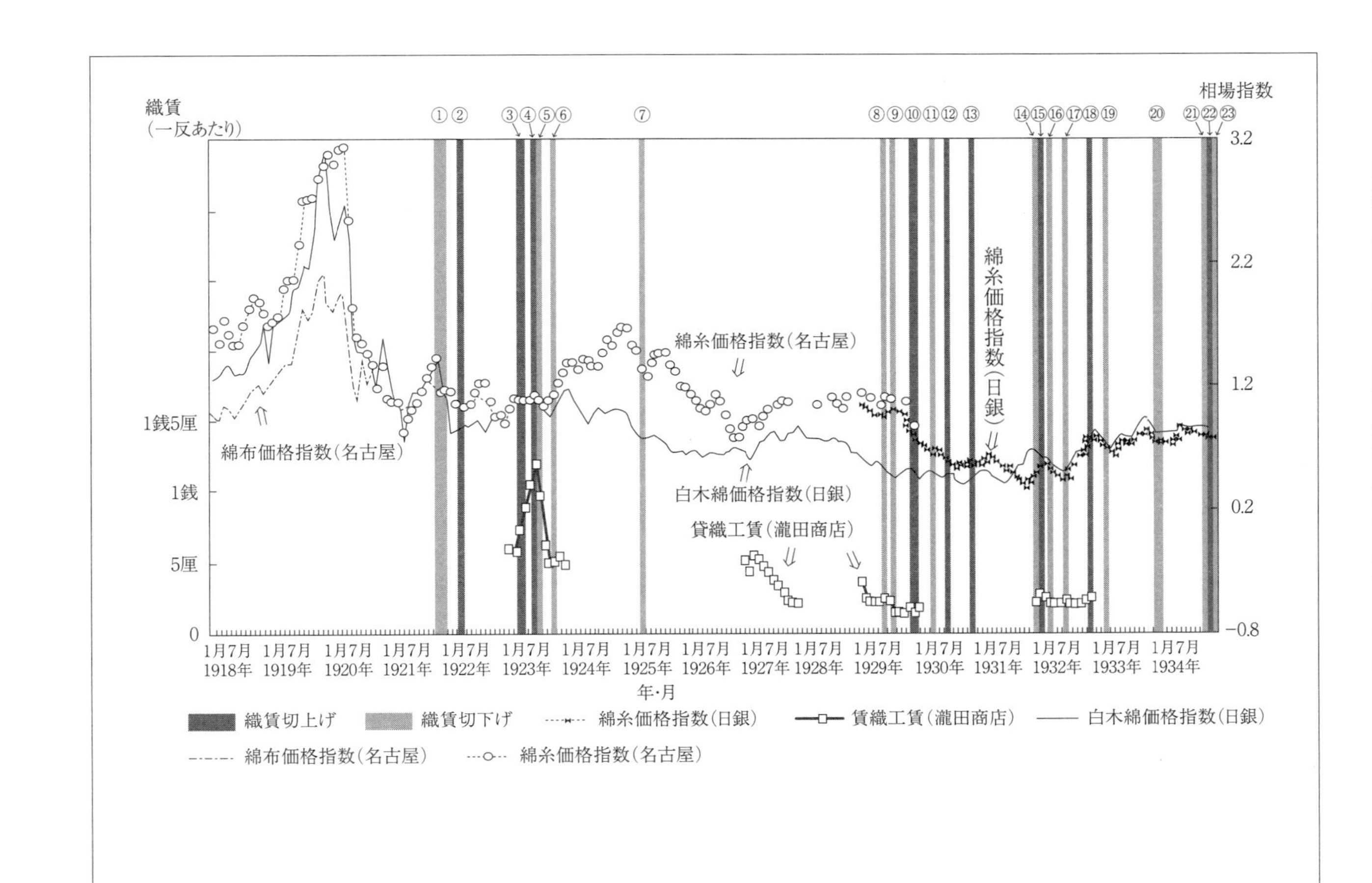
織賃（一反あたり）
1銭5厘
1銭
5厘
0
相場指数
3.2
2.2
1.2
0.2
−0.8
①②③④⑤⑥⑦⑧⑨⑩⑪⑫⑬⑭⑮⑯⑰⑱⑲⑳㉑㉒㉓
綿布価格指数（名古屋）
綿糸価格指数（名古屋）
白木綿価格指数（日銀）
賃織工賃（瀧田商店）
綿糸価格指数（日銀）
1月7月 1918年
1月7月 1919年
1月7月 1920年
1月7月 1921年
1月7月 1922年
1月7月 1923年
1月7月 1924年
1月7月 1925年
1月7月 1926年
1月7月 1927年
1月7月 1928年
1月7月 1929年
1月7月 1930年
1月7月 1931年
1月7月 1932年
1月7月 1933年
1月7月 1934年
年・月
織賃切上げ
織賃切下げ
綿糸価格指数（日銀）
賃織工賃（瀧田商店）
白木綿価格指数（日銀）
綿布価格指数（名古屋）
綿糸価格指数（名古屋）

織賃切上げ・切下げの経過

番号	年	月	主な経過
①	1921	10 ～ 12	在荷をして停滞に傾からしめたれば、問屋筋は余儀なく工費の値下げを決行するに至れり
②	1922	3	漸次売行きの増加を示したれば産地の問屋筋は急遽工費の値上を実行するに至れり
③	1923	3・4	協定一カセ八厘の工賃は三月二厘方引上げてゐるが四月に入つてまた一厘の引上げをみて一銭一厘
④	1923	6	協定工賃も八厘のものを十八日に一銭六厘と倍額に引上げた
⑤	1923	7	反動的不振を来し従て生産過剰となり工賃の下落
⑥	1923	10	二十日から一割五分の値下げ
⑦	1925	4	市場の買手控と生産過剰と相俟つて取引閑散を呈し逐日悪化の状況を示したれば産地の問屋筋は余儀なく工費の引下げを決行せり
⑧	1929	5	十六日以後は協定工賃を三厘となすことに問屋側と協定
⑨	1929	7	原料綿糸の比較的高いのに晒木綿は極度の安値となり生産過剰の傾向愈明白となつて来て工賃の如きは七月に入り数回値下をみるにいたり現在では一カセ五毛の最低値
⑩	1929	11・12	知多郡白木綿同業組合問屋会は、晒木綿一梱十五銭の工賃値上げをなすことにした
⑪	1930	3	知多郡白木綿同業組合では工賃を一厘五毛と値下げした
⑫	1930	6	晒類は時期のため工賃三厘に値上げをなした
⑬	1930	11	製品市価亦綿糸の強調に連れ付随的昇進を告げ請負工賃の如きも一躍カセ二厘より四厘に値上をみる
⑭	1931	12	協業出来難い事情あるため工賃値下げを行い操業。従来二厘の工賃を一厘五毛に値下げ
⑮	1932	1	改良小幅木綿の荷動きは相当あり。一月八日から工賃五毛値上げの三厘となした
⑯	1932	3	内地向きは改良、岡木綿ともに不振にあつて工賃を五日五毛引下げ三厘五毛となしたが、原料高製品安の状態を呈するにいたり再び工賃の値下げ行う他なし。二十六日の協議会で新記録的な新安値一厘に引下げ
⑰	1932	6	改良織物業者が工賃保障を申込み、問屋組合では七八月の両月は二厘五毛と決定。ただし、業界好転の上は工賃を増すことを通知
⑱	1932	11	前月に比し約一割三分方の増加を示し、産地においては織賃の増加
⑲	1933	2	不況に、改良は工賃を三厘に引下げ。二月十五日から二厘五毛に引下げ
⑳	1933	12	小幅改良売行き不良。十七日工賃五毛引下げ一厘となした
	1934	1	工賃二毛五糸、一反三銭の採算割れ
－	1934	8	工賃は一カセ五毛
㉑	1934	10	晒生地改良需要減による打撃で、一カセ一厘五毛を一厘に値下げ
㉒	1934	11	木綿晒生地年末需要に入つて活気づき、工賃は五毛から一厘に
㉓	1934	12	不況に入り、工賃五毛引下げの一厘にまた、五毛引下げの五毛に

図 4–2　綿糸布相場と織賃の推移

注1）綿糸価格指数（日銀）、白木綿価格指数（日銀）および綿糸価格指数（名古屋）は、1923 年 1 月の価格を 1.0 としたときの指数。右軸に合わせた。

注2）織賃切上げおよび織賃切下げは、資料（『知多新聞』および『知多商工月報』）から確認できるもののみ取り上げた。

注3）織賃は、瀧田商店と取引した小幅賃織工場の平均織賃。平均織賃＝織賃総額／織上反数。左軸に合わせた。

資料）日本銀行『明治以降卸売物価指数統計』1987 年。

商工大臣官房統計局『卸売物価月報』各月版。

『知多新聞』。

知多商業會議所『知多商工月報』各月版。

表 4-9　瀧田商店の綿布販売額および織賃とその割合

		綿布販売額（A）	織賃（B）	% B/A ×100
1918年	上半期	348,250	17,921	5.1
	下半期	442,330	50,492	11.4
1919年	上半期	490,269	62,501	12.7
	下半期	549,569	88,268	16.1
1920年	上半期	353,930	49,910	14.1
	下半期	271,787	21,196	7.8
1921年	上半期	253,803	41,358	16.3
	下半期	…	…	…
1922年	上半期	…	…	…
	下半期	…	…	…
1923年	上半期	…	…	…
	下半期	410,279	30,674	7.5
1924年	上半期	322,101	23,310	7.2
	下半期	273,774	17,311	6.3
1925年	上半期	284,886	22,577	7.9
	下半期	445,585	24,805	5.6
1926年	上半期	344,207	24,730	7.2
	下半期	363,527	24,005	6.6
1927年	上半期	294,239	23,197	7.9
	下半期	301,210	13,340	4.4
1928年	上半期	252,819	13,245	5.2
	下半期	273,088	15,698	5.7
1929年	上半期	1,076	8,013	744.7
	下半期	340,526	7,678	2.3
1930年	上半期	113,093	6,459	5.7
	下半期	126,671	6,316	5.0
1931年	上半期	107,676	5,208	4.8
	下半期	118,338	3,624	3.1
1932年	上半期	111,709	4,229	3.8
	下半期	149,367	2,129	1.4
1933年	上半期	158,188	1,474	0.9
	下半期	204,752	2,993	1.5

注1）上半期は、1月1日から6月30日までのそれぞれの勘定の合計値。
　　下半期は、7月1日から12月31日までで、同様の計算。
注2）単位は、円。
資料）瀧田商店『金銭出納帳』各年。

に、商況が好調であったため、織賃を引上げたことが報告されている。確かに、図4-2では一九二三年四月に織賃が上昇していたことが確認できる。しかし、一九二三年七月になると、「……本品（＝生白木綿および晒木綿：筆者）も亦反動的不振を来し従て生産過剰となり工賃の下落となり」[30]、と報告されているように商況が反転して綿布販売が厳しくなり、織賃を引下げることになった。こうした織賃の下落も、図4-2から確認できる。

一九二三年に比べて低く設定されている一九二九年の織賃は、商況の悪化が原因であった。一九二九年七月は、「原料綿糸の比較的高いのに晒木綿は極度の安値となり生産過剰の傾向愈明白となつて来て工賃の如きは七月に入り数回値下をみるにいたり現在では一綛五毛といふ殆ど最低値の協定をなしてゐる（傍線：筆者）」[31]、とあるように「綿糸・綿布価格のシェーレ」のために、協定による織賃の値下げを行わざるを得なかったことが報告されている。一九二九年七月から織賃は下落をみせているが、これは協定織賃の影響を受けたものとみられる。まとめて述べれば、産地問屋は、製品価格低下あるいは生産過剰への対応策として織賃切下げを実施していた。

それでは、その意思決定はどのようにして行われたのであろうか。

当時、瀧田商店の番頭であった福島銀治『営業日記』一九三一年一月一〇日の記述によれば、「白木綿問屋組合ヨリ通知　織賃弐厘五毛（五毛値上ゲ）[32]」とある。これは、白木綿問屋組合から産地問屋瀧田商店に織工賃についての申し合わせがもたらされていたことを示している。そしてその意思決定は、産地問屋によって組織された問屋組合の総会である「問屋会」で決定され、その後、「協定工賃」として知多産地に実施されるという運びとなってい

(30)『知多新聞』一九二三年七月一七日。
(31)『知多新聞』一九二九年七月三〇日。
(32) 福島銀治『営業日記』一九三一年（瀧田商店資料）。

た。当時、産地問屋・山田保造商店に勤務していた近藤太一（就業年月：一九二四年四月）の回顧談によれば、「機屋（＝下請織布工場：筆者）の場合も織工賃は問屋会で一方的に決めて、はがきで通知するだけだ。いうなれば一銭五厘の天下り工賃である。（傍線：筆者）[33]」、とある。つまり、織工賃の決定には、基本的に問屋側にイニシアチブがあったことになる。先述したように、図4-2の⑤の時期にあたる一九二三年半ば以降の織賃下落、⑧・⑨の時期にあたる織賃下落には、生産過剰、コスト圧力への問屋側の組織的対策として「協定工賃」の影響があったと考えられる。すなわち、不況への対応として産地問屋は組織的に織賃切下げというコスト削減策を実施したのである。

このように考えれば、産地問屋が下請制を維持できた背景には、工賃規制によるコスト削減を有効に機能させていたことが大きな要因であった。それでは、表4-9を用いて、産地問屋瀧田商店を事例に、この工賃規制によるコスト削減の効果を確認しておこう。

表4-9は、一九一八年から一九三三年までの瀧田商店の綿布販売額および織賃の推移を追っている。綿布販売額および織賃ともに、全体として減少傾向をみせるが、特に一九二九年上半期から織賃は一万円を割り込み、それ以降ほぼ減少の一途をたどることになる。これは、工賃規制が頻繁になる一九二九年後半期に照応しているとみてよい。さらに、綿布販売額に占める織賃の割合についても、一九二九年上半期に異常な上昇をみせるが、以降は比較的低い割合を示すことになる。つまり、産地問屋間で行われた工賃規制は、産地問屋にとってコスト低下をもたらす効果を発揮していたのである。

(二) 産地問屋と賃織工場間の「暗黙のルール」

このように、問屋による織賃引下げは、下請制のデメリットとなる織賃上昇（コスト問題）を解決するうえで有効な手段であったと評価できる。次に、これが実現できた要因を考えてみたい。不況期のために賃織への製織の需要が減退する一方で、賃織工場への労働力の供給が硬直的であったために、織賃引下げの許容が容易であったと考えることは当然可能である[34]。そうした側面に加えて、産地問屋・賃織工場間の相互利害を含んだ取決めの存在が、織賃引下げを知多産地に浸透させるうえで重要な要因となっていたと考えられる。以下三つの要因に分けて論じていく。

第一の要因は、織賃引上げの実施である。例えば図4-2の経過欄の②にみられるように、在庫一掃、商況好転となれば、それにともない織賃引上げを行っている。これは産地問屋側に賃織工場の利害を反映させようとする意図があったことを示している。福島銀治は回顧談で、「常時工賃が安かったり、糸まわりが悪いようでは工場に逃げられて、商売が続けられなくなります[35]」と述べている。「糸まわり」とはおそらく賃織工場に対する原料綿糸の供給を指しているのであろう。そうした原料綿糸の供給に加えて、織賃をある程度の水準に維持しなければ、賃織工場を確保できないという産地問屋側の懸念がここで述べられている。さらに福島は、「ちょっと好況になると集団的に賃上交渉があった[36]」と回顧しているように、産地問屋は賃織工場側からの賃上げ交渉にも対応することを必要とされていた。例えば、図4-2の⑰の時期にみられるように、織布業者側の織賃保障要求に産地問屋が応じるという事例からもそれがうかがえる。こうしたかたちで賃織工場は自身の利害を生かすことができたのである。

第二の要因は、問屋側の事情に関するものである。産地問屋西浦木綿に当時勤務していた豊田鴻一（就業年月：一

(33) 福島銀治「知多木綿50年の思い出（30）」知多織物工業協同組合『知多織月報』第二二三号、一九七六年一二月。
(34) 谷本雅之、前掲書、四一九―四二一頁。
(35) 福島銀治「知多木綿50年の思い出（7）」知多織物工業協同組合『知多織月報』第二〇〇号、一九七五年一月。
(36) 福島銀治「知多木綿50年の思い出（7）」知多織物工業協同組合『知多織月報』第二〇〇号、一九七五年一月。

九一九年四月）の回顧談によれば、「「工賃無し」ということも珍しくなかった。そんなときは問屋も赤字で困っているのだからやむを得ない。でも機屋には出目があるので全くの無工賃ではない。（傍線：筆者）」[37]、とある。つまり、賃織工場に支払う織賃が、たとえ無工賃でも、賃織工場は「出目」という形で問屋から受取った原料の糸の使い残し分を流用できるので、収入は少なくともあった。さらに工賃を下げざるを得ない問屋側の苦しい事情があったことも推察できる。したがって、織賃切下げには、問屋側の利害だけではなく、賃織工場の利害をも組み込まれていたのである。[38]

第三の要因としては、賃織工場側にすれば、問屋側の対応策として、織賃切下げに比べて、休業あるいは操業短縮を行われるほうが、都合が悪かったという事情がある。これには、工場を休業させてしまうと、工場の男女工に仕事を与えることができないため、男女工を確保することができないという事情があった。この点、一九二三年の『知多新聞』によれば、「休業は一部分に過ぎない……旧盆で帰農する男女工が旧盆後操業を開始するに各工場男女工争奪戦を憂うる点から……」[39]と書かれているように、休業にともなう男女工確保の困難をうかがうことができる。さらに、一九三〇年の『知多新聞』によれば、「一般工場はともに休業を恐れ操短を恐れるのは當然で、これがために工賃なども採算以下で出来るといふ関係もあり……（傍線：筆者）」[40]、と報告されているように、休業される

（37）福島銀治「知多木綿50年の思い出（30）」知多織物工業協同組合『知多織月報』第二二三号、一九七六年一二月。
（38）出目が発生した場合、織り上がり綿布の品質に問題が発生する可能性がある。この点について二宮晴雄氏（当時、二宮卯吉工場を操業されていた二宮卯吉氏のご子息）への聴き取り（二〇〇三年五月一八日）によれば、「問屋から渡された糸を、問屋からの条件・規格通りに織り上げても、出目は必ず出てきた」という。織り上がり綿布の質量に関係なく出目が発生しており、そうした事情から産地問屋は出目の発生をある程度容認したものと考えられる。
（39）『知多新聞』一九二三年八月一一日。

写真 4-3

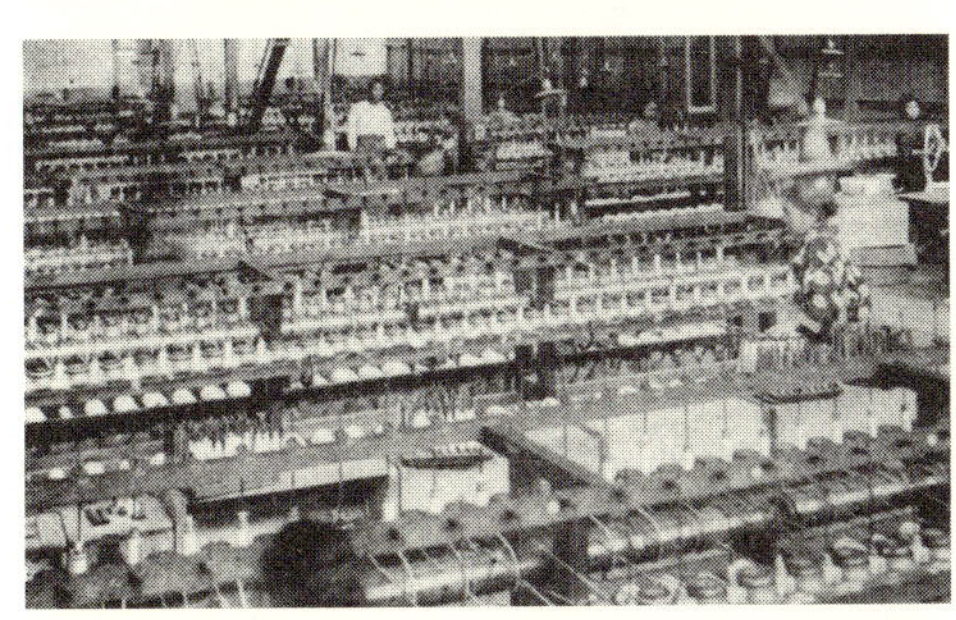

写真 4-4

写真 4-5

織布工程の様子

綿布は、経糸（たていと）と緯糸（よこいと）を織り合わせることで生み出される。そのため、仕入れた原糸は経糸と緯糸に巻きなおされたうえで織布工程へと進んでいく。まず写真 4-3 は、経糸の巻き取りの様子。これは、仕入れた原糸を円筒状のビームに巻き取る工程で荒巻という。次に写真 4-4 は、緯糸の巻き取り工程。細長い管に糸を巻く工程で管巻という。ここで巻き取られた糸はシャットルに入れられ、力織機に取り付けられる。写真 4-5 は、織り上がった綿布の仕上げを担う整理部。ここで品質確認や裁断を行い、綿布は出荷されていく。

くらいなら、織賃が採算以下に設定されても構わないという姿勢を賃織工場はみせていた。つまり、不況対策として休業してしまうと、男女工の確保が難しくなるため、たとえ採算が合わなくても操業をしたいという考えになる。さらに「出目」を考えると、たとえ無工賃でもそれなりに収入はあった。

こうした点から、不況対策としての織賃切下げは、賃織工場側の理解があったという点が指摘できる。不況期の一九二九年では、「……商状は概ね不活發にして製品市價は低落の一途を辿り常に採算不引合を免れず問屋側の苦痛甚大を極め工場側亦滔々たる工賃の下落に経営困難を来し益々悲境を増大するに至りしかば本品製織工場は此の現状に鑑み窮地より脱するは減産をなし需給の調節を図るより他に方策なしとし……」[41]、とあるように、不況期に行った工賃規制が賃織工場の経営危機をもたらすに至ってから、休業という策を用いていたのである。

以上の三つの要因は、産地問屋—賃織工場間で明確に取決めたルールではない。むしろ、産地問屋—賃織工場間の利害を反映した「暗黙のルール」を基底に置くものであった。

下請制が維持されるためには、織賃の上昇をどう抑えるかはコスト管理において重要な問題であった。知多産地では、同業組合規模の工賃規制がその役割を果たしており、瀧田商店の事例からもそれは確認できた。工賃規制が存在していたことは、研究史でも指摘されている。しかし、ここで明らかにされたことは、工賃規制、特に織賃切下げが実際にかつ比較的長期間機能していた点である。工賃規制が機能した要因としては、産地問屋が自身の利益確保のみを志向して行ったのではなく、賃織工場側の利害をも組み込み、実際に反映されていたことが指摘できる。したがって工賃規制とは、知多産地問屋と下請織布工場双方の利害に基づく下請制維持のメカニズムだったといえるのである。

(三) 知多産地問屋と下請織布工場との取引関係

不況期に知多産地問屋が織賃切下げを行い対応していた点を指摘してきた。そうした状況下、知多産地問屋と下請織布工場との関係はどのように推移したかについて、瀧田商店を事例に検討していこう。

表4-10では、一九二三年、一九二七年、一九三二年の三期にわたる織物集荷量と織賃とを分析している。各年ごとに、織賃と織物集荷量とが最大値を示す時期の数値に下線を引いている。

この表から、第一に、商況にともなう瀧田商店の取引工場数の変化が指摘できる。晒木綿の商況が好況裡にあった一九二三年では、取引工場が多い。それに対して、不況の度合いが強まる一九二七年、一九三二年と進むにつれ、取引工場が減少している。つまり、瀧田商店は、取引工場数を変化させることで、商況に応じた生産を行っていたのである。

第二に指摘できる点は、長期的に取引する工場と短期的な取引しか行わない工場とが並存していることである。表4-10の三期間のうちで、一期間しか取引していない工場は、例えば、一九二三年の竹部千松や榊原庄吉などであり、一九二七年では永田孫太郎や谷川多蔵などが挙げられる。それに対して、二期間以上取引している工場として、例えば仲野善左あるいは渡辺清吉などがある。

それでは、取引期間の異なる二つのタイプの工場には、どのような特徴が見出せるのか。この点につき、織物集荷量と織賃との関係を分析しよう。

(40) 『知多新聞』一九三〇年一〇月一七日。
(41) 知多商業會議所『知多商工月報』一九二九年七月。

表 4-10　瀧田商店の織物集荷量と織賃

名前	1923年 1〜3月	4〜6月	7〜9月	10〜12月	小計
瀧田工場	59,700	61,400	57,600	70,000	248,700
（織賃）	639	1,032	695	493	708
仲野善左	26,400	36,700	22,700	37,200	123,000
（織賃）	683	1,162	836	539	811
竹部千松	24,900	32,000	23,300	27,400	107,600
（織賃）	601	988	730	487	715
渡辺清吉	20,100	24,300	31,200	23,700	99,300
（織賃）	653	1,041	566	540	693
榊原庄吉	34,200	35,850			70,050
（織賃）	636	1,063			855
澤田宗吉	19,800	16,480	10,100	1,302	47,682
（織賃）	617	1,024	806	550	796
榊原庫吉	21,400	22,100			43,500
（織賃）	606	998			805
盛田清平		6,000	19,800	11,975	37,775
（織賃）		1,258	782	520	775
⌃萬		12,400	10,600	11,400	34,400
（織賃）		1,088	710	508	779
大和第一	7,530	13,370	6,700	3,900	31,500
（織賃）	574	928	771	463	752
岩出広吉	9,700				9,700
（織賃）	597				597
⌃九			7,600	1,600	9,200
（織賃）			749	560	716
大和工場	388	460	276	416	1,540
（織賃）	830	819	649	492	703
川端工場	3,960	6,150	6,390	3,825	20,325
（織賃）	1,037	929	550	674	783
小幅集荷量計	223,730	260,600	189,600	188,477	862,407
小幅平均織賃	632	1,049	716	510	750

名前	1927年 1〜3月	4〜6月	7〜9月	10〜12月	小計
瀧田工場	70,363	86,500	76,600	79,700	313,163
（織賃）	500	454	330	215	373
仲野善左	36,600	48,000	44,500	52,400	181,500
（織賃）	541	532	344	211	395
渡辺清吉	25,200	27,500	28,500	32,900	114,100
（織賃）	570	509	361	230	405
森下保吉	23,500	28,000	23,425	29,000	103,925
（織賃）	495	440	316	199	358
永田孫太郎	35,300	31,300	27,100	2,100	95,800
（織賃）	472	450	315	280	416
大岩猶次郎	22,400	24,673	21,700	21,100	89,873
（織賃）	475	444	313	205	364
谷川多蔵	19,300	18,200	18,900	4,100	60,500
（織賃）	470	410	297	260	384
中野武雄	13,300	14,460	13,792	16,500	58,052
（織賃）	479	448	310	206	354
内田呂吉	11,472	3,400			14,872
（織賃）	518	520			518
大和工場	628	707	530	668	2,533
（織賃）	389	485	291	338	382
川端工場	4,770	5,540	4,670	5,281	20,261
（織賃）	525	522	363	450	467
小幅集荷量計	257,435	282,033	254,517	237,800	1,031,785
小幅平均織賃	504	468	328	214	384

名前	1932年 1〜3月	4〜6月	7〜9月	10〜12月	小計
仲野善左	46,725	64,480	34,800	57,900	203,905
（織賃）	272	232	230	233	241
森下保吉	41,200	43,500	26,200	44,414	155,314
（織賃）	227	201	201	219	213
川端工場	48,220	55,248	29,000	18,591	151,059
（織賃）	234	172	209	186	201
大岩猶次郎	29,500	28,800	19,100	38,600	116,000
（織賃）	237	219	216	219	223
久田幸太郎	11,600	16,030	9,000	1,386	38,016
（織賃）	227	201	210	213	212
ヨ	3,621				3,621
（織賃）	117				117
⌃文	100				100
（織賃）	210				210
小幅集荷量計	177,245	208,058	118,100	160,891	664,294
小幅平均織賃	242	206	215	220	221

注１）織物集荷量の単位は、反。

注２）斜めの文字は織賃を表す。「574」は五厘七毛四朱であることを示す。織賃＝織費支払額／反数。

注３）期間中、最大の数値には下線を引いた。

注４）期間中、最低の織賃は□で囲んだ。

注５）1923 年および 1927 年の大和工場と川端工場、および 1932 年の⌃文工場とヨ工場は広幅綿布の工場。

注６）上記工場のうち、２期間以上瀧田商店と取引した工場には下線を引いた。

注７）取引期間中、最大織物集荷量と最大織賃とが一致した場合には、濃い網掛けで示した。

注８）取引期間中、最大織物集荷量と最低織賃とが一致した場合には、薄い網掛けで示した。

資料）瀧田商店『綿糸木綿譲渡帳』1923 年、『綿糸木綿譲渡帳』1927 年、『広巾小巾入荷帳』1930 〜 1932 年。

まず、一期間という短い期間しか取引していない工場の場合を検討する。一九二三年の竹部千松や榊原庄吉、あるいは、一九二七年の永田孫太郎や谷川多蔵の織賃最大値および織物集荷量を見比べてみると、相関関係にあることがわかる（表中の濃い網掛けの部分）。これは、瀧田商店が織物を大量に集荷したいときに、織賃を高く設定し支払っていたことを示している。先に指摘したように、一九二三年前半期の綿布販売が好調であったことから、瀧田商店は織物集荷量拡大を企図して、織賃を高く支払う条件で、一時的に賃織工場を集めていたと考えられる。

次に、取引期間が二期間を超える取引の長い工場、例えば仲野善左や渡辺清吉について考えてみたい。ここでは、工賃最大値と集荷最大量との相関関係はみられないことから、長期的取引関係にある賃織工場は、織賃を高く設定していなくても織物を大量に織り上げる工場であったということがわかる。つまり、賃織工場は、織賃が低いという条件を受け入れて生産していたのである。次に、一九二七年の工賃の低い時期には織物集荷量が多いことがわかる（表中の薄い網掛けの部分）。これは、問屋が織賃を低く設定する時期に、賃織工場から織物を大量に集荷していたことを示している。これは、問屋が低コストで織物集荷することでメリットを享受したとみることができる。しかし、それだけでなく、賃織工場の織上げ量を確保させることで、賃織工場の利害に配慮する意図が、問屋側に存在していたことも見逃してはならない。瀧田商店の福島銀治は、「工賃が下がると、（賃織工場の：筆者）生産量がふえるのだから問屋もまた苦しかった[42]」と述懐している。これは織賃を問屋が下げた際に、賃織工場の操業を維持するために、賃織工場から織物を大量に集荷していたことを示している。

以上、取引期間を長期と短期に分けて賃織工場を検討してきた。これらをふまえ、下請制をめぐる諸問題について考えたい。

---

(42) 福島銀治「知多木綿50年の思い出（30）」知多織物工業協同組合『知多織月報』第二二三号、一九七六年一二月。

第一に、生産量調整の問題である。問屋制をめぐる議論のなかでも、そのメリットとして取引工場数および発注反数を変化させることで、商況に応じた販売量を調整できることが指摘されてきた。瀧田商店の下請制の事例にもその点は確認できた。特に、一九二三年前半期に織賃を高く設定して新規取引工場をかき集めたことは、織物生産増大を志向した問屋間で賃織工場獲得競争があったことを想起させる。ただし、長期的な取引関係にあった仲野善左や森下保吉らに比べ、短期的な取引関係にあった工場の場合は、取引綿布の増減が激しい。したがって、問屋による生産量調整は、短期的取引工場への発注量の増減によって実現されていたものと考えられる。

第二に、織賃上昇をいかに抑えるかという問題である。まず、不況期に織賃を抑える場合である。金融恐慌を迎える一九二七年、不況期を脱しきれていない一九三二年における賃織との関係を表4-10で確認すると、取引先は長期的取引工場が主力となっていることが確認できる。先に検討した不況期における工賃規制は、特にこのような長期的な取引関係にある工場に対して行われていた。織賃引下げの際、織物集荷量を瀧田問屋が増大させていたことは先に述べた。この事実と考え合わせると、産地問屋は、織賃引下げを行う際、織物集荷量を増大させることで賃織工場の利害に配慮し、織賃引下げを受容させたと考えられる。

第四節　下請制選択の条件と効果

本章は、戦間期における知多綿織物業の展開を、生産組織の再編、つまり下請制の導入と機能に着目しつつ検討してきた。そこから得られる本章の主張は次の二点である。

第一に、下請制が、産地の存立基盤として有効に機能していたことである。知多綿織物業の発展は、織機台数一〇〇台未満の中小織布工場の増大がその主因をなしていた。知多産地問屋は、そうした中小織布工場を下請制のもとに組織したのであり、産地の形成および発展を牽引していたのである。

第二に、下請制は産地問屋が積極的に選択した生産組織であったといえる。本章の検討から、力織機化した工場を組織する下請制は、生産量調整や多品種生産を実現するというメリットを十分に発揮していたといえる。加えて、問屋制の際に問題となっていた織賃上昇問題というデメリットについても、同業組合規模の工賃規制を行うこと、さらに取引期間別に賃織工場への織賃設定を変化させることで、問屋は克服していたのである。これは、産地綿織物業において、下請制が選択される要因として注目に値する。

ただし、ここで知多産地にみられた下請制の展開が、産地綿織物業全体に一般化できるかを問う必要があろう。まず下請制の展開が、知多産地に広く普及した要因として、小幅木綿の製品特性がある。周知のように、小幅木綿は、国内という急拡大を期待できない市場を基盤としており、その品種も多様であった。つまり、本章の事例は、多品種少量生産が求められた市場において、下請制が有効に機能することを示しているのである[43]。次に、知多郡白木綿同業組合による統制の側面に触れておきたい。本章では、工賃規制を貫徹させるうえで、同業組合の統制が有効に働いたことを強調した。特に織賃については、商工省が「白木綿ノ織賃ハ一反一銭八、九厘、晒賃ハ三銭七、八厘ニシテ實ニ低廉ナリ（傍線：筆者）[44]」、と報告していたように、知多産地の織賃は低廉に設定され、コスト削減は

（43） 輸出向け広幅綿布では、少品種大量生産が求められる。このため産地問屋は、自営工場での生産を強めていき、賃織工場との取引を断ち切る傾向があったという。Abe, Takeshi.（1999）, "The development of the putting-out system in modern Japan", Odaka, Konosuke and Sawai, Minoru edited, *Small firms, large concerns*, New York: Oxford University Press. 本書第三章参照。

（44） 商工省商務局編『商取引組織及系統ニ関スル調査（内地向綿織物）』日本商工會議所、一九三〇年、四四頁。

成功したとみて良い。この工賃規制を浸透させた同業組合の統制力は高く評価されよう。

　しかし、本章で主張したように工賃決定は、問屋側の利害だけが反映される、賃織工場への一方的な「収奪」を企図したものではなかった。それは、賃織工場の利害をも組み込むかたちで決定されていた。つまり、問屋と賃織工場双方の利害の所産が織賃だったのであり、それが産地に下請制が浸透する要因となっていた。したがって、下請制が産地に展開する条件は、知多産地にみられたように、①小幅木綿という市場の急拡大があまり見込めない製品であること、②工賃規制を浸透させる条件（同業組合の活動など）を有していること、であったといえる。

　最後に、問屋制のデメリットとして挙げられた品質管理をいかに徹底するかという問題について触れたい。本章では、正面からの分析は行わなかったが、本章の主張と関わらせて考えれば、二つの側面から品質を維持するメカニズムが機能していたと考えられる。第一に、長期的取引から生まれる信頼関係についてである。例えば、産地問屋である瀧田商店は、賃織工場である仲野善左と、品質の高い特定の製品を長期的に取引していた。このことは、おそらく両者の間に品質に関する信頼関係があったものと推察される。言い換えれば、品質への信頼関係に基づく長期的取引が、品質へのモラル・ハザードの発生を抑制するという好循環を生んでいたのである。[45]第二に、問屋が力織機工場を組織していたことによる技術的格差の縮小である。つまり、技法がそれぞれで異なる手機農家を組織した問屋制から、力織機工場を組織する下請制へと変化したことは、技術的格差という問題を大幅に改善させた可能性がある。[46]つまり、下請制は、問屋―賃織工場間の信頼関係を基盤としつつ、品質問題を解決しながら産地の競争力を強めていったのである。

(45) 「賃織工場が、長く問屋と取引を行っていると、品質へのモラル・ハザードは、起きにくくなる」という。永田稔雄氏(戦間期、知多産地における賃織工場であった冨貴織布株式会社社長永田栄吉のご令孫)への聴き取り(二〇〇二年四月)。本書で対象とする戦間期の状況をふまえたお話ではなく、戦後の状況を回想して述べられたお話であるが、参考に挙げておく。

(46) 戦後の状況を回想したものであるが、「力織機工場を賃織工場として組織した状況下では、問屋は賃織工場に織物生産を委託する場合、規格物として巾や糸本数を指定して織らせるため、ほとんど仕上がりに変化はなかった」という。北村明彦氏への聴き取り(二〇〇二年四月)。また、知多産地における力織機導入は、手機織生産の際に頻発していた粗製濫造を防ぐ目的があったことが指摘されている。笹井雅直「知多綿織物業の力織機化と豊田佐吉」『名古屋学院大学論集　社会科学編』第四一巻第二号、二〇〇四年。

◉——第五章は、下請制のもとで生産部門を担った賃織工場の経営の実態に迫っていく。賃織工場は、産地問屋に従属することを余儀なくされたのではなかった。むしろ、自らの企業経営戦略に基づいて条件交渉を行い、その交渉内容によっては取引先の問屋を選択し、有利な条件を獲得していた。つまり、下請制は、賃織工場にとっても経営戦略上有効な生産システムであり、「産地問屋—賃織工場」双方の利害を組み込みながら、地域工業化を支えていたのである。

第五章

下請制下の賃織工場

——富貴織布株式会社の工賃交渉——

織布工場で使用する石炭を、船から天秤棒で陸揚げする男性。

前章までの検討[1]から、産地問屋が下請制を編成するために、①生産量をいかにして調整するか（賃織工場ごとの調整や同業組合規模の休業）、②賃織工場の工賃をどのように設定するか、という課題を成功裡に解決していたことが明らかになった。

とはいえ、問屋—賃織工場関係を検討する場合、賃織工場の具体的な経営分析が必要である。しかし、産地問屋と賃織工場間の取引関係を取り上げた研究は、これまでのところ産地問屋側からのアプローチが中心であり、①委託生産の製品を分散的にすることで多品種生産を実現すること、②賃織工場への取引期間を調整することで総生産量を増減させることができるという点などを問屋制のメリットとして指摘するものであった[2]。しかし、下請制が産地に有効なメカニズムとなるためには、賃織工場側にもメリットをもたらさねばならない。つまり、産地問屋—賃織工場間の取引条件がどのような過程で決定され、なおかつそのなかで賃織工場が具体的にどのように活動したかが明らかにされることで下請制の実態がより解明されるのである。

賃織工場の活動を具体的に検討した先行研究として、佐々木淳が第一次大戦期播州の機業家・石野久治家を取り上げている[3]。石野家は、賃織関係を取り結んでいた問屋以外にも、自己資金で独自に原料購入・製品生産・製品販売を行っていた。佐々木はこれを、賃織工場の「ある程度の自立性」とよんでいる。播州ではこのような自立性を有する賃織工場が、織元問屋による柔軟な生産量調整を可能にしたと評価するのである。もちろんこれは、重要な

（1）本書第一章、第四章を参照。
（2）佐々木淳「日本の工業化と産地綿織物業における力織機導入後の前貸し問屋制」『社会経済史学』第六四巻第六号、一九九九年。
（3）佐々木淳「産地綿織物業における織元賃織（委託生産）部門の担い手——第一次大戦期播州石野久治家の事例に即して」『市場史研究』第一五号、一九九五年。

指摘である。しかし、賃織工場が賃織関係とは異なる取引形態を有する点――賃織工場自身が独自の原料購入先および製品販売先を有していたこと――を指摘して評価するにとどまっており、下請制のなかから賃織工場の自立性――産地問屋との取引条件のなかで賃織工場が獲得したメリット――を見出したものとはいえない。

したがって本章の課題は、賃織工場が下請制のなかで、①どのような活動を行い、かつ②どのようなメリットやデメリットを得ていたのかについて解明することとする。具体的には、工賃の設定および生産量調整といった取引条件がどのように取り決められ、それが賃織工場にどのような影響を及ぼしていたかを明らかにしたい。

具体的な実証分析を行うために、知多産地において比較的大規模な織布工場であり、なおかつ賃織工場として操業していた冨貴織布株式会社[4]（以下、冨貴織布と略す）を事例研究対象として取り上げる。

第一節　知多産地における賃織工場の分布

(一) 多様な生産組織

知多地方では、「知多晒」とよばれる小幅白木綿が全国的に有名な特産品であり、特に東京市場を中心として販売されていた。この集荷の役割を担うのが、知多産地問屋であった。知多産地問屋は、東京織物商とアウトサイダーを排除した独占的な「知多晒」取引関係を確立させていた[5]。この「知多晒」を取り扱うにあたり知多産地問屋は、自営工場での生産に加えて、賃織工場に生産を委託していた。一九三二年ごろの知多産地問屋とその賃織工場を示せば、表5-1のようになる。表から、山田商店や山田保造など亀崎町に在住する産地問屋は、自営工場で生産する傾向の強い問屋であることがわかる。しかし自営工場による生産を志向する産地問屋はむしろ少なく、例えば半田町に在住する畑中商店や藤田商店、成岩町に在住する岩田商店などの産地問屋は、多くの賃織工場を組織していた。特に畑中商店や藤田商店はそれぞれ二一工場とひときわ多く、深津商店も九工場もの賃織工場を組織していた[6]。つまり知多地方では、半田町や成岩町を中心に、知多産地問屋による賃織工場の組織が広く分布していた。これは、知多産地問屋が自営工場を設立して生産者化する動きが一般的でなかったことと、それを可能とする賃織工場が産地には多数存在していたことを示している。

次に、賃織工場の規模をみると、一〇台から一五〇台までにわたっているが、三〇台から五〇台あたりの工場が目立って比率が高い。つまり、知多産地問屋は、産地でも中小規模の工場を賃織工場として組織していたのである。大規模な賃織工場をみると、冨貴織布、関半三、二宮卯吉、長坂俊太郎、長坂理三郎、櫻井辰次郎、長坂鍬など織機台数が一〇〇台を超えており、産地問屋の自営工場をも上回る賃織工場が存在していた。本章で検討対象企業となる冨貴織布は、知多地方の賃織工場のなかでも、上位ランクの規模を誇っていたのである。

(二)「巨大」な賃織工場

表5-2は、知多地方における機業家を、その織機台数を基準としてランキング化し、一九二六年、一九三二年、一九三六年それぞれの推移を追ったものである。これによれば、先の検討で規模の大きかった賃織工場が上位

(4) 以下、冨貴織布株式会社は、原資料の表記にしたがい、「冨」という漢字をあてる。
(5) この点については、本書第一章を参照。
(6) 北村木綿は、賃織工場を多数有していたが、一九三〇年代から自営工場の設備拡張を進めていく。本書第二章を参照。

その賃織工場（1932 年）

山田商店	山田保造	杉浦甚蔵	竹内弥吉 (岡木綿株式会社)	中七木綿	竹之内商店	西浦木綿	小島要蔵	瀧田貞一
亀崎町乙川	亀崎町乙川	亀崎町乙川	岡田町	岡田町	岡田町	大野町	鬼崎村	常滑町
4,160	10,490	4,050	1,950	4,511	2,498	2,260	11,310	6,341
5工場 646 3工場 526 2工場 120	2工場 418 2工場 418	3工場 196 1工場 80 2工場 116	2工場 118 2工場 118	3工場 197 2工場 108 1工場 89	2工場 172 2工場 172	10工場 560 1工場 152 9工場 408	8工場 624 8工場 624	6工場 213 1工場 46 5工場 167
自営工場③ 526(790)								
	自営工場② 418(446)							
					自営工場② 172(342)	自営工場 152(312)		
			自営工場② 118(314)	自営工場② 108(892)		櫻井辰次郎 100	長坂鍬 120	
							長坂福市 90	
		自営工場 80		竹内三吉 89(209)			長坂彦蔵 86 長坂安治 84 久野義一 84	
杉野鎗一郎 64		新美林七 68					長坂吉之助 68	
小杉清孝 56						田中信一 50	角野平造 58	
		小林安一 48				糠谷梅吉 48 (80) 山内清三郎 48		仲野善左 48 自営工場 46
						天野八郎 36 竹内昇一郎 36 宮崎三郎 34 (46) 新海荒次郎 32	長坂吉三郎 34	久田幸太郎 35(59) 森下保吉 34
						榔野良一 24 (30)		大岩猪次郎 28 盛田清平 22

（ ）で囲んだ数字は、広幅織機を含めた総織機台数を示す。

表 5-1 知多産地問屋と

知多産地問屋名前	岩田商店	北村木綿	山本常吉	畑中商店	藤田商店	深津商店	田中和三郎
所在地	成岩町	成岩町	半田町	半田町	半田町	半田町	阿久比村
晒木綿出荷数（梱）	13,172	17,506	570	8,427	22,234	6,240	12,056
総織機台数	8工場 486	10工場 596	2工場 58	21工場 1,150	21工場 1,018	10工場 530	8工場 397
自営工場		1工場 140	1工場 34			1工場 60	
賃織工場	8工場 486	9工場 456	1工場 24	21工場 1,150	21工場 1,018	9工場 470	8工場 397
賃織工場 500台以上							
400台以上							
150台以上		関半三② 152			長坂俊太郎③ 168		
100台以上		自営工場 140		二宮卯吉② 128 冨貴織布 120		長坂理三郎② 114	
90台以上						長坂勤 98	
80台以上	原田末一 88 石川坂次郎 82 新美常次郎 80			戸島太市 85 新美勝 84(132)	原田作太郎② 88 竹内佐平 83 長坂清治 80		
70台以上		岩田太郎吉 74		大橋順良 76			長坂鉄次郎 78 宮崎逸三 75 (97) 竹内末吉② 70
60台以上				長坂登一郎 66 酒井助一郎 60	長坂茂治 62 長坂敏 60 長坂喜作 60	長坂英三郎 65 自営工場 60	榊原藤松 60
50台以上	榊原文雄 58 榎本卯吉② 56 (72)	榊原庄吉 54		石原勝太郎 52 榊原栄吉 50	小田信二 58 長坂佳朗 56 新美友衛 54 木本まさ 52		土井初太郎 52
40台以上	間瀬元治 48 岡野誠右衛門 44	榊原庫吉 40 長坂房三郎 40		榊原喜一 48 石川栄一 42 (82) 蟹江一二 40 河村耕一 40 榊原好房 40 新美八太郎 40 細川義民 40	長坂市太郎 42	竹内弥七 41 本田忠一 40	
30台以上	久田朝造 30	伊藤清次郎 36 石川芳雄 32	自営工場 34	大橋宗平 38 細川格 36 竹部國彦 35 伊藤萬次郎 30	新美岩太郎 37 成田房吉 36 花井忠三郎 32 (52) 浪崎文治郎 30	山口末吉 36 (54) 竹内竹四代 36	青木周蔵 32 新海伊三郎 30
20台以上		三浦弥吉 28	榊原平助 24		榎本茂十衛② 20 (44)	榊原文治 24	
10台以上						新海佐之助 16	

注１）賃織工場名前の右横にある○で囲んだ数字は、工場数を表わす。さらに右横にある数字はその賃織工場の小幅織機台数。

注２）賃織工場織機台数のデータは、『紡織要覧』（1934 年度版）を参照。

注３）問屋自営工場は、網掛けで示した。

資料）本銘知多晒統制会『會員所属織機臺数簿』。

畑中商店『知多綿業大勢観』（半田市立図書館蔵）。

紡織雑誌社『紡織要覧』1934 年度版。

表 5-2　知多郡主要綿織物業者ランキングの推移

1926年

順位	名前	織機数	小幅	広幅	工場数
1	中七木綿株式会社	732	308	424	2
2	北村木綿株式会社	700	700	0	1
3	山田商店	510	254	256	2
4	山田保造	398	398	0	2
5	雀印織布合名会社	372	272	100	2
6	安藤梅吉	316	0	316	3
7	竹内虎王	314	118	196	1
8	合資会社西浦木綿商会	312	152	160	1
9	石川藤八	210	0	210	1
10	山三織布工場	176	0	176	2
11	岡田織布株式会社	160	0	160	1
12	山本工場	158	0	158	2
13	伊藤貫治	156	156	0	1
14	瀧田貞一	131	100	31	2
15	安藤菊次郎	128	0	128	2
16	**冨貴織布株式会社**	120	120	0	1
17	竹内豊義	104	0	104	1
18	豊田亮一	102	102	0	2
19	中田織布工場	100	70	30	1
20	関半三	100	100	0	2
21	宮崎逸三	98	90	8	1
22	笹根傳太郎	92	42	50	1
23	都築吉太郎	92	60	32	2
24	佐野宗平	88	0	88	3
25	早川木綿合資会社	87	36	51	1
26	長坂鉄次郎	84	84	0	1
27	澤田次郎	82	46	36	1
28	岡戸製布東浦工場	80	0	80	1
29	吉峯國治	80	0	80	1
30	竹内昇亀	80	0	80	1
	上位30企業合計	6,162	3,208	2,954	
	知多郡織機台数合計	16,158	10,135	6,023	
	上位30企業のシェア（%）	38.1	31.7	49.0	

1932年

順位	名前	織機数	小幅	広幅	工場数
1	安藤梅吉	976	0	976	4
2	中七木綿株式会社	892	108	784	2
3	合資会社山田商店	790	526	264	3
4	山田保造	446	418	28	2
5	雀印織布株式会社	342	172	170	2
6	岡戸嘉七	317	0	317	2
7	岡木綿株式会社	314	118	196	2
8	西浦木綿商会織布工場	312	152	160	1
9	都築吉太郎	236	0	236	1
10	石川藤八	220	10	210	1
11	竹内三吉	209	89	120	1
12	浅田磯一	198	0	198	2
13	竹内豊義	176	0	176	1
14	長坂俊太郎	168	168	0	3
15	岡田織布株式会社	160	0	160	1
16	関半三	152	152	0	1
17	竹内藤太郎	146	0	146	1
18	北村木綿株式会社製布場	140	140	0	1
19	榊原浅太郎	140	0	140	2
20	伊藤貫治	134	82	52	2
21	新美勝	132	84	48	2
22	林仁三郎	132	132	0	2
23	二宮卯吉	128	128	0	2
24	竹内勘三郎	124	124	0	1
25	長坂鍬	120	120	0	1
26	竹内六之助	120	0	120	1
27	**冨貴織布株式会社**	120	120	0	1
28	神谷福三郎	116	116	0	1
29	長坂理三郎	114	114	0	2
30	斎藤悦次郎	108	108	0	1
	上位30企業合計	7,682	3,181	4,501	
	知多郡織機台数合計	19,322	10,953	8,369	
	上位30企業のシェア（%）	39.8	29.0	53.8	

1936年

順位	名前	織機数	工場数
1	安藤梅吉	1592	6
2	中七木綿株式会社	856	2
3	合資会社山田商店	816	4
4	山田保造	458	2
5	合名会社雀印織布工場	380	2
6	浅田磯一	330	2
7	都築吉太郎	320	1
8	岡木綿株式会社	314	2
9	竹内豊義	314	1
10	岡戸嘉七	314	2
11	長坂俊太郎	302	4
12	北村木綿株式会社	294	2
13	林教雄	294	1
14	竹内好一	244	1
15	林仁三郎	240	3
16	石川藤八	220	1
17	長坂彦蔵	200	2
18	岡田織布株式会社	192	1
19	斎藤悦次郎	192	1
20	合資会社山木第一工場	184	3
21	二宮卯吉	178	1
22	都築又重	176	1
23	竹内六之助	176	1
24	櫻井辰次郎	166	1
25	関半三	164	2
26	長坂勤也	156	2
27	長坂栄次郎	154	1
28	**冨貴織布株式会社**	150	1
29	長坂吉之	150	1
30	長坂筆次郎	150	1
	上位30企業合計	9,676	
	知多郡織機台数合計	24,276	
	上位30企業のシェア（%）	39.9	

注1）各年度とも、織機台数順に上位30企業を並べた。織機数の単位は、台。

注2）綿織物業者数の総計は、1926年が355件、1932年が297件、1936年が327件である。

資料）紡織雑誌社『紡織要覧』各年度版。

ランクに位置していることがわかる。例えば、期間を通じて上位にランクインしているのは、冨貴織布と関半三で、冨貴織布は織機台数一二〇台から一五〇台へ、関半三は一〇〇台から一六四台へと規模を拡大させている。ほか、長坂俊太郎、二宮卯吉、長坂鍬、長坂理三郎、櫻井辰次郎なども、上位に位置していた。つまりこれらの賃織工場は、産地問屋と賃織関係を取り結ぶなかで、産地内でも比較的大規模な工場として操業し続けていたのである。自営工場を設立せずに賃織工場に生産委託する知多産地問屋が存在する理由は、先述したように、このような比較的大規模な工場が知多産地に存在しており、それら工場を賃織工場として組織できたことが大きかった。つまり知多産地には、産地問屋が賃織工場を組織下に編成させる誘因と、賃織工場が産地問屋と取引関係を結ぶなかで成長をもたらすメカニズムとが存在していたのである。なかでも冨貴織布は、比較的早い段階から大規模工場として登場しており、その地位を保っていたことから、自身の成長をもたらす取引条件や主体性を産地問屋から得ていたと考えられる。以下では、冨貴織布を具体的事例として、産地問屋との取引関係を検討していくことにする。その前にまず、冨貴織布の経営状況を明らかにしておく。

(三) 冨貴織布の経営状況

冨貴織布は、一九一九年九月に設立され、一九二〇年一〇月に賃織工場として操業を開始した。資本金二〇万円、豊田式織機一二〇台、原動機ガスの小幅木綿製造販売工場であった。先に検討したように冨貴織布は、戦間期を通じて、知多地方においても、比較的大規模な賃織工場として操業していた。その冨貴織布の経営状況がどのようなものであったかをまず明らかにしたい。そのために、冨貴織布『営業報告書』の分析を行うことにする。表5-3は、冨貴織布の収入および支出の内訳、および当期利益金、払込資本金、綿布生産高、操業日数を記したものである。ただし、冨貴織布『営業報告書』は、一九二六年下半期からしか現存していないため、創業した一九二〇

表 5-3 冨貴織布株式会社の収支と綿布生産高

年		収入					支出						当期利益金 C	A+B+C	払込資本金	対払込資本利益率（%）	綿布生産高（反）D	操業日数（日）E	D/E
		合計	工賃	綿布販売（自己勘定）	収入利子	雑収入	合計	製造費関係	支払利子	回収不能控除	減価償却 A	税金 B							
1926年	下半期	12,755	11,484	1,266	5	–	15,218	13,368	1,735	–	–	116	▲2,463	▲2,347	80,000	▲2.9	134,527	158	851
1927年	上半期	10,419	6,912	3,507	–	–	11,637	9,727	1,879	–	–	31	▲1,218	▲1,187	80,000	▲1.5	104,376	145	720
	下半期	1,180	1,178	–	–	2	4,452	2,609	1,757	–	–	87	▲3,272	▲3,187	80,000	▲4.0	16,097	35	460
1928年	上半期	–	–	–	–	–	1,874	149	1,696	–	–	29	▲1,873	▲1,844	80,000	▲2.3	–	–	–
	下半期	1	–	–	–	1	1,782	146	1,586	–	–	30	▲1,761	▲1,731	88,703	▲2.0	–	–	–
1929年	上半期	7	–	7	–	–	1,615	127	1,459	–	–	29	▲1,608	▲1,579	89,028	▲1.8	–	–	–
	下半期	–	–	–	–	–	1,541	107	1,404	–	–	29	▲1,541	▲1,512	89,078	▲1.7	–	–	–
1930年	上半期	–	–	–	–	–	1,686	107	1,548	–	–	31	▲1,686	▲1,655	89,078	▲1.9	–	–	–
	下半期	–	–	–	–	–	1,658	91	1,536	–	–	31	▲1,658	▲1,627	89,203	▲1.8	–	–	–
1931年	上半期	–	–	–	–	–	1,794	119	1,650	–	–	25	▲1,794	▲1,769	89,203	▲2.0	–	–	–
	下半期	–	–	–	–	–	1,646	466	1,150	–	–	30	▲1,646	▲1,616	89,578	▲1.8	–	–	–
1932年	上半期	12,306	6,296	6,010	–	–	12,306	11,006	1,009	–	–	17	274	291	95,947	0.3	207,465	147	1,411
	下半期	15,655	9,447	5,900	13	295	15,655	12,093	922	–	2,400	75	165	2,639	103,415	2.6	156,459	160	978
1933年	上半期	12,599	7,170	5,411	8	11	12,599	9,484	794	–	2,260	34	27	2,321	103,490	2.2	172,943	156	1,109
	下半期	10,089	3,883	6,174	1	31	10,089	9,203	799	–	–	72	15	88	103,490	0.1	169,765	160	1,061
1934年	上半期	16,455	6,054	10,384	17	–	16,455	10,845	738	3,377	1,339	109	48	1,495	103,490	1.4	180,200	163	1,106
	下半期	13,594	5,386	8,204	4	–	13,594	11,148	742	–	1,000	697	7	1,704	103,985	1.6	168,250	159	1,058
1935年	上半期	19,103	13,534	5,564	5	–	19,103	14,695	732	–	3,500	62	114	3,676	103,985	3.5	178,377	166	1,075
	下半期	14,699	7,667	7,028	4	–	14,699	10,137	847	–	3,500	60	156	3,715	103,985	3.6	145,695	166	878
1936年	上半期	10,836	5,836	4,997	2	–	10,836	9,056	683	–	1,000	66	30	1,096	103,985	1.1	140,204	163	860
	下半期	14,820	7,368	7,452	1	–	14,820	10,496	670	–	3,500	72	81	3,654	103,985	3.5	142,912	165	866
1937年	上半期	10,668	3,052	7,616	–	–	10,668	9,929	648	–	–	62	26	88	103,985	0.1	124,738	155	805
	下半期	24,141	12,135	12,004	1	–	24,141	11,995	678	–	5,800	95	5,573	11,468	103,985	11.0	125,693	165	762
1938年	上半期	15,538	9,534	5,648	9	346	15,538	10,414	436	–	4,500	44	144	4,688	103,985	4.5	68,887	137	503
	下半期	25,537	3,039	22,490	1	7	25,537	11,458	321	–	5,800	4,759	3,200	13,759	104,000	13.2	53,361	153	349
1939年	上半期	26,003	1,386	24,082	13	521	26,003	14,439	610	–	3,500	732	6,721	10,953	104,000	10.5	49,733	162	307
	下半期	28,558	2,881	25,522	9	146	28,558	19,381	687	–	4,200	4,058	233	8,491	104,000	8.2	37,300	158	236
1940年	上半期	31,658	5,534	20,631	94	5,400	31,658	20,787	209	269	2,950	5,483	1,960	10,393	104,000	10.0	39,144	160	245
	下半期	24,000	899	22,919	4	178	24,000	16,210	200	–	3,185	887	3,518	7,590	104,000	7.3	20,051	152	132
1941年		50,334	48,798	1,513	23	–	50,334	32,671	321	–	6,484	3,535	7,323	17,342	104,000	16.7	83,580	329	254
1942年		54,662	51,764	2,098	14	786	54,662	43,034	3,379	–	5,500	1,086	1,663	8,249	200,000	4.1	62,288	309	202
1943年		41,789	7,157	33,301	5	1,326	41,789	33,939	1,257	–	5,500	230	863	6,593	200,000	3.3	55,557	291	191

注１）対払込資本利益率（%）＝（当期利益金＋減価償却＋税金）÷払込資本金×100
注２）単位は、円。
注３）「▲」はマイナス。
資料）冨貴織布『営業報告書』各年版。

年から一九二六年上半期までの分析は不可能であることを付言しておく。

表5-3の分析に入る。まず利益金の推移をみると、一九三一年下半期まで一貫して損益を計上していたことがわかる。一九三二年上半期にようやく二七四円の当期利益を計上するものの、その後においても順調な利益金の上昇はみられず浮き沈みを繰り返すという傾向をみせた。つまり冨貴織布の経営は、知多産地において大規模工場として操業していたが、その内実は苦難に満ちたものだったのである。

次に収入の内訳をみると、工賃と自己勘定の綿布販売とが主たる収入源であることが判明する。つまり冨貴織布は、産地問屋で賃織関係を取り結ぶ一方で、自己の判断による綿布販売をも行っていた。続いて、綿布生産高および操業日数をみると、一九二八年上半期から一九三一年下半期におよび綿布生産が全く行われていない。つまり冨貴織布は、この期間操業を停止させていた。

以上のように冨貴織布は、知多地方で有力な賃織工場であり続けたが、その経営の内実は波乱に富んだものであった。なかでも、収入源は賃織収入に加えて自己勘定による綿布販売を行っていたことと、一九二八年から一九三一年にかけて長期にわたり休業を行っていたことがその特徴として挙げられよう。すなわち冨貴織布は、問屋との賃織関係を取り結び操業するなかで、独自の活動がみられたのである。そうした点をふまえて次節では、①賃織条件と綿布販売がどのような形で決定されるのか、そして②休業に至る経緯とそれを可能にした条件はどのようなものであったか、という点につき検討していく。

第二節　工賃をめぐる交渉

本節では、工賃がどのような過程を経て決定され、その決定過程で冨貴織布の利害がどのように生かされたのか、について明らかにする。資料は、主として『重役決議録』を用いる。これは、冨貴織布役員を中心として行われた議事録であり、人事に関する情報に加えて、取引先問屋との工賃取り決めについて記述した資料である。ただし記述は、一九二七年ごろまでは豊富になされているものの、それ以降は人事に関する情報が簡単に記述されるにとどまっている。したがって、一九二〇年（創業時）から一九二八年までを中心に検討していく。

（一）問屋との工賃交渉

図5-1は、冨貴織布と問屋との間で設定された工賃、綿糸布価格、名古屋女工賃金と知多女工賃金の実質賃金（名目賃金を綿布価格で除したもの）の推移をそれぞれ追っている。さらに、①から⑬の番号のついた灰色および黒色の線は、問屋と冨貴織布とで行われた工賃交渉の行われた時期を示している。つまり冨貴織布は、交渉を通じて工賃を決定していたことになる。

それではまず、各問屋との工賃をめぐる交渉について検討していく。

創業と第一次大戦後恐慌：安藤商店との賃織契約

冨貴織布は、当初、安藤商店との契約のもとで、操業を開始する予定であった。時期は、一九二〇年三月（図5-1①）である。冨貴織布は、知多産地問屋安藤商店と当初、糸一綛あたり三銭二厘五毛の織賃で、一九二〇年四月から六月まで三カ月間の契約を結んでいた。しかし、第一次大戦後恐慌が発生したために、事態は急変した。

「右期間中（＝一九二〇年四月から六月まで：筆者）、未曾有ノ大暴落ニ付、四月十六日迄契約理行（＝履行：筆者）シ仝十七日ヨリ解除ノ旨申来リ余儀ナク工賃金壱銭四厘ニテ解合[7]」

つまり、契約期間中である一九二〇年四月から六月の間に恐慌が起こったために、四月一七日以降は、三銭二厘五毛から一銭四厘へと工賃を引下げるように、安藤商店が冨貴織布へと要求した。そして冨貴織布は仕方なくこれを承諾した。これは、恐慌にともなう綿糸布価格の下落という商況に応じた工賃交渉が行われていたことを示している。実際に、一九二〇年四月から六月の間で、工賃の動きと綿布価格の動きとが連動している[8]。

工場経営の開始：名古屋綿布商杉本商店との賃織取引

一九二〇年四月に、株式大暴落に始まる第一次大戦後恐慌が発生したため、知多産地でも綿布取引契約が困難になった。

「何れ之問屋モ不況ノ打撃ヲ請ケ、工賃不引合且又問屋ハ會社ヨリ綿糸及金負融通ヲ附ケザレバ木綿ノ織立契約不纏（ママ）マラズ……（傍線：筆者）[9]」

（7）冨貴織布『約定帳』一九二〇年三月二八日記述。
（8）ただし、安藤商店が経営破綻したためか、実際にはこの契約は実行されなかった。
（9）冨貴織布『重役決議録』一九二〇年七月五日記述。

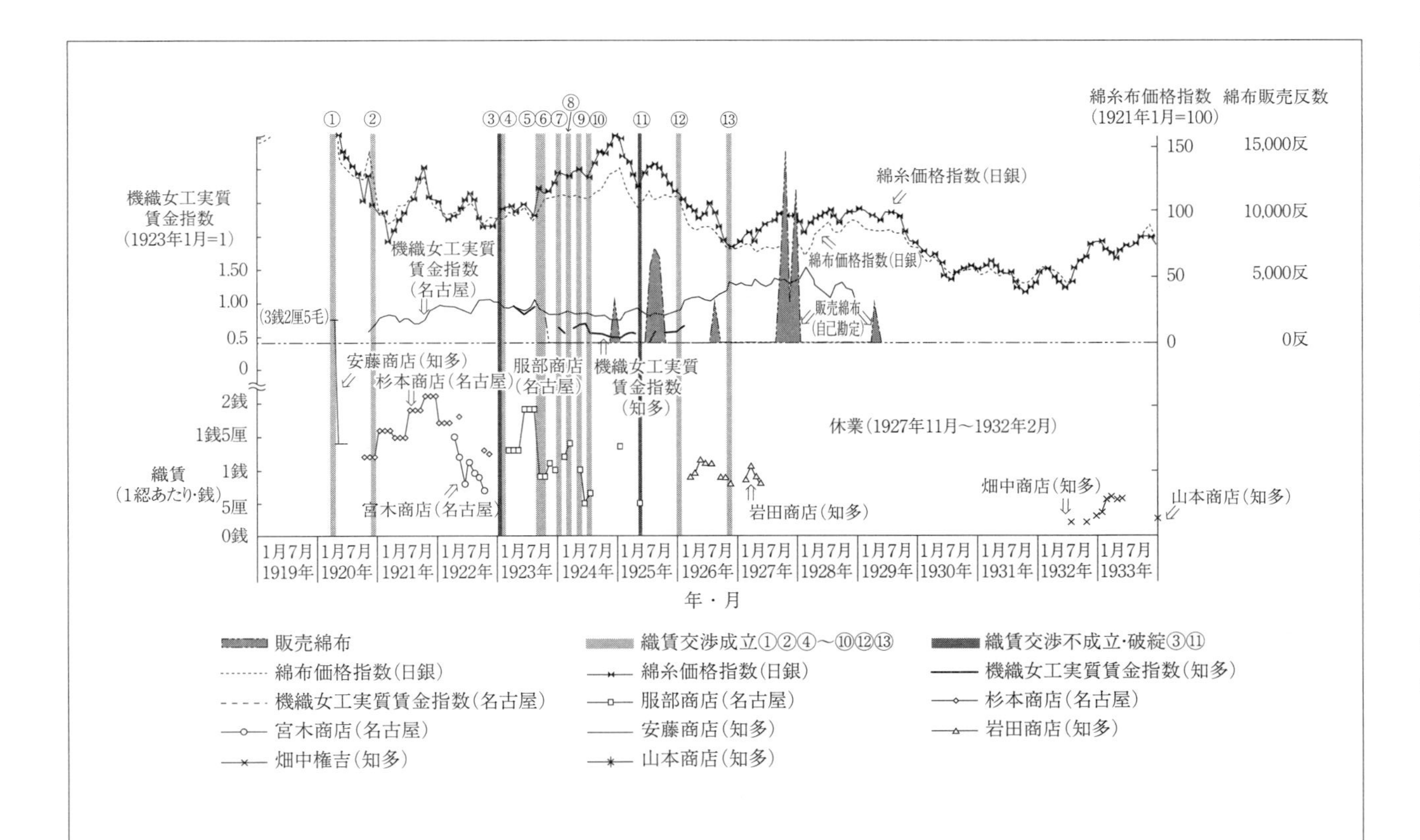

機織女工実質賃金指数（1923年1月=1）
綿糸布価格指数（1921年1月=100）
綿布販売反数
①
②
③④⑤⑥⑦⑧⑨⑩
⑪
⑫
⑬
1.50
1.00
0.5
0
2銭
1銭5厘
織賃（1綛あたり・銭）
1銭
5厘
0銭
150
100
50
0
15,000反
10,000反
5,000反
0反
(3銭2厘5毛)
機織女工実質賃金指数（名古屋）
綿糸価格指数（日銀）
綿布価格指数（日銀）
販売綿布（自己勘定）
安藤商店（知多）
杉本商店（名古屋）
服部商店（名古屋）
機織女工実質賃金指数（知多）
休業（1927年11月～1932年2月）
宮木商店（名古屋）
岩田商店（知多）
畑中商店（知多）
山本商店（知多）
1月7月
1919年
1920年
1921年
1922年
1923年
1924年
1925年
1926年
1927年
1928年
1929年
1930年
1931年
1932年
1933年
年・月
販売綿布
織賃交渉成立①②④～⑩⑫⑬
織賃交渉不成立・破綻③⑪
綿布価格指数（日銀）
綿糸価格指数（日銀）
機織女工実質賃金指数（知多）
機織女工実質賃金指数（名古屋）
服部商店（名古屋）
杉本商店（名古屋）
宮木商店（名古屋）
安藤商店（知多）
岩田商店（知多）
畑中権吉（知多）
山本商店（知多）

工賃変更をめぐる主な内容

番号	年	月	相手	結果	主な経過
①	1920年	3月	安藤商店	成立	期間中未曾有の大暴落につき、工賃金壱銭四厘にて解合。
②	1920年	12月	杉本商店	成立	21年1月より、工賃1銭6厘（4厘増し）を応じれば、契約する方針。杉本受諾。
③	1923年	1月	岩田商店・杉本商店・宮木商店	不成立	岩田商店は改良木綿綛9厘、杉本商店は岡木綿綛1銭、宮木商店綛9厘で、賃織契約の申し込みあるが、採算合わないため、契約を見送る。
④	1923年	2月	服部商店	成立	服部商店と工賃1銭3厘にて契約。
⑤	1923年	9月	服部商店	成立	京浜地方大震災のため、不況工賃下落するが、回復後の多少の安定を見込む。9月11日着荷分より、綛1厘値下げ。
⑥	1923年	10月	服部商店	成立	10月22日分より、綛1銭1厘（2厘値下げ）。
⑦	1924年	1月	服部商店	成立	木綿値上げ通知。綛2厘値上げ。
⑧	1924年	3月	服部商店	成立	綛2厘値上げ。
⑨	1924年	5月	服部商店	成立	6月1日入荷分より、綛5厘（5厘値下げ）。不況のため、工賃下落するが、回復を見込んで運転継続。
⑩	1924年	7月	服部商店	成立	7月22日入荷分より、綛6厘5毛（1厘5毛値上げ）。
⑪	1925年	5月	服部商店	不成立	値引き及び工賃（綛5厘）聞き入れず。
⑫	1926年	1月	岩田商店	成立	目下のところ、工賃は採算が合わないが、休業継続は不利と考え、契約する。
⑬	1926年	11月	岩田商店	成立	目下のところ、工賃は7厘と採算合わないため、問屋へ工賃増しを求め掛け合い、11月工賃8厘に。

図5-1　冨貴織布株式会社の織賃・販売綿布と綿糸布価格

注1）綿糸価格指数、綿布価格指数は、1921年1月を100としたときの指数。右軸に合せた。

注2）実質賃金は、綿布価格の変動に対する労働者賃金の動きを表したもの。1923年1月を1.00に合わせた。

機織女工実質賃金指数（名古屋）＝織布女工賃金指数（名古屋）／綿布価格（白木綿）指数
機織女工実質賃金指数（知多）＝織布女工賃金指数（知多）／綿布価格（白木綿）指数
注3）織賃交渉成立および不成立は、資料上確認できるもののみを取り上げた。

資料）冨貴織布『約定帳』、『重役決議録』。

日本銀行『明治以降卸売物価指数統計』1987年。

名古屋商工会議所『名古屋商工月報』各月版。

つまり、大恐慌の影響で、問屋が窮状に陥り、織布業者と賃織契約を結ぶには厳しい状況となった。しかし、こうした状況下で、冨貴織布は賃織契約をとりつけることに成功する。そのいきさつは、以下の通りであった。

「大正九年四月以来不況休業ニ付キ各取引商店運動ノ結果ヲ報告並ニ契約可否ノ件成岩町畑中権吉氏ノ仲立ニテ名古屋市傳馬町杉本友十郎商店殿ト工賃一綛金壱銭二厘ニテ取引契約ノ懇請ニ依リ該商店ヨリ綿糸二〇手三〇手六百玉借リ受ケノ契約纒レバ職工募集シ機械運轉開始スル事ニ決ス（傍線：筆者）」[10]

一九二〇年四月以来、不況のため工場を操業させずにいたものの、名古屋杉本商店と工賃一銭二厘で賃織契約が成立し、冨貴織布は、操業を開始するに至った。注目すべきは、この契約には、知多産地問屋の畑中権吉が仲介に入っていたことである。新しく織布業を創業した冨貴織布株式会社にとって、畑中商店が、名古屋綿布商への仲介役を果たしたことは、販路を確保するうえでその重要度は高かった。この時の取り決め内容は、次の通りである。

「會議議案　工賃契約　杉本商店へ左の要求ヲ入れ（ママ）応じれば（ママ）契約スル事ニ決ス
・岡木綿　従前通り品（ママ）　・縦一歩増し（ママ）　拾三綛一歩　・横一歩増し（ママ）　拾綛八歩
・工賃一綛　壱銭六厘　・綿糸共成岩受渡シ口銭杉本持　・契約期間　自大正拾年一月吉日　至大正拾年参月参拾壱日」[11]

これは、工賃を四厘増しの一銭六厘とした点、原料綿糸を名古屋ではなく冨貴織布に近い成岩で受渡すことにした点、手数料を問屋側が負担する点で、冨貴織布にとって有利な条件を求める交渉であった。また、三カ月間賃織関係を取り結ぶことも約束していた。結局、杉本商店は、この条件を受け入れた。図5-1の②の時期を確認すると、工賃は上昇していた。つまり、冨貴織布は交渉を通じて、自身にとって有利な条件を獲得していたのである。

一九二一年の杉本商店との取引（◇の推移）は、綿糸布価格と連動していたことから、冨貴織布は、綿糸布価格の動向に合せた工賃で操業していたといえる。

交渉決裂と新規開拓：名古屋綿布商宮木商店との賃織取引

冨貴織布は、一九二二年四月より名古屋綿布商宮木商店と賃織取引を開始した。取引条件は「杉本商店継続の通り[12]」で、杉本商店と同条件で岡木綿を取引するというものだった。宮木商店の織賃の推移を示す、図5-1の丸印（○）の動きからわかるように、綿糸布価格と連動していた杉本商店との工賃と比べれば、下落の激しいことがわかる。こうした取引条件悪化のために、冨貴織布の採算は合わず、一九二三年一月宮木商店との工賃契約の際に、決裂することになった。

「・大正拾弐年度旧正月ヨリ操業可否ノ件
成岩町岩田商店ヨリ改良木綿緦九厘ニテ申込アリ
名古屋市杉本商店岡木綿緦一銭
仝　宮木商店　仝　緦九厘
右工賃ニテハ不算當ニ付キ暫時成行ヲ眺メ再会スル事ニ決ス（傍線：筆者）[13]」

（10）　冨貴織布『重役決議録』一九二〇年九月二八日記述。
（11）　冨貴織布『重役決議録』一九二〇年一二月一四日記述。
（12）　冨貴織布『約定帳』一九二二年三月三〇日記述。
（13）　冨貴織布『重役決議録』一九二三年一月二七日記述。

一九二三年一月、冨貴織布との工賃契約を望んで、各問屋はそれぞれ取引条件を提示した。すなわち、知多産地問屋岩田商店が工賃一緦九厘、杉本商店が一緦一銭、宮木商店が一緦九厘という条件を提示した。しかし冨貴織布は、いずれの工賃も採算が合わないという理由から、どの問屋とも契約せずに、工場操業を見合わせた。この背景には一九二二年一〇月に、「工場増設ノ件　時期ヲ見計ヒ、金三萬円以内ニテ糊付機及廣巾織機ヲ増設スル事ニ決ス」[14]と、糊付機や織機など設備投資が議論されていたことと、加えて一九二三年二月には、「社宅及男工寄宿舎建設ノ件」[15]が議論されており、工場経営上のコスト拡大が予想されたことがあった。

つまり冨貴織布は、自身の工場経営上の利害に基づいて工賃契約を選択していた。さらに冨貴織布は、取引条件を良好なものにするために工賃交渉を続けることになった。そして一九二三年二月には、「名古屋へ出張シ工賃壱銭弐参厘ナレバ契約スル事ニ決ス」[16]と取り決めた。冨貴織布は、工賃が一緦あたり一銭二厘もしくは一銭三厘であれば契約するという方針を決めたうえで、名古屋にて取引相手を探すことになったのである。

そして、一九二三年二月四日、

「宮木商店、杉本商店　カ服部商店　及び(ママ)畑中商店ノ仲介ニテ宮田商店　各工賃ヲ掛合ヒ交渉ノ結果　カ服部商店ト約定書ノ通リ工賃壱銭三厘ニテ契約ス（傍線：筆者）」[17]

冨貴織布は、各問屋と工賃をめぐる交渉を続けた結果、工賃一銭三厘という当初予定していた条件で名古屋の服部商店と実際に契約することができた。図5-1の④からわかるように、実際に工賃は、宮木商店との取引時に比べて上昇している。したがって、冨貴織布が当初希望していた工賃を、交渉の結果獲得したと評価できるのである。

ただし、工賃を上昇させることに成功した後に至っても、一九二三年六月には、

「職工ヨリ賃増シ願出ニ付可否ノ件　大正十二年六月ヨリ左記ノ者、賃増支金払決定ス……（傍線：筆者）[18]」

とあり、このように工場労働者からの賃金引上げ要求に冨貴織布はさらされていた。つまり、工賃交渉は、冨貴織布が経営を維持していくうえで、重要な対応策だったのである。

関東大震災への対応：名古屋綿布商服部商店との取引

一九二三年九月（図5-1⑤）に服部商店との工賃は下落した。この要因は、関東大震災による綿布取引の混乱にあった。

「京浜地方大震災（＝関東大震災：筆者）ノ為運輸途絶ニ付不況工賃暴落シ　「カ服部商店交渉ノ結果報告ノ件　休業又ハ運轉継續問題ニ関シテハ運輸ノ便ニ回復后ハ多少ノ安定ノ見込ニテ今暫ク運轉継續ヲスル事ニ決シタリ[19]」

これは、関東大震災の影響で運輸が途絶したために、綿布販売に悪影響がおよび、工賃が暴落した事態を伝えていた。この事態に対して、冨貴織布は、運輸が回復すれば商況が安定するという冨貴織布自身の見通しから、下落した工賃を受け入れ、操業を続けた。

(14) 冨貴織布『重役決議録』一九二二年一〇月記述。
(15) 冨貴織布『重役決議録』一九二三年二月記述。
(16) 冨貴織布『重役決議録』一九二三年二月二日記述。
(17) 冨貴織布『重役決議録』一九二三年二月四日記述。
(18) 冨貴織布『重役決議録』一九二三年六月記述。
(19) 冨貴織布『重役決議録』一九二三年九月二七日記述。

しかし一九二四年五月、服部商店の工賃は、再度下落することになった（図5-1⑨）。

「カ服部商店ヨリ電報ニ接シ常務取締役森田覚太郎氏出張シ不況工賃暴落シ服部商店ニ交渉ノ結果報告ス　休業又ハ運轉ニ関シテハ先ノ不況短キ便ニ回復見込ナル故ニ運轉継續スル事ニ決シタリ（傍線：筆者）[20]」

内容は、服部商店との工賃が、不況の影響で暴落し、その対応について交渉したものであった。ここで冨貴織布は、不況が短期で終わるという見通しをもったことから、工場の操業を継続することに決定した。冨貴織布は、景気回復への自身の見込みから、比較的大きな工賃下落を受け入れたのである。

しかしその後、工賃引上げがあったものの、工賃の低迷が続いた。商況は、回復をみせず、ついに冨貴織布は、一九二四年八月八日より休業した[21]。

そして一九二五年一月（図5-1⑪）に、服部商店との取引は決裂を迎えた。

「問屋（＝服部商店：筆者）ヨリ平織ニテ五月一日入荷分ヨリ綛五厘ト通知アリ后如何なる方針ニテ操業スルヤ可否ノ件[22]」

冨貴織布は綛五厘という、期間を通じて低い工賃を課せられた。そのため冨貴織布は、会社役員森田覚太郎を服部商店へ派遣し、交渉にあたらせた。

（20） 冨貴織布『重役決議録』一九二四年五月二六日記述。
（21） 冨貴織布「織物製造休業届」『工場課　稟申往復留』一九二四年八月二一日。
（22） 冨貴織布『重役決議録』一九二五年五月一日記述。

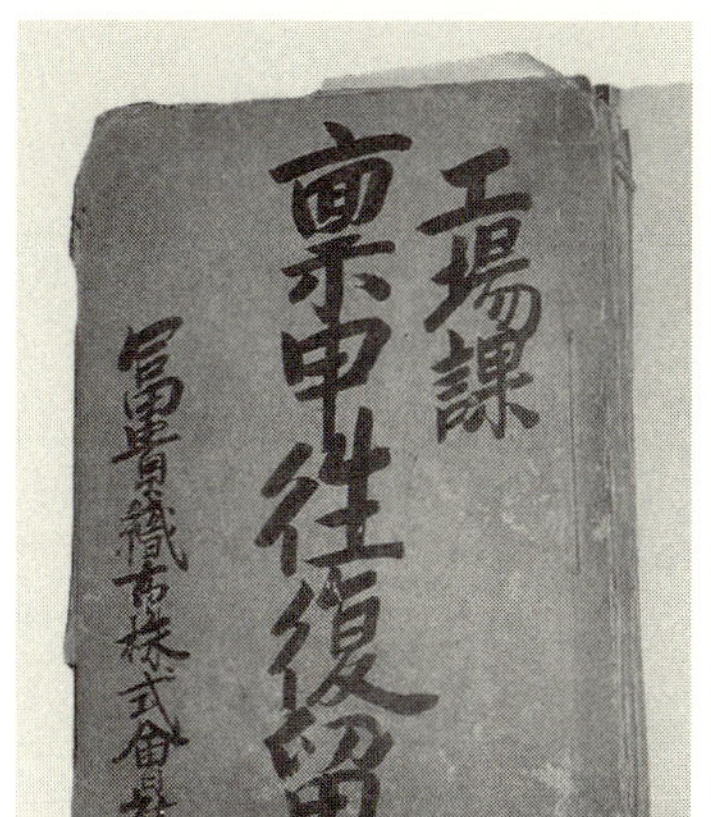

写真 5-1

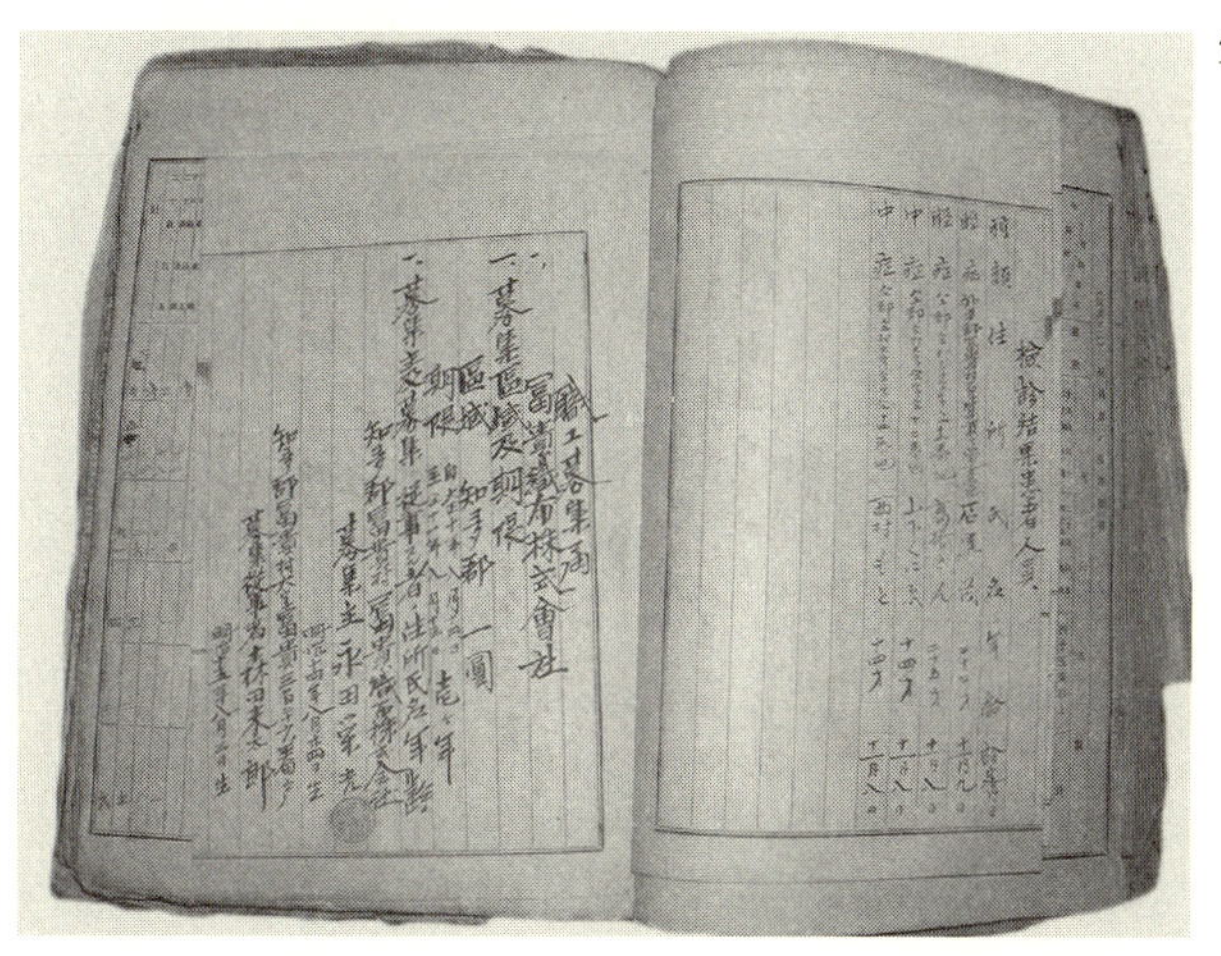

写真 5-2

貴重な資料群

本書は、数々の貴重な一次史料が基盤となっている。例えば、写真 5-1 は、冨貴織布で保存されていた「工場課　稟申往復留」の書類群。この冊子には、工場の設備・就業時間・職工扶助規則などの書類が保存されている。これらは、工場法施行にともなって、愛知県知事への労務報告を義務付けられたために作成された。なお、写真 5-2 は、同じく書類群に綴じられていた「職工募集届」。この資料によれば、職工の募集範囲は、知多郡一円に広がっていたことをうかがい知ることができる。

表 5-4　綿糸布売買の約定

(1) 綿糸購入約定

約定年月	購入先	綿糸	契約手段	単価（玉あたり・円）	数量（玉）	値段（円）
1923年2月	服部商店	30手	出張			340
1923年2月	服部商店	20手	出張			240
1923年8月	服部商店	20手	出張		1,515	240
1923年9月	服部商店	30手	出張			330
1923年9月	服部商店	20手	出張			240
1923年12月	服部商店	30手				396
1923年12月	服部商店	20手				296
1932年7月	畑中権吉	赤三16手		115	400	
1932年11月	畑中権吉	赤三16手		200	400	

(2) 綿布販売約定

約定年月	販売先	綿布	方法	契約手段	単価（1反あたり・銭）	数量（反）
1923年10月	杉本商店	木綿	現物売買	電話	81.5	1,200
1923年10月	杉本商店	木綿	現物売買	電話	82.0	1,200
1924年12月	服部商店	東岡	現物売買	電話	120.0	3,240
1925年7月	服部商店	春印岡	現物売買	電話	103.0	6,000
1925年8月	杉本商店	春印岡	現物交換	名古屋出張	100.3	7,200
1925年9月	服部商店	春印岡	現物交換	名古屋出張	104.0	6,552
1926年8月	岩田商店	上岡	売買		83.0	3,000
1927年10月	畑中権吉	並岡			61.0	6,000
1927年11月	畑中権吉	並岡			59.5	3,000
1927年12月	畑中権吉	並岡			62.0	6,507
1927年12月	畑中権吉	上岡			67.5	1,200
1927年12月	畑中権吉	上岡			68.0	2,400
1927年12月	畑中権吉	上岡			68.5	1,560

資料）冨貴織布『約定帳』。

「カ服部商店交渉ノ結果報告ノ件　値引及ビ工賃聞入レズ、三月三十日出荷分緦五厘の入帳ノ事　綿糸購入シ操業ノ継續スル筈ニ付、請々糸屋問合セシタリ（傍線：筆者）」[23]

冨貴織布は、問屋からの工賃引下げには一切応じず、その結果服部商店との取引は決裂した。[24] このため冨貴織布は、一九二五年五月二九日から一九二六年二月一八日までの期間にわたって休業した。[25]

冨貴織布は、この事態に対応して、賃織での生産路線を変更し、自身で綿糸を購入して、自身で綿布販売を行った。表5-4に、冨貴織布が、綿糸布の購入あるいは販売を行った時期とその内容とを示している。表をみると、一九二五年七月から大口の綿布販売約定が増えている。取引相手は、服部商店や杉本商店など従来から賃織関係にあった問屋であった。つまり、従来の取引相手に対して、賃織から現物売買へと取引条件を変更するという手段をとったのである。ただし、この期間中工場の操業を停止していたことから、おそらく在庫綿布を販売したものと考えられる。[26] この場合、冨貴織布は、自身で購入した綿糸で綿布を生産し、自身で相場を判断し販売することになるため、冨貴織布は綿糸布相場のリスクを負うことが必要とされた。したがって、冨貴織布は、服部商店との取引破綻への対応として、購入および販売のリスクを取り入れて現物売買を選択したのである。[27]

(23) 冨貴織布『重役決議録』一九二五年五月六日記述。
(24) 名古屋服部商店は、冨貴織布との取引を停止するために、わざと低い工賃を課したという（永田稔雄氏への聴き取り、二〇〇三年四月五日）。
(25) 冨貴織布「織物製造操業届」『工場課　稟申往復留』一九二六年二月一九日。
(26) 在庫綿布には、前貸し綿糸の余剰分である出目から織り上げた綿布も加わっていることも考えられる。
(27) 「賃織での生産は安定的で、現物売買は投機的」であったという（永田稔雄氏への聴き取り、二〇〇三年四月五日）。

操業再開へ：知多産地問屋岩田商店との賃織取引

一九二六年一月（図5-1⑫）、冨貴織布は、岩田商店との賃織取引を開始することになった。

「……成岩町ノ岩田商店引取要項ヲ報告シ目下工賃不算当ナルモ目先ハ上眺ニ向フ眺アリ休業継續ハ不利ナル説明シタルモ時節柄商況振ワズ今日今半期見送リ操業ノ必要アリ説ニテ……（傍線：筆者）[28]」

冨貴織布は、現状の工賃では採算が合わないが、この先商況が上向きになるという見込みを立てていた。そして、半期間契約を見送った後、知多産地問屋岩田商店と工賃契約を結ぶという話を進めた。そして、翌日の一九二六年一月二八日、

「昨晩流會豫メ昨晩通リ報告シタルニ今操業ノ必要アリト認メ旧正月ヨリ操業スル事ニ決ス（傍線：筆者）[29]」

結局、岩田商店との賃織取引を機に工場の操業を再開することになった。契約した一九二六年三月から一九二七年五月までの岩田商店との織賃の推移をみると、服部商店との交渉決裂時より高い工賃を得ている。つまり、冨貴織布は、有利な工賃を得たことから、「売買」から「賃織」へと比重を移していったのである。

(二) 工賃交渉を可能にした要因

第一次大戦恐慌を経た一九二〇年代は、概して商況が振るわず、厳しい環境にあったといえる。こうした状況下で冨貴織布は、工賃交渉を通じて、利益の確保を図っていた。

冨貴織布は、自身の利害に基づいた工賃を求めて取引相手を選別し、工賃契約を相互の契約に基づいて結んでいた。工賃が下落すれば交渉は決裂し、新たな問屋との賃織契約を結ぶ際には、工賃の上昇がみられたのである。

それではこのような冨貴織布の交渉を可能にした要因を考えてみたい。

第一の要因として、冨貴織布は、知多産地でも大規模な工場であった点が挙げられる。表5-1の検討から明らかなように、冨貴織布は、産地問屋畑中商店が取引関係を結んでいた賃織工場のなかで、二宮卯吉に次ぐ規模を誇っている。しかも畑中商店は、自営工場を有していないため、生産部門として冨貴織布を重要視していた。また同じく冨貴織布と賃織関係にあった岩田商店も、自営工場を有していない。つまり冨貴織布は、産地問屋の経営戦略にとって重要な位置にあったために、その交渉力が高まったのである。

次に冨貴織布がこのように大規模な工場として創業することが可能だったのは、設立に関わった人々に冨貴村の資産家クラスが多く含まれていたからであった。

表5-5は、冨貴織布発起人の所有株数、所得金額、職業を挙げている。筆頭株主であった永田栄吉は、冨貴村元村長、助役であり、村内でも指導的立場にあった。続く株主である森田覚太郎および永田市治良は、ともに織布工場を経営していた。その他、村役人や資産家が有力株主として参加している。冨貴織布は、永田栄吉の名望家的活動を基に、冨貴村内の資産家、村長助役クラス、織布工場経営者などの出資が中心となって設立され、それゆえに知多地方でも大規模な工場を設立することができたのである[30]。

第二に考えられる要因として、冨貴織布が工賃に応じて独自に対応していたことが指摘できる。

---

(28) 冨貴織布『重役決議録』一九二六年一月二七日記述。
(29) 冨貴織布『重役決議録』一九二六年一月二八日記述。
(30) 冨貴織布設立経緯については、「第一次大戦ブーム期は景気が良く、生活にゆとりのある人が増えた。そうした人々が株式投資に参加した。永田栄吉は、村の助役で、彼が中心で株式を募集し、森田覚太郎はカネカ織布を経営しており、技術関係を担当した」という。永田稔雄氏（永田栄吉氏のご令孫）への聴き取り（二〇〇三年四月五日）。

表 5-5　冨貴織布発起人（1919 年）

名前	住所	冨貴織布設立時 株数	冨貴織布設立時 金額	冨貴織布設立時 証拠金	1912年時所得金額（円）	職業・地位など
永田栄吉	富貴村大字富貴字郷南55番地	400	20,000	1,000		明治22年富貴村村長、大正5年助役
森田覚太郎	富貴村大字富貴316番戸	400	20,000	1,000	500	𠚥織布工場（創業明治42年）主、大正6年村会議員、大正12年区長、大正14年区長代理、昭和8年村会議員
永田市治良	富貴村大字富貴282番戸	200	10,000	500	600	永田織布工場（創業明治42年）主、明治37年村会議員
森田儀三郎	富貴村大字富貴248番戸	130	6,500	325		
松崎滋助	富貴村大字富貴字市場54番地	120	6,000	300		明治40年富貴村助役、大正元年同村村長
植田徳三郎	富貴村大字富貴字宮前2番地	100	5,000	250		大正4年富貴村区長、大正6年区長代理、昭和4年村会議員
森田小三郎	富貴村大字富貴314番戸	100	5,000	250	500	明治42年富貴村区長、村会区長、大正8年区長、大正14年区長、昭和2年区長代理
片岩琴二	富貴村大字富貴字郷南69番地	100	5,000	250		大正14年村会議員
田中定吉	富貴村大字富貴字南側14番地	100	5,000	250	400	大正2年村会議員、大正3年富貴区長、大正5年区長代理、昭和7年村長
松崎泰一	富貴村大字富貴334番戸	100	5,000	250		
森田米太郎	富貴村大字富貴326番戸	100	5,000	250	400	永田栄吉の従兄弟
井田楠松	富貴村大字富貴字新田前55番地	100	5,000	250	900	永田栄吉の親戚、明治23、41年富貴村区長、明治38年同村収入役、大正6年区長、大正8年区長代理、昭和4年区長、昭和7年助役
永田清一	富貴村大字富貴272番戸	60	3,000	150		
永田竹治郎	富貴村大字富貴333番戸	60	3,000	150		
川合吉三郎	富貴村大字富貴字市場85番地	50	2,500	125	2,000	大正7年富貴村区長、大正9年区長代理、昭和5年区長
森田吉右衛門	富貴村大字富貴311番戸	50	2,500	125	600	明治44年富貴村区長、大正2年村会議員、昭和4年村会議員
稲栄常吉	富貴村大字富貴字市場87番地	50	2,500	125		
森田庄蔵	富貴村大字富貴312番戸	50	2,500	125		
鈴木徳太郎	富貴村大字富貴269番戸	50	2,500	125	400	大正2年村会議員
植田松治郎	富貴村大字富貴256番戸	50	2,500	125		
森田梅治郎	富貴村大字富貴339番戸	40	2,000	100		
石黒岩吉	富貴村大字富貴319番戸	40	2,000	100		息子が織布工場創業（戦後迄続く）
森田竹治郎	富貴村大字富貴字南側108番地	40	2,000	100		

資料）冨貴織布『發起人株式申込證』1919 年。

『愛知県尾張国資産家一覧表』1913 年（渋谷隆一編『都道府県別資産家地主総覧　愛知編 2』日本図書センター、1997 年）。

富貴尋常高等小学校『郷土調査』1931 年 4 月。

永田稔雄氏（冨貴織布社長・永田栄吉氏のご令孫）への聴き取り（2003 年 4 月 5 日）。

まず工賃の条件が折りあわない場合、自身の相場判断に基づいて、綿糸や綿布を「売買」していた。つまり「売買」による収入を、工賃に代わる収入源とすることで、利益確保を図っていた。取引相手は、従来から賃織取引を行っていた問屋ではあるが、このような活動は、冨貴織布の主体性を示していた。

次に工賃の下落時には、冨貴織布はその経営を維持するために職工賃金を引き下げていた。これは知多産地に広くみられた動きであった。この点について、図5-1から検討していく。まず一九二〇年代中頃は、趨勢として工賃が下落傾向にある。このなかでまず一九二三年下半期に注目すると、先述したように関東大震災の影響で工賃は大幅に下落していた。この時期の知多機織女工実質賃金指数（以下、知多女工賃金と略す）[31]は、表示されていないため正確な数値は不明である。とはいえ、同時期の名古屋機織女工実質賃金指数（以下、名古屋女工賃金と略す）が、下落傾向で推移している点に照らし合わせると、知多女工賃金も下落傾向であったものと推察される。つまり、関東大震災による工賃下落に対応して、機業家は女工賃金を引き下げていたと考えられる。こうした動きのなかで、冨貴織布も、労働者賃金を下落させることで工賃下落に対応した。

「・職工工賃引下の件　工賃不算當ニ付職工ニ■■職工ト協議ノ上三割及三割五分工賃引下ノ事ニ決シス（傍線：筆者。■は難読）」[32]

冨貴織布は、問屋からの工賃引下げを受け入れたために、工場経営の採算が悪化した。これに対応して、労働者賃金の引下げを労働者との協議のうえで実行した。つまり冨貴織布は、工賃引下げを受け入れる際には、労働者賃

(31) 名目賃金を製品白木綿価格で除した。名古屋機織女工実質賃金についても、同様の計算を施した。
(32) 冨貴織布『重役決議録』一九二三年九月二七日記述。

表 5-6　冨貴織布の労働者募集

募集期間	愛知県								合計
	知多郡						小計	愛知郡	
	冨貴村	河和町	師崎町	豊浜町	阿久比村	西浦町			
1920年10月～1921年10月	48	4	5	–	–	–	57	–	57
1922年1月～1922年6月	8	–	–	–	1	1	10	1	11
1923年2月～1923年8月	2	3	4	–	–	–	9	–	9
1923年8月～1924年2月	–	–	5	3	–	–	8	–	8
1924年2月～1924年8月	2	2	2	–	–	–	6	–	6

注）単位は、人。
資料）冨貴織布「労働者募集結果御届」『工場課　稟申往復留』。

金の引下げを対応手段として講じていたのである。

次に一九二四年中頃、工賃下落が進んでいることがわかる。これに連動するように知多女工賃金が下落していた。冨貴織布は、一九二四年五月の賃金を取り決めるうえで、「職工工賃四月に基き三割引にし……」[33]という方針をとった。つまり労働者賃金を、四月時に比べて三割カットするという方法をとることで、コスト削減を図っていた。

一九二五年中頃の工賃下落期では、冨貴織布資料に職工賃金を下落させたという記述はみられないものの、知多機業家の間で、職工賃金を下落させた事例がみられたことが『知多商工月報』に報告されている。

「……産地は益々悲境に沈倫し遂には多数の休業工場を算し一面操業工場に於ても職工賃金切下を決行する……（傍線：筆者）」[34]

つまり知多の機業家は、賃織工賃の条件が悪化した際には、職工賃金を切下げることでコストダウンを図るという対応が、広く進展していたのである。

とはいえ、工賃に応じて労働者賃金を切下げることは、労働者の確保を困難なものとしたと考えられる。労働者賃金が引き下げられれば、より労働条件の良い職場へと移動するという誘因が労働者に働くからである。冨貴織布が、一九二〇年一〇月から一九二四年八月にかけて労働者募集した人数と地域とを示した表5-6をみると、募集当初は、冨貴村から四八人、河和町から四人、師崎町から五人の労働者を募集していた。つまり、冨貴織布は設立当初、主として冨貴村からほとんど労働者を募集していた。しかし、一九二二年一月から同年六月の期間で冨貴織布は、冨貴村の八人に加えて、阿久比村や西浦町へと募集地域を広げている。そして、一九二三年二月から一九二三年八月の期間に至ると、冨貴村二人に比べて、河和町で三人、そして師崎町で四人募集するというように、冨貴村外からの労働者募集がその比重を増していた。したがって、冨貴織布は労働者賃金の引下げをともないつつ、経営活動を続けていくために、低賃金労働力を広範囲に求めることが必要とされたのである。

第三節　経営危機を支えた地域ネットワーク

第一節で述べたように、冨貴織布は、一九二八年上半期から一九三一年下半期にかけて休業した。本節では、冨貴織布が、休業に至った背景と、そのなかで経営を存続することがいかにして可能となったのかという点について検討しておく。

(一) 同業組合による休業決定

一九二七年に始まる金融恐慌、一九二九年の昭和恐慌は、知多産地に深刻な影響を及ぼした。

(33) 冨貴織布『重役決議録』一九二四年五月二六日記述。
(34) 知多商業會議所『知多商工月報』一九二五年七月。

冨貴織布『営業報告書』一九二七年上半期報告では、

「金融界不安ノ影響ヲ受ケ不勢ノ度加ハリ市況未曾有ノ混乱状態ニ陥り……代金決済難ノ為荷物ノ受渡シ不圓滑トナリ機業地ハ休機ノ止ムナキニ至ルモノ續出シタリ……」(35)

知多産地では、金融恐慌を迎え、工場経営が苦しくなったために休業する機業家が続出し、冨貴織布が休業することになったのも、このような状況を背景としていた。

「金融及ビ商況不圓滑ニヨル購買力減退著シク内地織物界秩序回復セズ採算甚ダシク不利ニ陥リ拾壹月八日ヨリ休業ノ止ムナキニ至レリ」(36)

このように冨貴織布は、金融恐慌による金融界および商況の悪化を鑑みて、休業するに至ったのである。その際、「残糸及木綿時期見賣却シ借入金ヲ少クシ當分ノ内休業スル事ニ決ス(傍線：筆者)」(37)とあるように、冨貴織布は、在庫綿糸および綿布を売却した。表5-4で、一九二七年一〇月に畑中商店への綿布販売が大量に記載されていることを合わせて考えれば、冨貴織布は、休業に際して畑中商店に在庫綿糸と綿布とを売却していたことがわかる。

以上のように、機業家は休業する場合には、経営が不振を極めたために、その対応策として行うことが普通である。しかしそれに加えて、知多産地全体の生産量を調整するために、知多郡白木綿同業組合が生産調整を決議して、産地規模で実施する場合があった。知多郡白木綿同業組合は、知多産地問屋が中心となって設立され、産地の生産調整の決定に深く関わっていた。生産調整は、産地内の生産量を調整することで、産地内の過剰生産や値崩れを防ぐことをその目的とした不況対策であった(38)。

昭和恐慌期にあたる一九三一年下半期の『営業報告書』は、「金融ノ梗塞ニ依リ斯界ノ需給関係ヲ悪化シ知多織物問屋組合ハ遂ニ減産又ハ休機ノ決議ヲ為ス（傍線：筆者）[39]」と、商況不振に対応して、問屋は生産調整（資料では減産）の決議を出していた。冨貴織布はこの決議にしたがったことになる。こうした生産調整は、「知多織物問屋ハ既成小巾織機ノ封印ヲ継續シ十一月ニ至リ漸次好勢ニ転シ[40]」と、商況を好転させるうえで効果を発揮していたのである。

とはいえ、商況が悪化して、同業組合が休業の決議を出したからといっても、工場が休業することは、経営上大きく不利な選択肢であったはずである。実際休業が実施される場合は、通例として、①工場ごとに一定割合で織機の稼動をストップさせる方法（三割封減など）、②数週間から数カ月の期間に限って全面的に工場を休業させる場合が多かった。しかし、冨貴織布の場合は、一年を超えて休業していた。これは冨貴織布が、他の機業家に比べて、長期間休業していたことを示している。

それでは、知多産地で休業する工場とは、どのような機業家だったのか。表5-7は、一九三一年度版および一九三二年度版『紡織要覧』に休業工場として記載された工場を記している。先述したように、休業は部分的に行われる場合が普通であるため、『紡織要覧』には、休業した工場全てを記載しているわけではない。とはいえ、いく

(35) 冨貴織布『営業報告書』昭和二年上半期。
(36) 冨貴織布『営業報告書』昭和二年下半期。
(37) 冨貴織布『重役決議録』一九二七年一〇月一一日記述。
(38) 知多郡白木綿同業組合による生産調整については、本書第一章を参照。
(39) 冨貴織布『営業報告書』昭和六年下半期。
(40) 冨貴織布『営業報告書』昭和三年下半期。

表 5-7　知多産地における休業工場一覧（1931 年）

名前	織機数	備考
竹内虎王第1工場	118	第1工場の二幅織機100台、第2工場（二幅96台）は操業
谷川多蔵	30	1932年も休業を継続
田中久松	20	1932年も休業を継続
冨貴織布	120	
山本常吉	34	産地問屋自営工場
深津富次郎	60	産地問屋自営工場
青木傳左衛門	24	

注1）休業した工場のうち、小幅工場のみを取り上げた。
注2）単位は、台。
資料）紡織雑誌社『紡織要覧』1931 年度版、1932 年度版。

つかの休業工場を検討することである程度の休業実施の特徴を見出すことはできよう。まず特徴として看取されることは、産地問屋自営工場が自ら休業を行っている点である。表5-1で確認したように、山本常吉や深津富次郎（深津商店）は、産地問屋であった。すなわち、彼らは自らの工場を休業させることによって、産地における生産量調整を浸透させていたのである。

次に、竹内虎王第一工場、谷川多蔵、田中久松、知多産地問屋の賃織工場は、表5-1で確認できる通り、知多産地問屋の賃織工場ではない。つまり、一九三二年時点で知多産地問屋と賃織関係になかった工場が、休業していたことになる。これは、産地問屋が産地内の生産調整を浸透させるために、取引関係が比較的弱い工場を調整の対象としていたことを示している。

このような休業工場のリストに冨貴織布も含まれている。冨貴織布は、賃織工場であるが、これまでの検討からわかるように、問屋との取引を、条件に基づいて選択する賃織工場であった。つまり、産地問屋と短期的な取引関係にあったために、生産調整の対象になったと考えられる。しかも冨貴織布の場合、知多産地において大規模な工場であったから、休業することで産地の生産調整に与える影響力は大きかった。

したがって、金融恐慌から昭和恐慌を迎えた一九二〇年代末から一九三〇年代初頭において、知多産地問屋は組合を通じて産地内の生産調整を行ったが、その際に生産調整の対象となったのは、①産地問屋自身の所有する自営工場、②産地問屋と賃織関係にない工場、③冨貴織布のように短期的な賃織関係しかもたなかった工場、であった。つまり、産地問屋は産地内に生産調整を浸透させるにあたって、自身を調整対象とするか、あるいは取引関係の弱い工場を対象とするという方針をとっていたことが判明するのである。

(二) 休業時の資金調達

冨貴織布が、約五年間にも及ぶ休業のなかで企業として存続することができた要因は、その資金的な基盤が得られたからであった。ここでは、その資金調達がどのようにして実現されたのかについて検討していくことにしたい。

冨貴織布の資金調達状況を把握するために、表5-8を用いて分析する。表5-8は、固定資産である土地・建物・機械、そして自己資本である払込株金の推移を示している。自己資本から固定資産を差し引いた自己資本余裕金は、一九三八年上半期までマイナスであった。つまり、自己資本では設備投資を埋め合わせできなかったのであり、これをカバーしたのが借入金であった。したがって、冨貴織布の資金調達を、借入金と払込株金から検討することにしたい。

借入金

表5-9は、冨貴織布の各時期の借入先とその借入残高、支払利子の推移を追っている。この表から、冨貴信用購買組合からの借入れが大きな比重を占めていることがわかる。

冨貴信用購買組合の設立は一九一六年一一月一七日で、組合員数は二〇四人[41]、その役割は、「組合員の金融ヲ図リ、其他購買販売ノ斡旋ヲナス[42]」、冨貴村民の資金調達を請け負う機関であった。このように冨貴織布は、村内の

表 5-8　冨貴織布の主要勘定

(1) 設備資金の調達

期間		株金（払込）A	前期損失金 B	固定資産 C					自己資本余裕金 A-B-C	借入金 D	長期資金余裕金 D+A-B-C
					土地	建物	機械	什器			
1926年	下半期	80,000	21,371	83,968	10,374	23,674	47,770	2,151	▲25,339	36,100	10,761
1927年	上半期	80,000	23,834	83,968	10,374	23,674	47,770	2,151	▲27,802	39,100	11,298
	下半期	80,000	25,052	83,973	10,374	23,674	47,770	2,155	▲29,025	33,113	4,088
1928年	上半期	80,000	28,324	83,973	10,374	23,674	47,770	2,155	▲32,297	33,113	816
	下半期	88,703	30,198	83,973	10,374	23,674	47,770	2,155	▲25,467	28,416	2,949
1929年	上半期	89,028	31,959	83,973	10,374	23,674	47,770	2,155	▲26,903	27,953	1,050
	下半期	89,078	33,567	84,147	10,548	23,674	47,770	2,155	▲28,635	30,465	1,830
1930年	上半期	89,078	35,108	84,147	10,548	23,674	47,770	2,155	▲30,176	30,465	289
	下半期	89,203	36,794	84,147	10,548	23,674	47,770	2,155	▲31,737	33,198	1,461
1931年	上半期	89,203	38,452	84,147	10,548	23,674	47,770	2,155	▲33,395	33,203	▲192
	下半期	89,578	40,246	84,461	10,548	23,674	48,085	2,155	▲35,129	33,198	▲1,931
1932年	上半期	95,947	41,892	87,317	10,548	23,674	50,904	2,192	▲33,262	33,328	66
	下半期	103,415	41,618	85,898	10,548	23,574	49,425	2,352	▲24,101	32,960	8,859
1933年	上半期	103,490	41,453	84,277	10,548	23,549	47,482	2,698	▲22,240	31,460	9,220
	下半期	103,490	41,426	84,521	10,548	23,575	47,575	2,824	▲22,457	30,002	7,545
1934年	上半期	103,490	41,410	87,640	10,548	23,012	51,198	2,883	▲25,560	30,002	4,442
	下半期	103,985	41,363	90,726	11,553	24,511	51,780	2,883	▲28,104	29,471	1,367
1935年	上半期	103,985	41,356	87,645	11,553	23,960	49,434	2,698	▲25,015	28,471	3,456
	下半期	103,985	41,241	84,482	11,553	23,230	47,136	2,563	▲21,738	26,864	5,126
1936年	上半期	103,985	41,086	84,262	12,092	22,880	46,742	2,548	▲21,362	26,864	5,502
	下半期	103,985	41,055	81,203	12,092	21,932	44,832	2,348	▲18,274	25,176	6,902
1937年	上半期	103,985	40,974	81,578	12,092	22,030	45,108	2,348	▲18,567	25,176	6,609
	下半期	103,985	40,945	75,778	12,092	20,530	41,108	2,048	▲12,738	17,378	4,640
1938年	上半期	103,985	35,372	71,247	12,092	19,330	38,074	1,752	▲2,634	16,007	13,373
	下半期	104,000	35,228	66,247	12,092	17,830	34,874	1,452		28,280	30,805
1939年	上半期	104,000	32,028	61,494	12,092	16,830	31,396	1,177		13,210	23,688
	下半期	104,000	25,307	62,091	12,092	15,930	33,133	938		15,190	31,792
1940年	上半期	104,000	25,074	61,543	12,092	15,130	33,530	793		11,480	28,863
	下半期	104,000	23,113	58,365	12,092	14,330	31,295	649		7,262	29,784
1941年		104,000	19,585	52,462	12,092	12,730	27,142	498		13,892	45,845
1942年		200,000	12,273	189,091	12,092	36,558	140,013	428	▲1,363	68,130	66,767
1943年		200,000	10,610	184,839	12,092	35,258	137,065	425		61,691	66,243

(2) 運転資金の調達

期間		流動資産E	綿糸関係	綿布関係	営業費機械関係	未収入金有価証券等	その他	D+A-B-C-E	流動負債	未払金	銀行借越	仮受金
1926年	下半期	13,409	2,072	6,943	2,349	1,659	386	▲2,648	5,437	3,375	2,062	
1927年	上半期	15,617	179	12,343	1,355	1,533	206	▲4,319	5,781	3,987	1,795	
	下半期	3,557	11	2,220	870	411	45	531	2,939	902	2,036	
1928年	上半期	3,574	–	2,220	870	439	45	▲2,758	4,820	2,471	2,349	
	下半期	3,556	11	2,220	870	411	44	▲607	2,680	859	1,785	36
1929年	上半期	1,364	11	–	870	439	44	▲314	2,267	2,230		36
	下半期	1,336	11	–	870	411	44	494	1,135	1,098		36
1930年	上半期	1,364	11	–	870	439	44	▲1,075	2,774	2,654	83	36
	下半期	1,461	11	–	870	536	44	0	1,666	1,490	139	36
1931年	上半期	1,489	11	–	870	564	44	▲1,681	3,480	3,081	363	36
	下半期	1,398	11	–	670	668	49	▲3,329	5,025	4,344	644	36
1932年	上半期	9,702	4,712	3,170	1,147	616	57	▲9,636	9,417	8,697	282	437
	下半期	12,963	5,749	3,282	952	2,861	119	▲4,104	4,064	3,885	128	51
1933年	上半期	10,986	4,713	3,459	901	1,805	108	▲1,766	2,159	2,122		36
	下半期	11,197	1,566	4,273	1,248	3,978	132	▲3,652	3,916	3,880		36
1934年	上半期	8,608	1,298	5,186	1,107	602	415	▲4,166	5,796	3,410		2,386
	下半期	8,217	447	4,447	1,949	900	474	▲6,850	7,073	5,407	280	1,386
1935年	上半期	5,934	200	2,940	1,291	1,333	170	▲2,478	3,930	3,894		36
	下半期	7,409	606	2,658	1,468	2,351	326	▲2,283	3,374	3,337		36
1936年	上半期	7,961	1,161	3,576	1,645	1,176	403	▲2,459	2,989	2,952		36
	下半期	9,815	1,338	4,319	2,070	1,538	550	▲2,913	3,062	2,429	596	36
1937年	上半期	10,120	2,054	3,052	3,734	1,023	257	▲3,511	3,651	2,924	691	36
	下半期	24,669	5,282	8,701	2,247	8,274	165	▲20,029	15,698	15,661		36
1938年	上半期	26,899	2,550	11,164	4,302	8,720	163	▲13,526	10,719	2,367	1,000	7,352
	下半期	46,784	20,478	11,891	4,976	9,173	266	▲15,979	12,941	1,904	2,478	8,558
1939年	上半期	37,524	14,553	5,438	4,925	12,417	191	▲13,836	1,064	865	199	
	下半期	35,131	2,844	22,388	8,237	1,270	392	▲3,339	8,149	2,024	899	5,225
1940年	上半期	29,822	4,985	16,932	7,556	200	149	▲959	734	734		
	下半期	29,024	9,668	10,314	8,604	254	184	760	1,818	1,068		750
1941年		60,112	–	–	9,405	35,543	15,164	▲14,267	8,142	6,142		2,000
1942年		50,300	–	36,095	9,499	146	4,560	16,467	2,082	20		2,062
1943年		68,693	–	50,909	11,436	1,098	5,250	▲2,450	2,139	77		2,062

注)「▲」はマイナス。単位は、円。
資料) 冨貴織布『営業報告書』各年版。

表 5-9　富貴織布の借入金一覧

年	月	富貴信用購買組合		東大高信用組合		知多銀行			銀行その他利子
		借入残高	支払利子	借入残高	支払利子	当座預金借越	手形借入金残高	利子	
1926		36,100	3,230	－	－	－	－	－	－
1927		39,100	3,614	－	－	－	－	－	－
1932		29,200	1,460	2,260	113	－	－	－	－
		5,005	229	200	2.91	－	－	－	－
		－	－	150	6.96	－	－	－	－
1933	8	31,460	393	2,611	30.72	－	4,500	67	－
	8	5,005	42	－	－	24	－	－	－
	8	29,200	365	－	－	－	－	－	－
	11	31,460	787	－	－	－	－	－	8
1934	1	29,200	1,460	2,260	113	－	－	－	－
	7	31,460	787	－	－	－	－	－	12
	11	30,002	731	－	－	－	－	－	6
		27,846	1,392	2,155	107	－	－	－	－
1935	4	29,471	736	－	－	－	－	－	5
	10	28,471	722	－	－	－	－	－	10
	12	28,002	1,423	－	－	－	－	－	－
1936	5	26,863	672	－	－	－	－	－	174

注1）1926年から1936年までの期間で、資料上確認できるもののみ取り上げた。
注2）単位は、円。「－」は取引額無しを示す。
資料）冨貴織布『税務署　稟申往復留』。

金融機関の融資を基盤に経営を維持していた。それゆえ、休業期間中に富貴信用購買組合からの借入れを維持することは、重要な課題であった。

富貴信用購買組合と富貴織布との間で一九三二年に行われた、借入金返済方法に関する取り決めについて、『日記帳』に記載がある

「信用組合債務交渉（中略）信用組合役員會へ列席シ大正九年へ坂登リ利下ゲヲ交渉シタルモ決極信用組合ノ欠損ヲ生ジン預リ年賦償還ノ方法ヲ取ル事[43]」

富貴織布と富貴信用購買組合とが債務返済方法について交渉し、設立した大正九（一九二〇）年に遡って利率を下げることを求めて、結局年賦償還で落ち着いたことを示している。具体的な利率につ

いては、

「五分利貳拾ヵ年償還　半年拂　壱百円ニ對　三円九十八銭三六厘宛　一ヶ年拂　壱百円ニ對　八円貳銭四厘宛[44]」

半年ごとに支払う場合は、借入金一〇〇円に対して三円九八銭三六厘ずつ支払い、一年ごとに支払う場合には同じく八円二銭四厘ずつ支払うことになり、支払い期間は二〇年で落ち着いた。表5-9の支払利子から検討すると、交渉のあった一九三二年上半期から支払利子額が減少傾向にあることがわかる。つまり、冨貴織布は新たな年賦償還を交渉で取り決めたことで、借入金返済の負担が軽減されることになった。負担軽減の条件は、

「一、金五千円也　組合負債（償：筆者）還ノ一部
此ヲ以テ交換條件トシテ年五分利トナス[45]」

以上のように、冨貴織布は、借入金の一部である五〇〇〇円を返済することを交換条件として支払利子を軽減させ、冨貴信用購買組合からの借入れを存続させることに成功した。その資金については、前月九月二〇日に、冨貴織布所有の土地売却が報告されている。

---

(41) 愛知県知多郡役所『愛知県知多郡統計概覧　大正八年』一九二〇年。東大高信用購買販売組合の設立は、一九一三年一月三一日、組合員数は一二一人であった。
(42) 冨貴尋常高等小学校『郷土調査』一九三一年。
(43) 冨貴織布『冨貴織布株式会社事務所用　日記帳』一九三二年二月一七日記述。
(44) 冨貴織布『冨貴織布株式会社事務所用　日記帳』一九三二年二月一九日記述。
(45) 冨貴織布『重役決議録』一九三二年一〇月二七日記述。

「富貴村大字富貴字海道二十一番ノ四畑参歩畦畔
右の土地を森田亀吉へ売却の件
右議長ニ於テ説明ヲナシ満場一致ヲ以テ可決確定ス[46]」

このように富貴織布所有地売却を、役員全会一致のうえで実施していた。これは、冨貴織布に当座の資金をもたらすものであったといえる。加えて、重視されねばならない要素は、株式払込であった。それでは休業期間中に、冨貴織布が株式をどのようにして集めたのかについて検討する。

株金

表5-10は、一九二六年、一九三〇年、一九三三年、一九三六年における主要株主の上位二〇人の変遷を追っている。全ての時期を通じて、永田栄吉や森田覚太郎など、冨貴織布設立に関与した人々が上位を占めていることが確認できる。しかし、一九二六年の株主構成は、富貴村内の住人が一二六人であったが、一九三〇年になると六六人に減少している。つまり、富貴村の人々が所有していた株式が、大量に譲渡されたのである。

一九二八年上半期『営業報告書』によれば、

「昭和三年十二月十日第四回払込（一株ニ付金貳圓五拾銭）ヲナシタルニ期末ニ至リ尚未拂株數五百十九株アリタリ其他当期間ニ株主名義書換ノ登録ヲナシタルニ株式數ハ一千七十五株ナリ（傍線：筆者）[47]」

冨貴織布が、株主に対して未払込株金を徴収しようとしたところ、五一九株もの未払株が残っており、さらに手放された株式が一〇七五株に及ぶという。これは、不況のため冨貴織布からの株式配当に株主が期待をもてなかったことと、株金払込の要求に応えられなかったことが要因であった[48]。

この株式譲渡を引き受けたのが、亀崎の有力機業家関半三[49]であった。一九二八年一二月二九日の『日記帳』の記述によれば、

「畑中氏の斡旋ニ依リ関半（＝関半三：筆者）氏株式壱千株譲渡調印済……払込金ハ昭和四年一月十日払込ム事（傍線：筆者）」

つまり、産地問屋畑中商店の斡旋で関半三は、冨貴織布の株式一〇〇〇株を引き受けて払込を行い、一九三〇年の筆頭株主となった[50]（表5-10）。表5-8で一九二八年下半期の払込株式が、前期の八万円から八万八七〇三円に上昇していることから、株式払込があったことが確認できる。これは、冨貴織布を資金面からバックアップすることにつながった。

次に大きく払込株式が増額した時期は、一九三二年であった（表5-8）。これも未払込株式を募集したことが要因であった。

(46) 冨貴織布『重役決議録』一九三二年九月二〇日記述。
(47) 冨貴織布『営業報告書』昭和三年上半期。
(48) 永田稔雄氏への聴き取り（二〇〇三年四月五日）。
(49) 関半三は、知多織布業者のなかでも、上位に位置する有力機業家であった（表5-2）。
(50) この時期なぜ関半三が、冨貴織布株式を引き受けたのか、その要因は判然としない。ただし、関半三が産地問屋北村木綿の賃織工場であったこと（表5-1）と、畑中商店当主畑中権吉が北村木綿の番頭をかつて勤めていたということを合わせて考えれば、人脈的つながりがあったものと推察される。

表 5-10　冨貴織布主要株主の変遷

順	1926年 名前	株数	住所	1930年 名前	株数	住所	1933年 名前	株数	住所	1936年 名前	株数	住所
1	◎ 永田栄吉	400	富貴	□ 関半三	1,000	亀崎	畑中権吉	500	半田	◎ 永田栄吉	595	富貴
2	○ 森田覚太郎	400	富貴	◎ 永田栄吉	400	富貴	◎ 永田栄吉	400	富貴	○ 森田覚太郎	595	富貴
3	□ 永田市治良	200	富貴	○ 森田覚太郎	400	富貴	○ 森田覚太郎	400	富貴	榊原國一	352	富貴
4	□ 松崎滋助	170	富貴	□ 永田市治良	200	富貴	□ 関半三	300	亀崎	□ 関半三	300	半田
5	森田儀三郎	130	富貴	□ 松崎滋助	170	富貴	□ 松崎滋助	300	富貴	松崎滋助	300	富貴
6	□ 森田弥吉	120	富貴	△ 浜田兵治郎	150	半田	榊原國一	237	富貴	□ 永田市治良	200	富貴
7	△ 片岩琴二	100	富貴	宮田順二	120	名古屋	□ 永田市治良	200	富貴	榊原泰三	200	半田
8	松崎泰一	100	富貴	森田小三郎	100	富貴	榊原泰三	200	半田	△ 浜田兵治郎	150	半田
9	△ 森田小三郎	100	富貴	△ 中野清吉	100	富貴	△ 浜田兵治郎	150	半田	榊原唯四	100	半田
10	△ 森田米太郎	100	富貴	□ 畑中権吉	100	半田	宮田順二	120	名古屋	△ 中野清吉	100	富貴
11	△ 田中定吉	100	富貴	△ 松崎泰一	100	富貴	榊原唯四	100	半田	松崎泰一	100	富貴
12	岸岡勝助	100	富貴	森田儀三郎	80	富貴	△ 中野清吉	100	富貴	△ 岸岡勝助	74	富貴
13	△ 中野清吉	100	富貴	森田米太郎	50	富貴	△ 松崎泰一	100	富貴	森田金一	56	富貴
14	畑中権吉	100	半田	松崎滋助（祐一）	50	富貴	森田米太郎	50	富貴	森田米太郎	50	富貴
15	永田栄吉（栄）	70	富貴	田中定吉	50	富貴	松崎滋助（祐一）	50	富貴	松崎滋助（祐一）	50	富貴
16	永田竹次郎	70	富貴	岸岡勝助	50	富貴	田中定吉	50	富貴	田中定吉	50	富貴
17	森田梅吉	60	富貴	鈴木徳太郎	50	富貴	△ 岸岡勝助	50	富貴	△ 厚味友右エ門	50	富貴
18	森田覚太郎（政光）	57	富貴	△ 厚味友右衛門	50	富貴	△ 厚味友右エ門	50	富貴	永田小平次	50	富貴
19	鈴木正尾	53	富貴	永田小平次	50	富貴	永田小平次	50	富貴	永田栄	44	富貴
20	植田松治郎	50	富貴	△ 永田庄平	50	富貴	石黒岩吉	40	富貴	原田儀太郎	42	富貴
			（人）			（人）			（人）			（人）
	富貴村内小計	3,900	126	富貴村内	2,599	66	富貴村内	2,579	51	富貴村内	3,179	50
	合計	4,000	127	合計	4,000	72	合計	4,000	62	合計	4,000	60

注１）松崎滋助（祐一）は、松崎祐一親権者松崎滋助の意味。

注２）名前横の「◎」は取締役社長、「○」は常務取締役、「□」は取締役、「△」は監査役であることを示す。

資料）冨貴織布『営業報告書』各年版。

「昭和七年四月拾五日第五回拂込金トシテ一株ニ付金貳圓ヲ徴収シタルニ八百五拾参株未拂込アリ尚第四回拂込金百参拾九ノ未拂込アリタルニ依リ所轄區裁判所ノ登記ヲナスコトヲ得ズ當期ヲ終レリ　當期間ニ株式名義書換ノ登録ヲナシタルモノ八百九拾参株ナリ（傍線：筆者）[51]」

一九三二年四月一五日に未払込株金を徴収しようとしたところ、未払株は八五三株あり、さらに前回の未徴収分が一三九株あった。この株金徴収によって、株主は、八九三株にも及ぶ株式を手放したという。それでは、有力株主にどのような変化があったのだろうか。

表5-10によれば、一九三三年の筆頭株主が、五〇〇株を保有する畑中商店（畑中権吉）となっている。一方、一九三〇年に一〇〇〇株保有していた関半三は三〇〇株へと持株を減少させている。この点について、一九三二年二月一五日の『日記帳』の記述によれば、

「拂込金壱株ニ對シ金壱円也ヲ認定シ　関氏ノ持株壱千株ヲ左記譲渡スル事

一　五百株　榊原國一　一　弐百株　畑中商店　残リ三百株ニ對スル拂込金ハ三月中拂込ム事[52]」

これは、関半三が保有していた一〇〇〇株の内、五〇〇株を榊原國一、二〇〇株を畑中商店が譲り受け、残り三〇〇株は関半三が保有し、払い込むという取り決めであった。表5-8の一九三二年上半期の株金が九万五九四七円に増額されていることから、株式譲渡にともなって株式払込が行われ、自己資本が増したことがわかる。

（51）冨貴織布『営業報告書』昭和七年上半期。

（52）冨貴織布『冨貴織布株式会社事務所用　日記帳』一九三二年二月一五日記述。

以上のように冨貴織布は、休業期間中に、払込株金を増額させていくことで資金調達を実現して、経営を維持することができた。しかしそれは、当初多数存在した冨貴村株主層の離脱を推し進め、有力株主層の変化ももたらした。このなかで、機業家の関半三は、一〇〇〇株もの株式払込に応じ、また畑中商店は株式買取りだけでなく株式買取りの斡旋も行うなど、冨貴織布の経営に大きく貢献していたのである。

第四節　取引関係のパターンと恐慌への対応

本章は、冨貴織布に注目して、下請制のもとでの下請工場の具体的な活動を検討してきた。冨貴織布の分析結果に基づいて、本章の結論を述べたい。

第一に、冨貴織布は、自身の経営戦略に基づいて問屋と取引を行っていたことである。

冨貴織布の事例から明らかになったように、問屋と賃織工場との取引関係は固定的であることを前提としない。冨貴織布は、工賃決定に際して問屋と交渉を行い、条件が折り合わなければ、取引条件の良い問屋へと取引相手を変更させていた。状況によっては、冨貴織布自身が、綿糸を買入れ、綿布を自身で販売することもあった。つまり問屋と賃織工場との取引関係は、取引条件に応じて柔軟に構築されていたのである。

実際に、冨貴織布が工賃交渉を行い、取引相手を変更した結果、有利な工賃を得ていたことは、冨貴織布が「主体性」を有していたことを示している。これは、賃織工場が問屋と取引関係をもつなかで経営上のメリットを得ていたともいえよう。

冨貴織布の交渉力は、知多産地問屋が自営工場を必ずしも重視していなかった事情に深く関係していた。そのため冨貴織布は、産地問屋の生産部門を担う役割を期待されていたのであり、強い交渉力を有していた。つまり、知多産地問屋が自営工場部門を強化する傾向が弱かったことが、賃織工場が存在し成長する素地を作り出した。そして、産地問屋は、冨貴織布をはじめとする有力機業家を組み込みつつ、生産組織を構築していたのである。

第二に、冨貴織布は、問屋との取引関係が固定的でなかったために、不況期に取引関係を継続させることが難しくなるという問題をもっていた。つまり、短期的な取引関係下にある賃織工場は、不況期に不利な立場に置かれてしまうというデメリットが存在した。事実、金融恐慌から昭和恐慌に至る期間、冨貴織布は休業を余儀なくされた。冨貴織布が、問屋との関係を短期的なものにするという方針をとっていたことは、逆にいえば、産地問屋が産地に生産調整を浸透させる際に、その適用対象とされやすいという側面をも含むことになった。

第三に、冨貴織布の事例から得られたインプリケーションについて述べたい。第四章の分析で明らかにしたように、問屋と賃織工場との関係には、①長期的な取引関係と、②短期的な取引関係とが存在する。本章の検討の通り、冨貴織布は②のパターンに該当する。表5-1において、一九三二年時の畑中商店の賃織工場のなかで、冨貴織布と並ぶ規模の賃織工場・二宮卯吉の事例を比較検討することで、問屋との取引関係の違いによって、賃織工場にどのような対応が求められるのかを述べていく。

二宮卯吉は、畑中商店以外とは賃織取引を行わない①のパターンの賃織工場であった。しかも工賃は産地問屋畑中商店から一方的に取り決められ、たとえ好ましくない工賃であったとしても、工賃交渉を行うことはなかったという。[53] つまり、問屋の専属工場として操業し、工賃という取引条件についても交渉を行うことはなく、問屋側にイ

---

(53) 二宮晴雄（二宮卯吉氏のご子息、一九三〇年代には工場経営に参画していた）・時子ご夫妻への聴き取り（二〇〇三年五月）。畑中商店は、一九三三年ごろに倒産してしまったため、その後、岩田商店の専属賃織工場となったという。

ニシアチブがあった。とはいえ、二宮卯吉は、昭和恐慌期に休業することはなかった。この要因は、賃織取引から発生する出目（余剰綿糸）をストックしていたために、操業することが可能であったことと[54]、なによりも恐慌期においても問屋との取引を継続させることができた点が大きかった。つまり、二宮卯吉は、工賃の決定に対するイニシアチブを放棄する代わりに、恐慌期における操業を「保証」されていたのである。

他方②のパターンに属する冨貴織布は、工賃決定において「主体性」を有していたものの、恐慌期になればその取引関係を維持するうえで不利な立場に置かれることになった。言い換えれば、問屋と短期的な取引関係下にあった賃織工場は、自身で取引条件を決定できる「主体性」を有する反面、恐慌期においては取引関係を取り結ぶことが極度に困難になるというリスクを負うことになったのである。それゆえ、短期的な取引関係を問屋と取り結んでいた機業家は、特に不況期には、問屋に依存せずに、経営危機を乗り切る経営体力が必要とされた。本章で明らかにしたように、冨貴織布の事例では、冨貴村内資産家の出資、信用購買組合、産地問屋畑中商店による直接的あるいは間接的な資金的援助などの存在が大きな経営基盤となった。つまり、経営に直接関与せずに出資する資産家層の存在が、冨貴織布の経営を支え、その結果冨貴織布の主体的活動を支えていたのである。

(54) 二宮晴雄・時子ご夫妻への聴き取り(二〇〇三年五月)。

第六章

農村から工場へ

――工場労働者の誕生――

◉――「地域に工場労働者が誕生していたのか」に焦点を当てたのが第六章である。力織機工場を経営していくうえでは、工場労働者の確保は欠かせなかった。しかし、農家婦女子を労働者として雇用する場合、季節に応じて生じる農業労働が大きな制約となっていた。本章は、工場労働者の就業実態を具体的に分析して、農村から労働力を吸収することができていたかどうかを解明する。このことで「地域の産業革命」が達成されたかどうかが明らかとなろう。

中七木綿第二工場野球部の選手たち（昭和 30 年頃）。

本章の目的は、力織機工場が、農村から募集した女性を、工場労働者として定着させることができていたのかどうかを検討することにある。

大都市を中心に成長を続けていった紡績業と異なって、綿織物業は地域の農村部を基盤として生まれ成長することが多かった。近代化が始まった明治期では、問屋制家内工業が広範囲に展開し、地域商人から原料綿糸を受け取って綿布生産を請け負う賃織農家が各地に存在したのである。この時期は、各農村で手織り機を用いて綿布を生産するため、農家の婦女子が主として機織り業を担当した。しかし、農家婦女子は、農繁期に機織り業に従事することは難しいという問題があった。つまり農家婦女子は、各農家の農作スケジュールから強い影響を受けていたのである。したがって、問屋制家内工業のもとでは、農村女性は農家家族労働の制約から切り離されていなかったため、農村と労働市場との間には「仕切り」があったのである[1]。

しかし、力織機工場が各産地に設立されるようになると、問屋制家内工業は変化を迎える。第四章・第五章でみられたように、綿糸布を集荷していた商人が直接力織機工場を設立するケースや、賃織農家が力織機工場を設立するケースが、相次いでみられるようになったからである。このような事態が生じると、綿布生産を行う場合、労働者を工場に集めて、一定期間および一定時間、綿布生産に従事させなければならない。つまり、工場労働者を生み

(1) 高村直助「書評　谷本雅之著『日本における在来的経済発展と織物業——市場形成と家族経済』」『史學雜誌』第一〇七編第一二号、一九九八年。

一方で農家は、農作スケジュールの制約を受けながらも、農作業・家事労働・機織り業に家族労働を柔軟に配分することで効率的な家族経営を実現したことも指摘されている（谷本雅之『日本における在来的経済発展と織物業——市場形成と家族経済』名古屋大学出版会、一九九八年、第二部）。しかしこれは、問屋制家内工業段階における農村のあり方を解明するにとどまり、工業化するなかでの農村のあり方を示すうえでは課題を残している。本章はこの論点について検討していく。

出すことこそ綿織物産地が工業化を進めていくうえで必須の条件となるのである。

工業化が進む綿織物産地で工場労働者が生み出されたのか、という論点に焦点をあてたものとして、佐々木淳の研究がある。佐々木によれば、一九一〇年代に播州綿織物業において工業化が進んだ。その際に力織機工場では、女工が集中作業場に集まって賃金労働に従事していたという。しかし、その就業実態は、各女工がそれぞれの家事労働の制約に縛られ、就業日数も安定しなかったという点で、工場労働者と呼ぶには不完全であった[2]。つまり、力織機工場設立が相次ぐ第一次大戦ブーム期は、農村から工場労働者が生み出される過渡期と位置づけられるのである。

播州と同じく第一次大戦ブーム期に力織機工場が多数生まれた知多産地も、女工を集めるという課題は同様であった。そのため、知多産地の力織機工場で就業する女工が、農村から切り離された工場労働者となったのかどうかを明らかにしなければならない。この課題を解明することによって、知多産地に労働市場が成立していたのかどうかが判明する。これは、「地域の産業革命」が達成されたことを示すうえで大きな意義をもつであろう。そこで本章では、瀧田商店が有していた自営工場（以下、瀧田自営工場と略す）を検討対象として取り上げ、分析していく。

（2）佐々木淳『アジアの工業化と日本——機械織りの生産組織と労働』晃洋書房、二〇〇六年、第三章。

写真 6-1

織布工場で働く女工

写真 6-1 は、中七木綿織布工場で働く女工の姿。着物姿の女工が力織機を複数台管理している様子がわかる。写真 6-2 は、女工たちが日々の生活を営んだ寄宿舎の写真。織布工場が大規模化していくためには、大量の女工を確保しなければならなかった。このため、各地から女工を集め、寄宿生活させる施設が必要だった。写真 6-3 は、中七木綿の女工が寄宿舎で勉強に励む姿（昭和初期）である。寄宿舎では、読み書き、算盤、裁縫などの習い事が実施されたため、女工は寄宿生活を行いながら、幅広い知識や技術を得ることができた。

写真 6-2

写真 6-3

第一節　市場戦略と工場経営

(一) 資料

瀧田自営工場の実態を解明するにあたって、瀧田商店資料『賃金支拂簿』を利用する。この資料は、瀧田自営工場の各職工について、出勤日数・休日および欠勤日数・稼高・賞罰・食費・實収（稼高に賞罰を加えて食費を差し引いた金額）・貯蓄金共済金・渡金・渡金月日が記されている。この記録は、ひと月ごとに記されているために、季節に応じた労働日数を知ることができる。なお、『賃金支拂簿』は一九二二―一九二七年まで確認することができるので、第一次大戦ブームで設立された力織機工場の女工（および男工）の就業実態に迫ることができる。しかし、残念ながら出身地が記載されていない。ただし、瀧田資也氏（瀧田貞一のご令孫）への聴き取りによれば、当該期の女工は、地元出身者で構成されていたということから、[3] 瀧田自営工場は近郊農村から女工を集めていたと考えられる。

(二) 瀧田自営工場の概要

生産綿布

瀧田自営工場の性格について、まず公刊資料から確認しておきたい。表6-1は、主に『紡織要覧』による情報を中心に瀧田自営工場の所在地・製品・織機・職工人数・動力を記している。

この表6-1から瀧田自営工場の特徴に応じて四つの時期に区分することができる。

①第一次大戦ブーム期：設立期

一九一九年版『紡織要覧』によれば、瀧田自営工場は一九一六年八月に設立されたと記録されている。瀧田商店は、第一次大戦ブーム期の波に乗って井桁式大幅（広幅）織機五六台を有する自営工場を設立したのである。これは輸出向け広幅綿布生産を主軸とする当時の瀧田商店の市場戦略に沿うものであった。

②一九二〇年代：小幅綿布生産へ転換

一九二〇年代の瀧田商店は、国内市場向け小幅綿布に生産を転換させた。この経営戦略の転換を受けて瀧田自営工場は、一九二二年には名古屋式小幅織機一〇〇台を新たに導入し、小幅綿布生産工場へとその姿を変えた。(4)

③一九二九年・一九三〇年：第二工場を併設

瀧田商店は、従来の瀧田貞一工場に加えて、瀧田貞一川端工場を新たに設置して生産力を拡大した。ただしこの工場は、小幅綿布生産を目指したものではなく、デッキンソン二幅織機三一台を有し、広幅綿布「天竺」を生産していた。したがって、瀧田商店は小幅木綿・広幅木綿双方の自営工場を有するに至ったのである。(5)

④一九三〇年代中ごろ：生産規模の縮小

一九三五年になると、自営工場は瀧田益四郎川端工場のみとなり、生産規模は大きく縮小した。まず主力工場の瀧田貞一工場が閉鎖された。それにともなって瀧田貞一川端工場の主力製品は広幅綿布から小幅綿布へ転換した。このため瀧田益四郎川端工場には豊田式小幅織機四六台が新たに設置された。瀧田家の自家伝によれば、瀧田益四

(3) 二〇一六年九月一日の聴き取り。なお、瀧田資也氏によれば、戦後の女工は九州地方からの出稼ぎ労働者が中心だったという。
(4) 瀧田商店の経営戦略の転換については本書第一章、生産組織の再編については、本書第四章を参照。
(5) 瀧田貞一川端工場の広幅綿布生産は、名古屋商人との賃織取引に応じたものと考えられる。本書第一章参照。

自営工場

織機			職工人数			動力
種類		台数	男工	女工	合計	
井桁式	大幅	56	12	75	87	ガス20
名古屋式	小幅	100	…	…	…	ガス20
…	…	…	7	26	33	…
名古屋式	小幅	100	…	…	…	電気20
名古屋式	小幅	100	…	…	…	電気20
デッキンソン	二幅	31	…	…	…	ガス25
名古屋式	小幅	100	…	…	…	電気20
デッキンソン	二幅	31	…	…	…	ガス25
豊田式	小幅	46	2	7	9	電気10

商工課編『愛知県工業名鑑』1924年版を利用した。

郎は、瀧田貞一の四男で実質的な経営権を引き継いでいたという。[6] おそらく、貞一から経営権を引き継いだ際に、瀧田益四郎は、小幅綿布生産への特化と、自営工場の生産縮小とを決断したのであろう。

職工人数

瀧田商店の職工人数については、『紡織要覧』で記載された情報は限られている。そのなかで判明する数字を基にしながら瀧田自営工場の職工数の変化を検討する（表6-1）。まず、第一次大戦ブーム期の一九一八年では、男工一二名・女工七五名で合わせて八七名の職工を有していた。続いて一九二〇年代は、『紡織要覧』で職工数を確認できなかったが、一九二四年版『愛知県工業名鑑』で職工数を確認できる。これによれば、男工七名・女工二六名で合わせて三三名が就業していた。ただし、この女工二六名という人数は、一九二四年当時のすべての職工数を反映したものではない。この点については、このあと詳細に検討する。

一九二九年・一九三〇年の職工数は残念ながら判明しなかった。一九三五年は、織機数が四六台へと縮小するにともない、

表6-1　瀧田

年	工場名	所在地	製品
1918	瀧田貞一	常滑町	白木綿
1922	瀧田貞一	常滑町	白木綿
1924	瀧田織布工場	常滑町	白木綿
1928	瀧田貞一	常滑町	…
1929	瀧田貞一工場	常滑町	晒生地
	瀧田貞一川端工場	西浦町	天竺
1930	瀧田貞一工場	常滑町	晒生地
	瀧田貞一川端工場	西浦町	天竺
1935	瀧田益四郎川端工場	西浦町	改良

注1）「…」は不明であったことを示す。
注2）単位は、織機台数は「台」、職工人数は「人」。
資料）紡織雑誌社『紡織要覧』各年度版。ただし、1924年のみ、愛知県

男工二名・女工七名で合わせて九名へと削減された。

このように瀧田商店は、製品綿布（小幅木綿・広幅木綿）や生産組織（下請織布工場）の変化に応じて、自営工場の織機や労働者数を変化させていたのである。

第二節　工場労働者の定着

(一) 勤務日数

女工の勤務実態を『賃金支拂簿』を通じて具体的に検討していきたい。表6-2は、勤務日数（一年間あたり）によって女工を分類して、六年間の推移を記している。

先の表6-1では、一九二四年の女工数は二六名であった。これに対して表6-2では合計七八名が一年間に瀧田自営工場で勤務に携わっていた記録と合わせると、両者は一致しない。

（6）瀧田貞一の社長職は、英二（貞一の次男）が引き継いでいた。ただし、瀧田商店の実質の経営は、益四郎（貞一の四男）と五郎（貞一の五男）が担当した。瀧田資也編著『ＨＩＳＴＯＲＹ　あたたかい光とやさしい風につつまれて』私家版、二〇〇八年。

表6-2　女工勤務日数の推移

勤務日数	1922年	1923年	1924年	1925年	1926年	1927年
300日以上	2	2	3	6	3	8
250日以上300日未満	13	9	7	6	9	14
200日以上250日未満	4	4	8	4	12	7
小計	19	15	18	16	24	29
%	27.9	20.5	23.1	21.9	35.8	56.9
150日以上200日未満	11	6	3	7	9	6
100日以上150日未満	10	12	7	11	6	4
小計	21	18	10	18	15	10
%	30.9	24.7	12.8	24.7	22.4	19.6
50日以上100日未満	6	9	11	17	5	4
50日未満	22	31	39	22	23	8
小計	28	40	50	39	28	12
%	41.2	54.8	64.1	53.4	41.8	23.5
合計	68	73	78	73	67	51

注）単位は、人。
資料）瀧田織布工場『賃金支拂簿』各年。

ただし勤務日数をみれば、年間二〇〇日以上勤務した女工が一八名、そして年間一〇〇日以上二〇〇日未満勤務の女工が一〇名である。これは、おそらく年間を通じて勤務日数の多い女工を「正規労働者」とみなし、女工数を二六名と記録したのではないかと考えられる[7]。

このように、女工の年間勤務日数にはバラつきがあった。この勤務日数について六年間の変遷を検討すると、年間二〇〇日以上勤務する女工は、一九二二―一九二四年までは二〇%台にとどまっていたものの、一九二六年から増大に転じて一九二七年には約五七%に達するに至った。これは、一年間を通じて安定して就業する女工が瀧田自営工場の主力をなしてきたことを示している。一方で一年間の就労日数が不安定な女工の動向をみると、まず年間の勤務日数が一〇〇日に満たない女工は、一九二二年の約四一%から一九二四年には約六四%と期間を通じてピークを迎えた。しかし一九二五年から減少に転じて、一九二七年には約二四%になった。同じく、年間勤務日数が一〇〇日以上二〇〇日未満の女工も、一九二二年に約三一%であったものの、一九二三年から減少し始めて一九二四年には約一三％にまで落ち込む。そして一九二七年には二〇％を割り込むに至った。つまり瀧田自営工場は、一九二〇年代の自営工場経営のなかで、一年間を通じて安定して勤務できる女工を確保するようになっていったのである。

（二）勤続年数

それでは、女工の勤続年数を表6-3から検討していく。

表6-3は、一九二二―一九二七年で瀧田自営工場に勤務経験のある女工九六名について、それぞれの勤務日数順にランキング化したものである。これによれば、取り上げた六年間のうち、五年以上瀧田自営工場に勤務した女工は一五名、三年以上勤務した女工は四〇名以上に達している。例えば当時の紡績女工の場合、契約就業年数が三年間だったことを考え合わせると、瀧田自営工場でも、女工が三年間勤務することが、目安だったと考えられる。だとすれば、瀧田自営工場は安定して就業する女工を一定数確保していたといえる。[8] 加えて、年間勤務日数が二〇〇日未満の女工についても複数年勤務するケースがみられる、おそらく、季節的に就業する女工も一定期間にわたって確保することで、一時的な労働力不足を補っていたのであろう。

表6-4は、瀧田自営工場で就業した男工を勤務日数順にランキング化したものである。先に検討した表6-1で、一九二四年の男工数は七名と記録されているが、実際には一六名の男工が織布業に関わっていた。これは、年

（7） 同様に、表6-1で記された一九一八年の女工数七五名は過大であると考えられる。おそらく、一時的に就労した女工を含めた数字であろう。

（8） 橋口勝利「近代日本紡績業と労働者」関西大学経済・政治研究所『大阪の都市化・近代化と労働者の権利』研究双書第一六一冊、二〇一五年。

表 6-3　女工の勤務日数ランキング

順位	名前	1922年	1923年	1924年	1925年	1926年	1927年	合計
1	亀岡は奈	291	297	297	285	315	278	1,763
2	片岡ゆう	205	293	313	311	222	30	1,373
3	柴田せ以	287	289	288	239	139		1,242
4	中野てう	274	293	41	100	287	230	1,225
5	鈴木はつ子		103	261	304	235	300	1,203
6	水野小春		1	260	318	288	315	1,182
7	山本きく	125	294	321	311	117		1,168
8	盛田ちょう	241	309	52	283	239		1,124
9	村田うめ	117	255	227	292	146		1,037
10	水野くま子		190	161	86	306	271	1,014
11	日比せき		141	288	96	211	268	1,004
12	茶谷まき	89	280	239	160	169	6	943
13	土井ひで	183	274	31	155	282		925
14	土井はつ	101	163	215	55	78	266	878
15	伊藤かね			128	255	246	247	876
16	桑山ふみ		209		265	194	184	852
17	山本志う	259	264	239	88			850
18	水野ひ奈			98	223	238	208	767
19	久田トウ				195	228	307	730
20	鯉江フサ				90	292	299	681
21	桑山君枝				95	279	304	678
22	江本トヨ				87	260	318	665
22	浦川ヤス				129	258	278	665
24	伊藤はつ			44	170	200	226	640
25	桑山のう	284	219	133				636
26	佐藤ナツ					317	316	633
27	仙河みつ			114	334	146		594
28	伊藤かつ	290	128	42		28	93	581
29	稲葉ヨシエ					272	289	561
30	皆川ユキ子				47	266	246	559
31	佐藤なつ			229	321			550
32	榊原コト				143	196	196	535
33	水野りょう			54	193	166	111	524
34	水野きぬえ	187	62		66	208		523
35	桑山つや	313	186					499
36	竹内イヲル					175	314	489
37	下村坐め	297	183					480
38	赤井すゑ			42	220	208		470
39	伊藤フクエ					161	296	457
40	江本キク					230	196	426
41	清水小菊	299	122					421
42	渡辺ゆき	129			100	191		420
43	亀岡古坐	290	127					417
44	伊藤古よ	237	143	36				416
45	柳原キン				210	185		395
46	伊藤すへ	164	228					392
47	塩谷みど里	192	30	152				374
48	中野湯つ		46	324				370
49	伊藤やす	22	157		159	20		358
50	滝田シズ子				13	84	254	351

51	八木志げ	305	41					346
52	月東シン					79	263	342
53	神谷はつの		86	138	102			326
54	村田は奈	158	161					319
55	渡邊タツ				275	42		317
56	盛田ミサオ					44	271	315
56	滝田ユキ				97	218		315
58	筒井ムラ					33	279	312
59	磯本かね		5	112	141	51		309
60	榊原きん			84			217	301
61	森下とみ		24	203	68			295
62	籾山みつゑ	176	116					292
63	伊藤小とみ		149	141				290
64	斉田志げ	128	103	54				285
65	古神はま	252	27					279
66	増田きょう	151	127					278
67	亀岡古と			263	10			273
68	角野とみ恵			245	24			269
69	伊藤ふじゑ		129		136			265
70	森下志よう		1			69	187	257
71	瀧田せ以	186	42					228
72	瀧田坐き	176	26					202
73	谷川りつ			169	22	6		197
74	松井ユミ					187	5	192
75	伊藤多きえ		144	36				180
76	青木ツネ				128	44		172
77	野口イク				15	139		154
78	伊藤や江			66	79			145
79	河合とみ			118	26			144
80	水上きみゑ		70	41				111
81	河合のぶ	100	10					110
82	渡邊ツネ					6	101	107
83	永田座め	3	94					97
84	鈴木とく			55	20	20		95
85	岡戸やす	55	38					93
86	水上よし江			8	78			86
87	新海ミツノ					27	53	80
88	加藤きく			10	66			76
89	小西はる		68	4				72
90	園尾はるよ		27	32				59
91	服部ツヨ			51	5			56
92	富本はな			25	24			49
93	山田坐く		40	1				41
94	磯村トウ				11	11		22
95	鯉江シナ					5	7	12
96	赤井チョウ				1	1		2

注1）1922年～1927年間で複数年にわたって工場で勤務した女工のみを取り上げた。

注2）単位は、日。

資料）瀧田織布工場『賃金支拂簿』各年。

表 6-4　男工の勤務日数ランキング

順位	名前	1922年	1923年	1924年	1925年	1926年	1927年	合計
1	磯村富次郎	131	249	301	323			1,004
2	金三峰			12	349	338	288	987
3	磯村保二	134	316	91	18	251	155	965
4	金億石	343	347	215				905
5	金麒振		259	333	293			885
6	金鳳祚		107	325	339	96		867
7	竹内新一郎	174	312	40				526
8	三浦幸太郎					116	365	481
9	新海新次郎	89	318	58				465
10	森下良吉	150		252	59			461
11	李用守	314	84					398
12	久田豊吉					52	334	386
13	橋本嘉吉						329	329
14	尹基元	253	70					323
15	三浦太郎						313	313
16	竹内金蔵				246	56		302
17	榊原丈之助					208	30	238
18	金士律				164	70		234
19	金元達			195	29			224
20	杉井増市郎					214	6	220
21	金者惠			199				199
22	西村盛造						195	195
23	申閏龍		61	123				184
24	申劉永					168		168
25	東川菊雄					167		167
26	金寿鳳				53	104		157
27	山本元吉					151		151
28	中村体造			141				141
29	申次奉					134		134
30	堀江五郎吉				114			114
31	森田幸雄					106		106
32	磯村菊路						93	93
33	古川傳太郎	84	2					86
33	出開敷関太郎	86						86
35	木村末吉	71						71
36	榊原徳三郎	69						69
37	柴田倉吉	62						62
38	井本新之烝	61						61
39	渡邊藤太郎		42					42
40	渡辺糸次郎	40						40
41	呉且雲			33				33
42	杉浦與一郎				28			28
43	家田仲吉			26				26
44	森本文蔵						23	23
45	呉金祚		20					20
46	金斗相	18						18
47	向古以		16					16
48	金原源一	15						15
49	杉本安太郎				14			14
50	鄭載千			10				10
50	森下志与朗	10						10
52	久留幸松					4		4
53	杉江金一				3			3
54	鄭基鎔				2			2
54	蟹江照治	2						2

注1）男工は勤務日数順に並べている。
注2）単位は、日。
資料）瀧田織布工場『賃金支拂簿』各年。

間二〇〇日以上勤務していた男工が五名、一〇〇日以上二〇〇日未満の男工が四名だったことから、主力となって勤務した男工を職工として記録したためと考えられる。ただし、ランキング上位一六名（勤務日数の合計が三〇〇日を超える上位層）をみれば、年間で二〇〇日以上勤務するメンバーは比較的少なくバラつきも大きい。加えて勤務年数もバラつきが大きい。おそらく男工を各年で四―五名程度確保して、その不足分を一時的に勤務するメンバーが補うというパターンが形成されていたのであろう。

（三）勤務日数の変化と女工

それでは、工場労働者が期間を通じて季節の制約を受けずに安定して供給されるようになったのか、について検討していきたい。そのために、瀧田自営工場の女工を、一年間の勤務日数に応じて四つのグループに分類する。

Ⅰグループ：勤務日数三〇〇日以上（安定労働者）
Ⅱグループ：勤務日数二〇〇日以上三〇〇日未満
Ⅲグループ：勤務日数一〇〇日以上二〇〇日未満
Ⅳグループ：勤務日数一〇〇日未満（短期労働者）

四つのグループに属する女工の労働者の勤務日数を足し合わせた総勤務日数を、一九二二年・一九二四年・一九二七年の三つに分けて算出したものが、それぞれ表6-5・表6-6・表6-7である（後掲）。そのⅠグループからⅣグループの総勤務日数の推移について一九二二年・一九二四年・一九二七年に分けて、グラフで示したのが図6-1・図6-2・図6-3である。

三つの図を通してみれば、Ⅱグループが期間を通じて、総勤務日数が比較的大きく、瀧田自営工場の主力グループであることが確認できる。

まず、一時的に労働力を供給する女工で構成されたⅢグループ・Ⅳグループは、Ⅰグループ・Ⅱグループが提供する労働力の不足を補完する役割を担っていた。

例えば図6-1をみると、一九二二年ではⅠグループの勤務日数は低い反面、ⅡグループおよびⅢグループのそれが大きいことが確認できる。ただし九月以降にはすべて勤務日数が大幅に低下してしまった点をみると、瀧田自営工場が安定した操業を実現するには不安定な状況であったといわねばならない。Ⅳグループについてみると、その推移に変動が大きい。特に一月と七月に勤務日数が上昇していたのは、Ⅱ・Ⅲグループの減少に対応して勤務日数を補完する役割を担っていたからだと考えられる。ただし八月以降は勤務日数が急減した点をみると、労働力補完の役割は不十分であったといわねばならない。

続いて一九二四年について図6-2から検討すると、Ⅱグループが瀧田自営工場の主力であったことは変わらない。そ

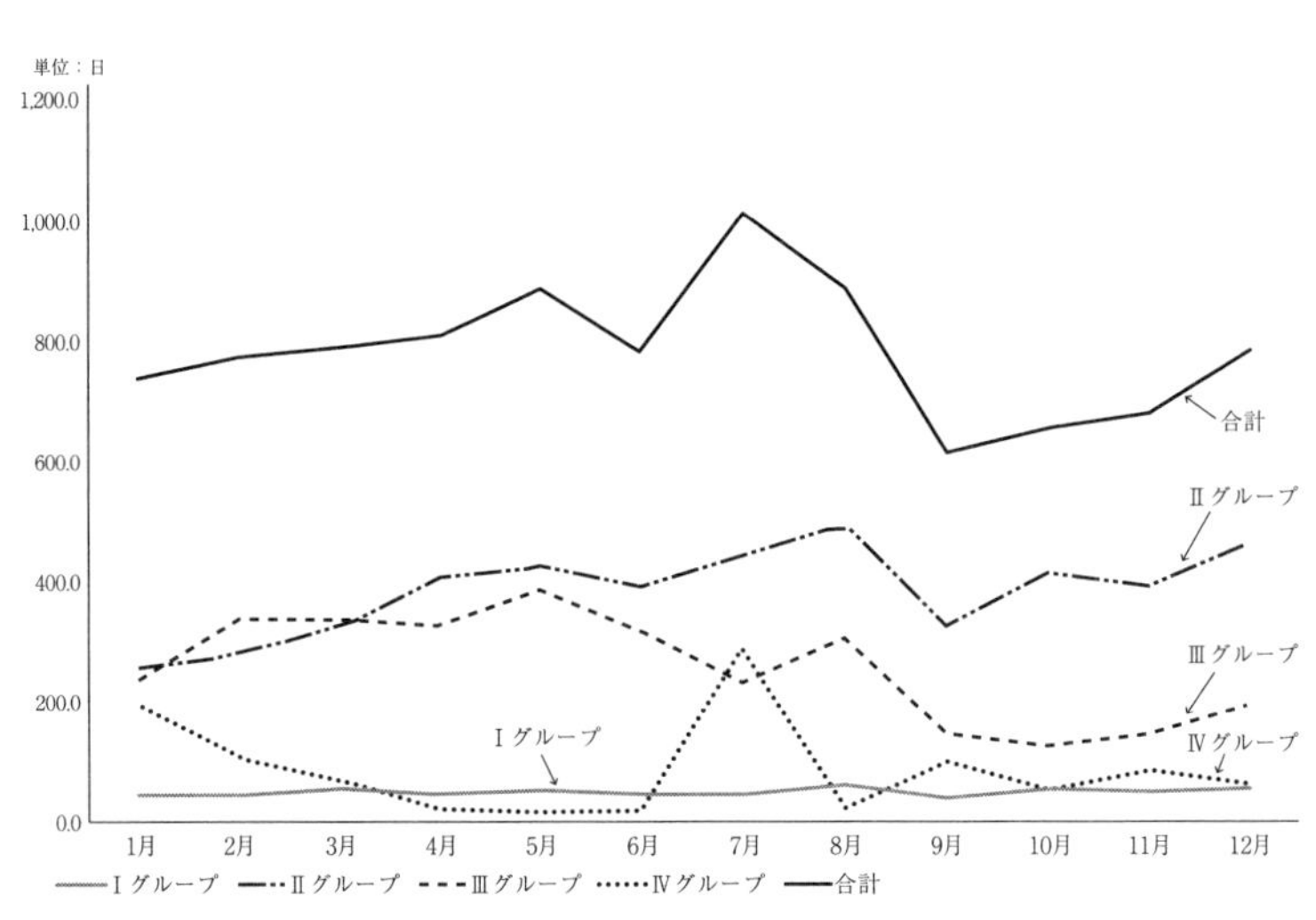

図6-1　総勤務日数の推移（女工：1922年）

資料）瀧田織布工場『賃金支拂簿』1922年。

写真 6-4

女工たちの日常生活

織布工場で働く女工の日常生活の一断面。写真 6-4 は、中七木綿で実施された慰安会の様子（昭和 10 年代）。写真 6-5 は、岡田地域の中田織布の女工たちの晴れ着姿の写真（昭和初期ごろ）。写真 6-6 は、岡田町町制 50 周年で実施された花火大会の写真（昭和 20 年代後半）。花火に歓声をあげる女工の姿が映し出されている。知多産地が織布地域として成長するなかで、たくさんの女工たちが集まった。最盛期には岡田地域だけで 3000 人にも達したという。女工たちは、まちに賑わいをもたらし、地域の文化を彩っていたのである。

写真 6-5

写真 6-6

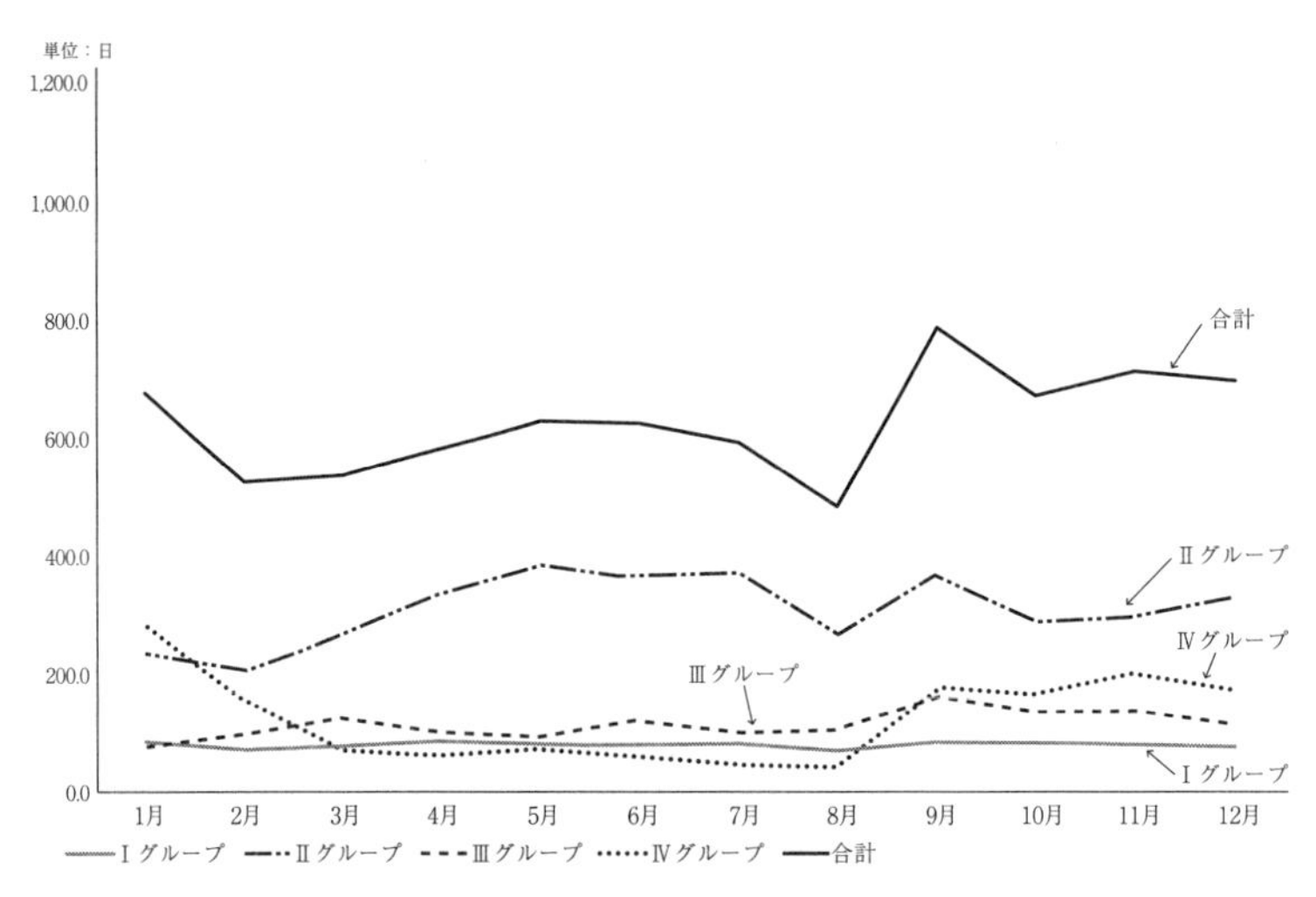

図 6-2　総勤務日数の推移（女工：1924 年）

資料）瀧田織布工場『賃金支拂簿』1924 年。

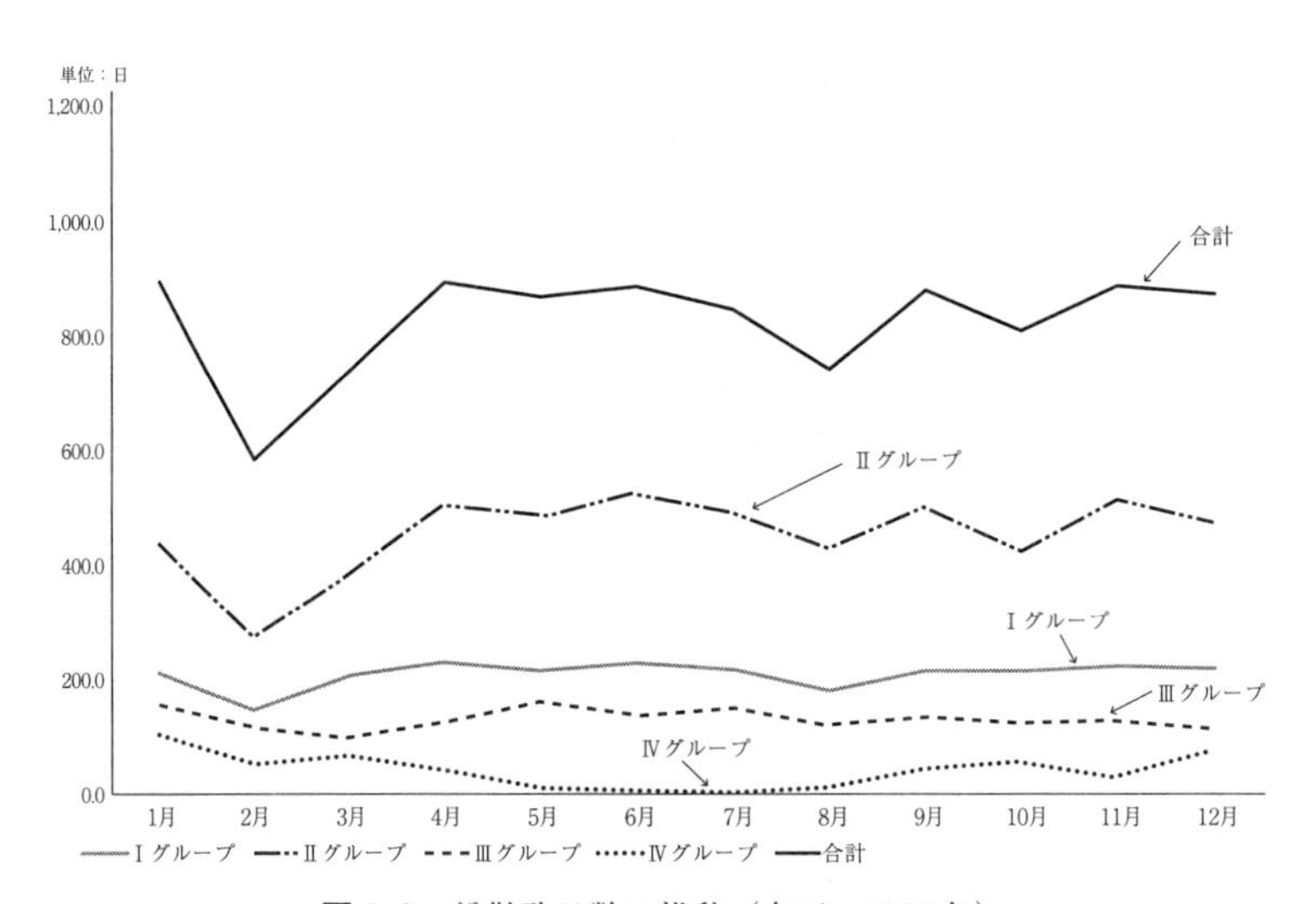

図 6-3　総勤務日数の推移（女工：1927 年）

資料）瀧田織布工場『賃金支拂簿』1927 年。

の一方でⅢグループとⅣグループは、Ⅱグループの勤務日数が落ち込む月のうち、一月・二月と一〇月から一二月に労働力を供給し、勤務日数の不足を補完する役割を果たすようになった。

そして一九二七年を図6-3でみると、Ⅰグループの総勤務日数が上昇して安定的に供給されるようになって、Ⅲ・Ⅳグループの比重が下がっていくことがわかる。Ⅰグループは、一九二二年・一九二四年ではその比重は小さかったものの、一九二七年には年間を通じて、総勤務日数が月間二〇〇日以上をほぼ維持していることがわかる。表6-7のⅠグループ欄をみれば、八名の女工が、ひと月あたり約二六日の勤務を継続していることが確認できる。つまり、一年間を通じて安定して就業する女工が、次第に定着していったことを示している。これによって、全体的な労働力の供給が季節によって変動することが少なくなり、瀧田自営工場は安定した操業を実現することができるようになったのである。

第三節 「地域の産業革命」の達成

瀧田商店は、市場の選択や綿布需要の拡大に応じた生産組織を構築すべく、第一次大戦ブーム期の一九一六年に瀧田自営工場を設立した。この瀧田自営工場は、経営戦略に沿って、その製品・織機を変化させることで、瀧田商店の企業経営に貢献していた。この自営工場を運営するために必要とされたのは、その生産を現場で担う労働者であった。この労働者は、農村労働の制約を受けず、一定時間・一定期間就労する工場労働者であることが必要であった。

しかし一九二〇年代初めの段階では、瀧田自営工場は労働者を安定して就業させることができず、労働力不足を、一時的に就労する労働者に補完させることで対応せざるを得なかった。その後、一九二〇年代を通じて、年間勤務日数二〇〇日を超える工場労働者が次第に主力として定着していった。この結果、瀧田自営工場は季節に制約されずに操業することができるようになった。

瀧田自営工場にみられたような工場労働者の定着は、知多産地全域にとって同じく重要な課題であった。第一次大戦ブーム期から一九二〇年代にかけて、知多産地に多数生まれた力織機工場は、農村に普及していた問屋制家内工業という生産組織を大きく変質させた。産地問屋が、自営力織機工場を設立するだけでなく、農村に設立された力織機工場を賃織工場として組織していったからである。これにともない力織機工場は、農村から労働者を一カ所に集めて、織布業に従事させなければならなかった。

このため、農村から集められた女性は、「資本―賃労働」関係の枠組みで管理され、農村労働や家族の制約から離脱することになった。つまり、明治期に大都市で始まった工業化は、このときに地域全体へと波及していったのである。それゆえ、この農村女性の工場労働者への変質は、地域の産業革命の達成を決定づける契機となったのである。

工の就業状況（1922年）

7月			8月			9月			10月			11月			12月			出勤日合計	給料合計	年間賃金
出勤（A）	給料（B）	賃金B／A	出勤（A）	給料（B）	賃金B／A	出勤（A）	給料（B）	賃金B／A	出勤（A）	給料（B）	賃金B／A	出勤（A）	給料（B）	賃金B／A	出勤（A）	給料（B）	賃金B／A			
26.0	25.8	1.0	31.0	28.2	0.9	20.7	17.0	0.8	28.0	24.4	0.9	25.3	21.1	0.8	28.0	23.2	0.8	313	295	0.9
22.3	15.9	0.7	31.0	23.2	0.7	21.0	17.1	0.8	28.0	20.6	0.7	27.0	22.9	0.8	29.0	22.0	0.8	305	215	0.7
48.3	41.7	0.9	62.0	51.4	0.8	41.7	34.1	0.8	56.0	45.0	0.8	52.3	44.0	0.8	57.0	45.2	0.8	618	510	0.8
27.5	19.0	0.7	31.0	23.2	0.7	21.0	17.3	0.8	18.0	20.1	1.1	27.0	22.2	0.8	29.0	23.4	0.8	299	214	0.7
28.6	20.0	0.7	22.5	15.8	0.7	24.6	17.2	0.7	28.5	20.0	0.7	20.0	20.0	1.0	29.0	20.0	0.7	297	233	0.8
24.2	19.4	0.8	31.0	24.5	0.8	20.6	15.7	0.8	26.5	23.9	0.9	22.1	19.3	0.9	29.0	25.7	0.9	291	235	0.8
27.5	22.2	0.8	29.7	22.7	0.8	20.6	14.9	0.7	24.8	21.1	0.9	10.8	8.0	0.7	28.3	22.6	0.8	290	222	0.8
25.6	20.1	0.8	28.4	22.4	0.8	20.5	15.9	0.8	20.0	17.8	0.9	25.8	21.5	0.8	25.0	22.1	0.9	290	228	0.8
27.5	16.5	0.6	29.9	17.9	0.6	21.0	12.6	0.6	26.8	16.1	0.6	25.7	16.9	0.7	29.0	18.9	0.7	287	176	0.6
27.3	25.4	0.9	29.6	24.0	0.8	9.7	8.4	0.9	28.0	26.7	1.0	26.2	22.9	0.9	28.0	25.5	0.9	284	259	0.9
24.7	17.7	0.7	31.0	23.0	0.7	19.0	14.5	0.8	24.0	15.6	0.7	27.0	22.6	0.8	18.3	21.4	1.2	274	194	0.7
20.8	25.5	1.2	26.6	26.0	1.0	20.4	18.3	0.9	27.0	32.1	1.2	26.2	27.3	1.0	28.1	30.6	1.1	268	297	1.1
27.5	19.4	0.7	27.4	19.2	0.7	14.8	10.4	0.7	27.5	19.3	0.7	26.0	18.2	0.7	27.4	19.2	0.7	261	191	0.7
24.0	25.5	1.1	26.8	27.4	1.0	17.5	16.1	0.9	14.6	16.1	1.1	22.2	21.5	1.0	21.5	19.8	0.9	259	282	1.1
20.9	21.3	1.0	31.0	31.3	1.0	19.5	16.4	0.8	24.9	21.7	0.9	16.5	13.6	0.8	28.3	33.5	1.2	252	261	1.0
27.5	13.8	0.5	30.0	16.2	0.5	19.0	9.9	0.5	28.0	17.2	0.6	27.0	15.4	0.6	29.0	19.6	0.7	251	138	0.5
27.5	12.3	0.4	31.0	16.5	0.5	20.0	10.6	0.5	28.0	16.1	0.6	27.0	15.0	0.6	29.0	19.4	0.7	246	123	0.5
27.5	14.0	0.5	31.0	17.4	0.6	20.0	21.0	1.0	28.0	17.3	0.6	27.0	16.2	0.6	29.0	20.1	0.7	241	142	0.6
27.5	28.0	1.0	29.6	29.7	1.0	21.0	20.2	1.0	17.0	19.2	1.1	11.6	9.4	0.8	29.0	27.0	0.9	237	244	1.0
25.0	24.8	1.0	28.2	25.7	0.9	18.4	15.1	0.8	24.1	21.0	0.9	26.8	22.1	0.8	28.4	13.8	0.5	205	247	1.2
441.1	344.9	0.8	494.7	382.8	0.8	327.6	254.5	0.8	415.7	341.1	0.8	394.9	312.0	0.8	465.3	382.4	0.8	4,532	3,685	0.8
27.5	27.3	1.0	30.5	27.8	0.9	3.9	3.2	0.8										192	192	1.0
2.0	2.1	1.1	14.9	11.5	0.8	17.7	13.3	0.8	11.8	12.1	1.0	14.2	12.5	0.9				187	168	0.9
10.7	4.6	0.4	19.8	8.1	0.4	18.9	7.1	0.4	22.0	7.1	0.3	21.5	5.6	0.3	29.0	7.2	0.2	186	63	0.3
						20.9	10.5	0.5	26.8	13.4	0.5	9.7	4.9	0.5	29.0	14.5	0.5	183	103	0.6
19.9	11.6	0.6	10.3	5.3	0.5													176	98	0.6
10.7	2.2	0.2	24.8	4.0	0.2	18.4	2.9	0.2	20.5	4.2	0.2	21.5	4.5	0.2	24.5	5.1	0.2	176	36	0.2
10.3	6.1	0.6	15.8	10.2	0.6													171	105	0.6
17.7	10.0	0.6	23.0	11.8	0.5													167	92	0.6
27.5	27.3	1.0	27.0	24.6	0.9	8.0	6.6	0.8	11.8	12.6	1.1	22.6	20.6	0.9	25.0	20.8	0.8	164	153	0.9
14.0	7.6	0.5	19.0	9.3	0.5	12.0	7.5	0.6	8.0	2.2	0.3	7.0	3.0	0.4	23.0	10.0	0.4	158	73	0.5
22.5	21.9	1.0	31.0	30.7	1.0	18.4	14.5	0.8	26.6	24.9	0.9	26.6	23.8	0.9	13.7	11.7	0.9	151	141	0.9
1.8	1.1	0.6																138	90	0.7
11.8	11.6	1.0	29.5	30.0	1.0	2.0	0.2	0.1										136	145	1.1
																		129	131	1.0
11.3	11.4	1.0	20.0	20.3	1.0	10.5	8.4	0.8										128	145	1.1
18.7	7.6	0.4	19.2	8.4	0.4	6.5	3.1	0.5										125	47	0.4
																		121	156	1.3
																		118	133	1.1
27.5	19.4	0.7	23.2	16.6	0.7	12.4	7.8	0.6				7.0	4.6	0.7	29.0	22.6	0.8	117	83	0.7
																		101	63	0.6
1.0	1.1	1.1										16.6	12.0	0.7	24.0	18.0	0.7	100	64	0.6
234.9	172.8	0.7	308.0	218.5	0.7	149.6	85.0	0.6	127.5	76.4	0.6	146.7	91.6	0.6	197.2	109.8	0.6	3,124	2,281	0.7
						19.8	16.1	0.8	13.0	11.9	0.9	27.0	23.6	0.9	29.0	25.6	0.9	89	77	0.9
																		84	30	0.4
27.5	12.7	0.5	26.2	13.4	0.5													75	35	0.5
																		58	38	0.6
												26.0	20.9	0.8	29.0	2.6	0.1	55	24	0.4
						13.5	10.6	0.8	20.5	20.2	1.0	20.8	17.9	0.9				55	49	0.9
																		48	48	1.0
						13.0	9.1	0.7	13.0	9.1	0.7	14.0	6.3	0.5	4.9	3.4	0.7	45	28	0.6
																		34	30	0.9
						20.4	16.1	0.8	9.9	8.5	0.9							33	26	0.8
																		30	13	0.4
																		28	32	1.1
																		23	22	1.0
																		23	15	0.6
																		23	14	0.6
																		22	18	0.8
						13.2	8.6	0.6										13	9	0.7
																		11	11	1.0
						10.3	7.8	0.8										10	8	0.8
						10.0	8.3	0.8										10	8	0.8
																		9	3	0.4
																		8	8	1.0
																		6	7	1.1
																		3	3	0.9
																		3	1	0.4
															2.0	2.1	1.0	2	2	1.0
1.6	0.9	0.6																2	1	0.4
																		2	1	0.5
29.1	13.6	0.5	26.2	13.4	0.5	100.2	76.5	0.8	56.4	49.7	0.9	87.8	68.6	0.8	64.9	33.7	0.5	804	558	0.7
753.4	572.9	0.8	890.9	666.2	0.7	619.1	450.0	0.7	655.6	512.3	0.8	681.7	516.2	0.8	784.4	571.2	0.7	9,078	7,034	0.8

表 6-5　瀧田自営工場女

番号	グループ	名前	1月			2月			3月			4月			5月			6月		
			出勤（A）	給料（B）	賃金B／A	出勤（A）	給料（B）	賃金B／A	出勤（A）	給料（B）	賃金B／A	出勤（A）	給料（B）	賃金B／A	出勤（A）	給料（B）	賃金B／A	出勤（A）	給料（B）	賃金B／A
1		桑山つや	23.8	23.8	1.0	25.5	25.5	1.0	28.5	28.5	1.0	21.8	25.2	1.2	26.4	25.3	1.0	27.5	26.6	1.0
2	Ⅰ	八木志げ	23.0	13.6	0.6	21.0	13.9	0.7	26.6	16.0	0.6	26.6	20.5	0.8	28.0	15.2	0.5	21.9	14.2	0.6
		小計	46.8	37.4	0.8	46.5	39.4	0.8	55.1	44.5	0.8	48.4	45.7	0.9	54.4	40.5	0.7	49.4	40.8	0.8
3		清水小菊	20.6	12.2	0.6	18.5	10.7	0.6	23.7	13.8	0.6	27.0	18.3	0.7	28.0	14.9	0.5	28.0	18.5	0.7
4		下村坐め	19.0	14.3	0.8	23.0	17.3	0.8	29.0	21.8	0.8	30.0	22.5	0.8	24.5	14.7	0.6	27.0	18.9	0.7
5		亀岡は奈	21.0	12.6	0.6	25.0	15.0	0.6	19.0	12.4	0.7	27.0	22.9	0.8	28.0	22.2	0.8	18.0	21.3	1.2
6		伊藤かつ	21.0	12.6	0.6	25.0	17.5	0.7	24.0	18.0	0.8	25.0	22.1	0.9	28.0	21.4	0.8	25.5	19.1	0.8
7		亀岡古坐	19.0	11.4	0.6	21.5	14.0	0.7	29.0	20.3	0.7	24.5	21.4	0.9	28.0	23.7	0.8	22.8	17.3	0.8
8		柴田せ以	18.9	12.7	0.7	11.1	4.4	0.4	19.4	16.3	0.8	23.6	15.3	0.7	27.0	14.0	0.5	27.1	14.9	0.6
9		桑山のう	13.0	12.6	1.0	24.5	23.1	0.9	21.8	22.9	1.1	22.4	22.2	1.0	27.0	22.7	0.8	26.5	22.5	0.9
10		中野てう	16.6	7.9	0.5	25.0	13.7	0.5	17.0	10.3	0.6	19.0	13.8	0.7	28.0	16.2	0.6	24.5	16.8	0.7
11	Ⅱ	中村古う	24.0	28.3	1.2	25.0	30.8	1.2	7.0	8.7	1.2	25.6	29.9	1.2	9.6	9.8	1.0	28.0	29.9	1.1
12		片岡すゑ				5.0	4.5	0.9	25.8	19.7	0.8	25.6	23.0	0.9	26.5	19.1	0.7	27.5	19.3	0.7
13		山本志う	21.5	26.2	1.2	13.4	15.6	1.2	26.1	36.8	1.4	23.0	27.3	1.2	24.5	24.3	1.0	24.2	25.1	1.0
14		古神はま	19.9	21.9	1.1	21.5	26.2	1.2	21.7	24.7	1.1	14.1	17.3	1.2	27.5	27.5	1.0	5.7	5.2	0.9
15		上村なを							7.5	3.8	0.5	27.0	14.0	0.5	28.0	13.3	0.5	28.0	14.6	0.5
16		渡辺きく										27.0	9.9	0.4	28.0	10.9	0.4	28.0	12.7	0.5
17		盛田ちょう							7.6	2.7	0.4	27.0	12.2	0.5	18.5	8.3	0.4	25.0	13.0	0.5
18		伊藤古よ	24.0	21.1	0.9	19.0	25.1	1.3	18.8	23.0	1.2	13.4	16.1	1.2	20.8	20.4	1.0	5.0	4.7	0.9
19		片岡ゆう	20.5	20.5	1.0	24.0	24.0	1.0	29.0	29.0	1.0	27.0	31.2	1.2	25.5	24.5	1.0	24.0	23.2	1.0
		小計	259.0	214.2	0.8	281.5	241.8	0.9	326.4	284.1	0.9	408.2	339.6	0.8	427.4	307.9	0.7	394.8	297.1	0.8
20		塩谷みど里	17.0	17.8	1.0	17.4	19.5	1.1	18.1	18.1	1.0	22.0	25.1	1.1	28.0	26.9	1.0	27.5	26.6	1.0
21		水野きぬえ	22.4	21.7	1.0	19.5	18.7	1.0	16.5	14.6	0.9	22.3	21.0	0.9	22.7	19.3	0.9	23.0	20.8	0.9
22		瀧田せ以	6.0	2.6	0.4	25.0	9.5	0.4	19.5	7.2	0.4	13.5	3.7	0.3						
23		土井ひで	21.8	14.4	0.7	24.0	16.0	0.7	3.0	3.6	1.2	21.8	13.1	0.6	25.6	12.3	0.5			
24		籾山みつゑ	20.4	9.6	0.5	23.0	12.8	0.6	26.0	18.1	0.7	23.1	15.3	0.7	28.0	12.4	0.4	25.3	13.0	0.5
25		瀧田坐き				23.5	5.9	0.3	18.5	4.8	0.3	13.5	2.6	0.2						
26		角野きり	24.0	15.7	0.7	24.0	9.2	0.4	28.5	25.6	0.9	15.0	10.5	0.7	28.0	16.0	0.6	25.0	12.2	0.5
27		藤林八重				20.5	12.9	0.6	26.3	17.4	0.7	23.8	15.0	0.6	28.0	10.7	0.4	27.8	14.6	0.5
28		伊藤すへ													19.6	18.7	1.0	22.5	21.8	1.0
29		村田は奈							7.0	5.3	0.8	26.0	9.8	0.4	25.0	10.1	0.4	17.0	8.1	0.5
30	Ⅲ	増田きょう																12.0	13.6	1.1
31		天木は奈	22.0	15.4	0.7	24.8	17.7	0.7	24.7	16.1	0.7	22.0	15.4	0.7	19.8	11.1	0.6	22.4	13.4	0.6
32		永田みつえ				13.7	16.0	1.2	6.3	7.9	1.3	20.0	25.4	1.3	28.0	29.2	1.0	24.5	24.2	1.0
33		渡辺ゆき	24.0	22.9	1.0	24.8	24.1	1.0	27.2	32.6	1.2	24.5	31.5	1.3	28.0	20.2	0.7			
34		斉田志げ				23.7	29.7	1.3	24.9	33.5	1.3	14.6	18.3	1.3	16.8	17.6	1.0	5.8	5.9	1.0
35		山本きく							24.0	3.0	0.1	20.0	8.5	0.4	25.0	10.8	0.4	12.0	5.3	0.4
36		福田坐み	22.7	26.7	1.2	24.5	31.0	1.3	26.8	43.4	1.6	14.3	18.1	1.3	24.0	25.8	1.1	9.0	10.6	1.2
37		籾山志づ	23.6	25.3	1.1	25.0	29.5	1.2	24.2	30.1	1.2	9.2	12.5	1.4	27.5	26.8	1.0	8.8	9.0	1.0
38		村田うめ																18.0	12.0	0.7
39		土井はつ	13.7	8.6	0.6	25.0	17.4	0.7	19.3	15.4	0.8	25.5	14.9	0.6	5.0	1.3	0.3	12.0	5.7	0.5
40		河合のぶ	23.0	6.3	0.3										9.5	7.1	0.7	25.8	19.6	0.8
		小計	240.6	187.0	0.8	338.4	270.2	0.8	340.8	296.7	0.9	331.1	260.6	0.8	388.5	276.1	0.7	318.4	236.3	0.7
41		茶谷まき																		
42		杉江はつゑ				13.5	6.5	0.5	28.5	9.2	0.3	23.5	8.3	0.4	18.0	5.8	0.3			
43		三谷きみゑ																21.0	8.5	0.4
44		野田■坐	23.7	15.4	0.7	26.0	16.9	0.7	8.0	5.2	0.7									
45		岡戸やす																		
46		土井いく																		
47		古川志げ	19.1	19.1	1.0	19.3	19.1	1.0	10.0	10.0	1.0									
48		関はつゑ																		
49		角野きみ	24.0	21.1	0.9	9.5	8.6	0.9												
50		横井き与う							2.8	1.5	0.5									
51		横井つね	20.5	10.4	0.5	9.5	2.9	0.3												
52		竹内はつゑ				21.5	24.8	1.2	6.0	7.3	1.2									
53		伊藤ゆき	23.4	22.0	0.9															
54		竹田きく	22.5	14.6	0.7															
55	Ⅳ	中条ふみ	22.5	13.5	0.6															
56		伊藤やす	21.8	18.4	0.8															
57		石川小松																		
58		澤田こう							10.8	11.1	1.0									
59		平野以ま																		
60		土平ふじゑ																		
61		水上きよ	8.5	3.2	0.4															
62		磯村きく枝	7.9	7.9	1.0															
63		柴田志ま				6.0	6.6	1.1												
64		松下ぎん							3.0	2.7	0.9									
65		永田座め				3.0	1.2	0.4												
66		新美なか																		
67		村田やす																		
68		滝田まき							1.5	1.0	0.7									
		小計	193.9	145.6	0.8	108.3	86.5	0.8	70.6	48.1	0.7	23.5	8.3	0.4	18.0	5.8	0.3	21.0	8.5	0.4
合計			740.3	584.2	0.8	774.7	637.8	0.8	792.9	673.4	0.8	811.2	654.2	0.8	888.3	630.4	0.7	783.6	582.7	0.7

注１）女工は勤務日数順に並べている。
注２）単位は、出勤は「日」、給料・賃金は「円」。
注３）「■」は難読。
資料）瀧田織布工場『賃金支拂簿』1922 年。

工の就業状況（1924年）

7月			8月			9月			10月			11月			12月			出勤日合計	給料合計	年間賃金
出勤（A）	給料（B）	賃金B／A	出勤（A）	給料（B）	賃金B／A	出勤（A）	給料（B）	賃金B／A	出勤（A）	給料（B）	賃金B／A	出勤（A）	給料（B）	賃金B／A	出勤（A）	給料（B）	賃金B／A			
28.0	18.2	0.7	26.0	18.6	0.7	26.0	17.8	0.7	28.0	19.3	0.7	24.0	16.3	0.7	27.5	19.3	0.7	324	212	0.7
28.0	16.8	0.6	23.0	13.8	0.6	29.0	17.4	0.6	28.0	16.0	0.6	29.0	17.4	0.6	25.0	15.0	0.6	321	200	0.6
26.8	20.1	0.8	21.7	16.3	0.8	29.0	21.8	0.8	28.0	20.6	0.7	29.0	21.8	0.8	24.9	18.7	0.8	313	243	0.8
82.8	55.1	0.7	70.7	48.6	0.7	84.0	56.9	0.7	84.0	55.9	0.7	82.0	55.5	0.7	77.4	52.9	0.7	958	656	0.7
25.0	20.9	0.8	22.3	19.5	0.9	28.0	22.8	0.8	22.0	20.2	0.9	29.0	20.3	0.7	24.0	17.9	0.7	297	266	0.9
27.0	24.8	0.9	22.0	16.1	0.7	29.0	23.3	0.8	25.0	17.9	0.7	25.0	18.7	0.7	27.6	20.7	0.8	288	229	0.8
25.5	14.0	0.6	8.0	4.4	0.6	29.0	13.9	0.5	29.0	14.2	0.5	23.0	12.2	0.5	25.0	15.7	0.6	288	160	0.6
25.6	19.4	0.8	22.0	14.7	0.7	26.0	18.5	0.7	24.0	14.3	0.6	18.0	10.7	0.6	25.0	19.1	0.8	273	183	0.7
26.9	24.3	0.9	18.7	14.0	0.7	21.0	15.0	0.7	28.0	20.8	0.7	20.0	13.5	0.7	21.6	16.4	0.8	263	220	0.8
23.0	13.6	0.6	21.0	10.7	0.5	29.0	16.0	0.6	23.0	11.1	0.5	29.0	13.3	0.5	25.0	13.0	0.5	261	145	0.6
28.0	13.8	0.5	22.0	8.2	0.4	26.0	12.4	0.5	28.0	11.1	0.4	27.0	9.8	0.4	28.0	12.5	0.4	260	116	0.4
26.8	15.1	0.6	23.0	11.3	0.5	29.0	15.0	0.7	17.0	7.4	0.4	23.0	8.1	0.4	27.0	13.9	0.5	245	112	0.5
26.0	19.5	0.8	9.4	17.3	1.8	28.0	27.3	1.0				7.0	4.6	0.7	17.0	12.1	0.7	239	212	0.9
24.0	19.8	0.8	13.6	10.5	0.8	26.0	20.4	0.8	8.0	6.0	0.7	24.0	17.6	0.7	16.0	13.3	0.8	239	216	0.9
27.0	13.5	0.5	23.0	10.4	0.5	29.0	15.2	0.5	28.0	13.0	0.5	28.0	14.0	0.5	28.0	14.5	0.5	229	114	0.5
19.6	12.7	0.6	16.0	9.7	0.6	27.0	17.5	0.6	4.0	2.1	0.5				4.0	2.8	0.7	227	158	0.7
20.0	12.5	0.6	13.5	7.4	0.5							22.0	17.9	0.8	23.0	15.8	0.7	215	165	0.8
19.6	18.7	1.0	14.6	16.1	1.1	15.0	14.6	1.0	28.0	27.2	1.0	2.0	15.4	7.7	19.0	15.1	0.8	204	218	1.1
26.6	29.2	1.1	17.8	16.2	0.9	28.0	26.5	0.9	23.0	20.3	0.9	22.0	21.4	1.0	21.0	21.5	1.0	203	228	1.1
370.6	271.8	0.7	266.9	186.4	0.7	370.0	258.2	0.7	287.0	185.5	0.6	299.0	197.6	0.7	331.2	224.0	0.7	3,731	2,744	0.7
1.9	1.4	0.8	13.8	10.4	0.8	13.0	9.2	0.7	16.0	17.4	1.1	15.0	10.7	0.7	20.1	15.8	0.8	169	125	0.7
			5.0	2.4	0.5	20.0	11.7	0.6	25.0	14.7	0.6	28.0	15.2	0.5	13.0	8.3	0.6	161	95	0.6
21.0	19.7	0.9	11.6	10.2	0.9													152	179	1.2
9.6	8.6	0.9	8.5	6.4	0.8													141	115	0.8
									10.0	7.0	0.7	29.0	26.4	0.9	27.0	22.8	0.8	138	114	0.8
28.0	25.7	0.9	20.0	14.0	0.7	19.0	15.0	0.8										133	112	0.8
24.4	14.6	0.6	23.6	14.0	0.6	25.0	15.3	0.6	15.0	8.7	0.6	6.0	3.7	0.6				128	77	0.6
			6.0	3.6	0.6	29.0	22.4	0.8	27.0	20.6	0.8	29.0	19.1	0.7	27.0	21.5	0.8	118	87	0.7
						29.0	10.7	0.4	27.0	14.1	0.5	29.0	13.9	0.5	28.5	14.3	0.5	114	53	0.5
15.0	9.5	0.6	16.0	8.9	0.6	26.0	15.2	0.6	16.0	10.5	0.7							112	69	0.6
99.9	79.5	0.8	104.5	69.8	0.7	161.0	99.3	0.6	136.0	93.0	0.7	136.0	88.9	0.7	115.6	82.6	0.7	1,366	1,027	0.8
7.0	20.0	2.9	4.6	12.9	2.8				2.0	1.4	0.7	27.0	15.9	0.6	19.0	13.9	0.7	98	143	1.5
			8.0	6.0	0.8	29.0	20.1	0.7	25.0	17.8	0.7	28.0	19.9	0.7				90	64	0.7
3.0	2.5	0.8	12.6	12.4	1.0	25.0	11.9	0.5	21.0	9.2	0.4	14.0	5.1	0.4	8.0	3.8	0.5	84	45	0.5
						12.0	5.8	0.5	24.0	10.1	0.4	18.0	6.2	0.3	12.0	5.9	0.5	66	28	0.4
																		64	42	0.6
									24.0	18.6	0.8	7.0	4.7	0.7	24.0	20.8	0.9	55	44	0.8
																		54	64	1.2
			1.6	1.8	1.1	7.0	2.8	0.4	1.0	0.6	0.6	22.0	10.6	0.5	22.0	11.2	0.5	54	27	0.5
7.0	6.9	1.0							8.0	3.4	0.4	19.0	8.2	0.4	11.0	5.9	0.5	52	28	0.5
																		52	33	0.6
									9.0	5.0	0.6	24.0	15.5	0.6	17.5	11.4	0.7	51	32	0.6
5.0	4.3	0.9																49	44	0.9
						29.0	15.7	0.5	18.0	9.5	0.5							47	25	0.5
																		46	36	0.8
2.0	2.2	1.1	5.7	7.5	1.3	13.0	7.1	0.5	9.0	4.5	0.5	6.0	2.4	0.4	8.0	4.0	0.5	44	28	0.6
																		44	28	0.6
									1.0	0.7	0.7	26.0	22.2	0.9	15.0	14.9	1.0	42	38	0.9
																		42	26	0.6
			4.6	2.8	0.6	27.0	16.9	0.6	10.0	1.0	0.1							42	21	0.5
																		41	24	0.6
																		41	27	0.7
																		36	28	0.8
																		36	18	0.5
14.0	12.7	0.9																34	30	0.9
																		32	34	1.1
																		31	20	0.6
																		31	24	0.8
												1.0	0.1	0.1	24.0	18.3	0.8	25	18	0.7
			1.6	1.5	1.0	9.0	3.1	0.3	5.0	1.5	0.3							16	6	0.4
						12.0	7.1	0.6										12	7	0.6
															10.0	4.4	0.4	10	4	0.4
																		10	7	0.7
2.0	1.8	0.9							8.0	4.4	0.6							10	6	0.6
						5.0	4.2	0.8	4.0	3.2	0.8							9	7	0.8
												2.0	0.7	0.3	6.0	3.8	0.6	8	4	0.6
			1.0	0.6	0.6	6.0	3.6	0.6										7	4	0.6
																		6	4	0.7
																		6	2	0.4
																		6	4	0.6
												5.0	2.5	0.5				5	3	0.5
																		4	5	1.2
3.6	3.7	1.0																4	4	0.9
						2.0	0.6	0.3										2	1	0.3
																		2	2	0.9
																		2	2	0.9
																		1	1	1.5
												1.0	0.4	0.4				1	0	0.4
			1.0	0.5	0.5													1	1	0.5
			1.0	0.5	0.5													1	0	0.5
			1.0	0.8	0.8													1	1	0.8
43.6	54.2	1.2	42.7	47.2	1.1	176.0	98.8	0.6	169.0	90.8	0.5	200.0	114.4	0.6	176.5	118.0	0.7	1,507	1,096	0.7
596.9	460.5	0.8	484.8	352.0	0.7	791.0	513.3	0.6	676.0	525.5	0.8	717.0	456.5	0.6	700.7	477.5	0.7	7,562	5,523	0.7

表 6-6　瀧田自営工場女

番号	グループ	名前	1月			2月			3月			4月			5月			6月		
			出勤（A）	給料（B）	賃金 B／A	出勤（A）	給料（B）	賃金 B／A	出勤（A）	給料（B）	賃金 B／A	出勤（A）	給料（B）	賃金 B／A	出勤（A）	給料（B）	賃金 B／A	出勤（A）	給料（B）	賃金 B／A
1		中野湯つ	28.6	17.2	0.6	27.9	16.7	0.6	24.7	14.8	0.6	28.5	18.5	0.7	26.6	17.3	0.7	28.0	18.2	0.7
2	Ⅰ	山本きく	27.5	18.9	0.7	21.0	11.6	0.6	27.0	20.4	0.8	28.0	20.0	0.7	27.0	16.2	0.6	28.0	16.8	0.6
3		片岡ゆう	26.8	21.4	0.8	23.0	18.4	0.8	24.7	19.8	0.8	29.1	23.3	0.8	26.6	21.3	0.8	23.3	20.1	0.9
		小計	82.9	57.5	0.7	71.9	46.7	0.6	76.4	55.0	0.7	85.6	61.8	0.7	80.2	54.8	0.7	79.3	55.1	0.7
4		亀岡はな	24.8	15.1	0.6	20.4	17.9	0.9	23.5	22.5	1.0	26.6	33.3	1.3	28.0	35.2	1.3	23.0	20.5	0.9
5		柴田せい	19.1	15.8	0.8	19.4	12.9	0.7	25.9	21.0	0.8	21.8	18.6	0.9	19.6	15.7	0.8	26.6	24.1	0.9
6		日比せき	27.6	16.6	0.6	14.5	8.7	0.6	22.3	13.4	0.6	27.5	17.7	0.6	28.6	17.2	0.6	28.0	12.4	0.4
7		桑山好美	12.6	5.4	0.4	21.7	11.3	0.5	22.0	14.6	0.7	24.6	14.3	0.6	28.0	24.6	0.9	23.0	16.5	0.7
8		亀岡古と	14.2	11.5	0.8	22.5	18.0	0.8	20.6	17.2	0.8	19.6	19.4	1.0	28.0	33.2	1.2	21.4	16.8	0.8
9		鈴木はつ子	12.6	7.6	0.6	6.4	4.4	0.7	8.6	5.7	0.7	28.0	16.9	0.6	28.0	17.6	0.6	27.0	15.4	0.6
10		水野小春	7.0	4.5	0.6	5.6	2.9	0.5	12.0	6.0	0.5	28.0	12.5	0.4	20.0	9.8	0.5	28.0	12.5	0.4
11		角野とみ恵				6.9	3.8	0.5	24.6	11.4	0.5	19.6	10.0	0.5	28.0	16.1	0.6	19.6		0.0
12	Ⅱ	茶谷満き	26.9	29.8	1.1	23.0	20.7	0.9	26.0	21.6	0.8	25.4	20.3	0.8	28.0	22.4	0.8	22.2	16.7	0.8
13		山本志う	22.7	20.4	0.9	12.8	10.2	0.8	24.6	29.2	1.2	19.0	22.1	1.2	21.3	22.3	1.0	26.8	24.1	0.9
14		佐藤なつ										10.0	5.0	0.5	28.0	14.3	0.5	28.0	14.7	0.5
15		村田うめ	27.1	18.5	0.7	21.6	13.6	0.6	25.0	15.4	0.6	28.0	20.7	0.7	27.8	27.2	1.0	26.6	18.2	0.7
16		土井はつ	18.6	12.0	0.6	23.0	13.6	0.6	21.0	15.2	0.7	28.0	25.0	0.9	28.0	30.6	1.1	18.0	15.3	0.8
17		伊藤好ト恵	24.8	25.0	1.0	9.2	11.0	1.2	13.0	11.6	0.9	16.7	17.1	1.0	19.4	22.2	1.1	23.0	24.1	1.0
18		森下とみ										13.0	18.2	1.4	24.0	35.6	1.5	28.0	39.3	1.4
		小計	238.0	182.0	0.8	207.0	148.9	0.7	269.1	204.8	0.8	335.8	270.9	0.8	384.7	344.0	0.9	369.2	270.5	0.7
19		谷川りつ				7.2	5.8	0.8	20.7	5.8	0.3	21.8	17.4	0.8	23.2	18.6	0.8	16.6	12.5	0.8
20		水野くま子	13.9	8.2	0.6	13.6	7.7	0.6	23.6	15.5	0.7	19.3	11.0	0.6						
21		塩谷美どり	3.6	2.9	0.8	15.1	12.1	0.8	19.6	24.7	1.3	25.0	33.7	1.3	28.0	42.0	1.5	28.0	34.1	1.2
22		伊藤古と美	13.0	9.9	0.8	20.5	15.8	0.8	23.0	18.6	0.8	21.2	16.6	0.8	24.6	22.9	0.9	20.3	16.7	0.8
23		神谷はつの	26.4	23.5	0.9	19.1	15.7	0.8	20.8	14.7	0.7	6.0	4.2	0.7						
24	Ⅲ	桑山のう	21.1	19.1	0.9	22.2	18.4	0.8	16.0	14.4	0.9							7.0	5.9	0.8
25		伊藤かね													9.0	5.9	0.7	25.3	15.2	0.6
26		河合とみ																		
27		仙河みつ																		
28		磯村かね										7.6	4.9	0.6	9.0	5.3	0.6	22.6	14.6	0.6
		小計	78.0	63.5	0.8	97.7	75.3	0.8	123.7	93.7	0.8	100.9	87.8	0.9	93.8	94.5	1.0	119.8	99.0	0.8
29		水野ひ奈	4.2	3.6	0.9	6.1	9.7	1.6	5.3	16.5	3.1	7.3	16.5	2.3	7.6	16.7	2.2	8.3	16.4	2.0
30		井上てう																		
31		榊原きん																		
32		伊藤や江																		
33		竹内き美子				11.3	7.3	0.7	15.2	9.9	0.7	22.6	14.7	0.7	14.8	9.6	0.7			
34		鈴木とく																		
35		斉田志げ	27.1	34.4	1.3	10.0	9.3	0.9	11.0	12.6	1.1	6.0	7.9	1.3						
36		水野りょう																		
37		竹内わい																7.0	3.9	0.6
38		盛田ちょう	27.5	18.8	0.7	22.1	12.5	0.6	2.0	1.4	0.7									
39		服部ツヨ																		
40		渡邊ゑい													23.0	23.3	1.0	20.6	16.4	0.8
41		久田奈か																		
42		伊藤や古	24.0	19.7	0.8	21.5	16.6	0.8												
43		伊藤はつ																		
44		八木あき				11.4	7.4	0.7	18.7	12.2	0.7	13.6	8.8	0.7						
45		赤井すゑ																		
46		伊藤かつ	27.1	17.6	0.7	12.6	6.9	0.5	2.0	1.7	0.9									
47		知崎ひな																		
48		中野てう	25.4	15.2	0.6	16.0	9.2	0.6												
49		水上き美恵	3.0	1.7	0.6	6.1	4.1	0.7	11.8	8.6	0.7	7.0	3.4	0.5	12.0	8.3	0.7	1.0	1.5	1.5
50		伊藤こよ	28.4	22.5	0.8	7.2	5.8	0.8												
51		伊藤多き恵	27.5	14.7	0.5	8.0	3.3	0.4												
52		中村みつ																20.0	16.8	0.8
53		園尾はるよ	24.1	25.5	1.1	8.0	8.5	1.1												
54	Ⅳ	土井ひで	23.1	14.4	0.6	8.0	5.2	0.7												
55		伊藤は恵	26.5	21.2	0.8	4.0	3.2	0.8												
56		富本はな																		
57		河合しづ																		
58		三谷まつゑ																		
59		加藤きく																		
60		金双汝													10.0	7.4	0.7			
61		宮崎きよう																		
62		高津志奈																		
63		水上よし江																		
64		福田春子																		
65		伊藤古恵							2.0	1.1	0.5	2.5	2.1	0.8	1.5	1.2	0.8			
66		千川さと	6.0	2.2	0.4															
67		吉田あや							2.0	0.9	0.5	2.5	2.0	0.8	1.0	0.8	0.8			
68		小山ハツエ																		
69		小西はる	4.0	4.7	1.2															
70		伊藤はな																		
71		森下きわ																		
72		都築しま																2.0	1.8	0.9
73		磯村そで													1.6	1.7	1.1			
74		山田坐く													1.0	1.1	1.1	0.3	0.4	1.2
75		大岩りん																		
76		中村はやの																		
77		久田きょう																		
78		中山つるゑ																		
		小計	277.9	216.1	0.8	152.3	109.2	0.7	70.0	64.6	0.9	61.5	55.4	0.9	72.5	70.0	1.0	59.2	57.0	1.0
		合計	676.8	519.1	0.8	528.9	380.1	0.7	539.2	418.1	0.8	583.8	475.8	0.8	631.2	563.3	0.9	627.5	481.6	0.8

注１）女工は勤務日数順に並べている。
注２）単位は、出勤は「日」、給料・賃金は「円」。
資料）瀧田織布工場『賃金支拂簿』1924 年。

工の就業状況（1927 年）

7月			8月			9月			10月			11月			12月			出勤日合計	給料合計	年間賃金
出勤（A）	給料（B）	賃金 B／A	出勤（A）	給料（B）	賃金 B／A	出勤（A）	給料（B）	賃金 B／A	出勤（A）	給料（B）	賃金 B／A	出勤（A）	給料（B）	賃金 B／A	出勤（A）	給料（B）	賃金 B／A			
25.0	11.3	0.5	23.0	11.2	0.5	29.0	14.5	0.5	26.0	12.9	0.5	29.0	14.3	0.5	28.0	14.0	0.5	318	156	0.5
27.0	25.8	1.0	23.0	18.2	0.8	29.0	24.7	0.9	25.0	21.8	0.9	28.0	24.0	0.9	28.0	24.1	0.9	316	282	0.9
27.0	24.3	0.9	22.0	17.0	0.8	28.0	21.6	0.8	28.0	23.8	0.8	26.0	20.9	0.8	28.0	21.7	0.8	315	248	0.8
28.0	18.5	0.7	23.0	13.3	0.6	29.0	16.8	0.6	26.0	15.6	0.6	28.0	16.0	0.6	28.0	16.0	0.6	314	180	0.6
27.0	17.6	0.7	23.0	14.6	0.6	29.0	18.3	0.6	26.0	16.9	0.7	26.0	16.9	0.7	28.0	18.2	0.7	307	199	0.6
28.0	27.2	1.0	23.0	18.5	0.8	29.0	25.5	0.9	29.0	25.6	0.9	26.0	22.4	0.9	28.0	24.1	0.9	305	281	0.9
24.0	10.4	0.4	21.0	10.1	0.5	29.0	14.5	0.5	25.0	12.4	0.5	29.0	14.3	0.5	22.0	10.8	0.5	304	149	0.5
26.0	25.2	1.0	23.0	18.3	0.8	10.0	8.4	0.8	28.0	24.5	0.9	29.0	25.4	0.9	24.0	19.4	0.8	300	246	0.8
212.0	160.2	0.8	181.0	121.2	0.7	212.0	144.2	0.7	213.0	153.4	0.7	221.0	154.1	0.7	214.0	148.3	0.7	2,479	1,742	0.7
28.0	15.4	0.6	22.0	12.1	0.6	17.0	9.4	0.6	20.0	11.0	0.6	29.0	16.3	0.6	28.0	15.4	0.6	299	164	0.5
27.0	23.8	0.9	23.0	17.4	0.8	29.0	23.3	0.8	6.0	4.1	0.7	26.0	20.1	0.8	28.0	22.4	0.8	296	251	0.8
28.0	17.5	0.6	23.0	13.0	0.6	28.0	15.6	0.6	28.0	15.5	0.6	28.0	16.0	0.6	28.0	15.4	0.5	289	165	0.6
26.0	25.5	1.0	23.0	18.3	0.8	29.0	23.9	0.8	28.0	23.8	0.8	29.0	14.0	0.5	28.0	22.8	0.8	289	220	0.8
27.0	17.5	0.6	22.0	13.4	0.6	28.0	15.8	0.6	28.0	16.7	0.6	28.0	17.3	0.6	23.0	13.8	0.6	279	162	0.6
25.0	23.5	0.9	23.0	18.6	0.8	26.0	22.8	0.9				20.0	12.4	0.6	27.0	17.4	0.6	278	221	0.8
23.0	9.5	0.4	21.0	8.6	0.4	25.0	10.7	0.4	25.0	9.9	0.4	28.0	10.1	0.4	26.0	9.0	0.3	278	110	0.4
22.0	9.8	0.4	23.0	10.8	0.5	29.0	16.8	0.6	28.0	16.1	0.6	28.0	16.5	0.5	28.0	15.9	0.6	271	134	0.5
28.0	28.6	1.0	21.0	17.2	0.8	25.0	21.2	0.8	15.0	12.9	0.9	29.0	27.3	0.9	27.0	25.0	0.9	271	271	1.0
28.0	11.2	0.4	16.0	6.0	0.4	29.0	11.6	0.4	28.0	11.6	0.4	29.0	11.8	0.4	24.0	9.6	0.4	268	107	0.4
21.0	12.4	0.6	23.0	14.7	0.6	29.0	24.1	0.8	28.0	23.9	0.9	26.0	21.3	0.8	24.0	18.5	0.8	266	192	0.7
27.0	14.9	0.6	22.0	12.1	0.6	29.0	16.0	0.6	20.0	10.9	0.5	13.0	7.2	0.6	12.0	6.6	0.6	263	144	0.5
25.0	15.7	0.6	21.0	13.7	0.7	27.0	17.1	0.6	26.0	16.8	0.6	21.0	14.8	0.7	26.0	22.5	0.9	257	185	0.7
26.0	11.1	0.4	21.0	8.9	0.4	27.0	12.8	0.5	22.0	10.7	0.5	28.0	15.1	0.5	23.0	12.0	0.5	254	116	0.5
26.0	21.5	2.9	12.0	9.4	0.8	18.0	12.8	0.7	28.0	23.8	0.8	16.0	15.1	0.9	20.0	14.8	0.7	247	213	0.9
10.0	4.4	0.4	17.0	8.4	0.5	28.0	13.6	0.5	14.0	7.0	0.5	28.0	14.0	0.5				246	120	0.5
28.0	29.8	1.1	23.0	17.3	0.8	20.0	12.4	0.6										230	235	1.0
20.0	12.0	0.6	13.0	7.6	0.6	17.0	10.1	0.6	25.0	14.8	0.6	26.0	15.4	0.6	26.0	15.1	0.6	226	133	0.6
9.0	4.3	0.5	21.0	9.9	0.5	11.0	5.5	0.5	23.0	11.0	0.5	26.0	11.2	0.4	27.0	10.7	0.4	217	97	0.4
13.0	4.0	0.3	23.0	7.7	0.3	29.0	10.0	0.3	18.0	6.3	0.4	28.0	9.7	0.3	28.0	10.8	0.4	209	70	0.3
24.0	13.3	0.6	18.0	10.2	0.6				15.0	8.6	0.6	27.0	12.1	0.4	22.0	10.3	0.5	208	114	0.5
491.0	325.5	0.7	431.0	255.2	0.6	500.0	305.5	0.6	425.0	255.3	0.6	513.0	297.7	0.6	475.0	287.8	0.6	5,441	3,424	0.6
11.0	6.2	0.6	14.0	8.2	0.6	26.0	15.2	0.6	27.0	16.0	0.6	16.0	9.1	0.6	9.0	5.3	0.6	196	114	0.6
28.0	29.8	1.1	12.0	10.9	0.9	4.0	3.2	0.8										196	211	1.1
11.0	4.9	0.4	20.0	7.8	0.4	23.0	8.8	0.4	20.0	7.8	0.4	24.0	9.2	0.4	25.0	10.0	0.4	187	74	0.4
27.0	17.4	0.6	10.0	6.4	0.6													184	117	0.6
28.0	27.7	1.0	11.0	9.0	0.8													184	177	1.0
21.0	14.0	0.7	19.0	11.6	0.6	15.0	9.0	0.6										159	105	0.7
			11.0	2.2	0.2	26.0	5.8	0.2	24.0	6.5	0.3	29.0	7.7	0.3	26.0	7.1	0.3	116	29	0.3
21.0	9.7	0.5	17.0	8.6	0.5													111	55	0.5
			5.0	3.0	0.6	18.0	10.5	0.6	26.0	15.4	0.6	27.0	15.9	0.6	25.0	14.8	0.6	101	60	0.6
						21.0	6.5	0.3	24.0	8.8	0.4	28.0	8.5	0.3	28.0	10.4	0.4	101	34	0.3
147.0	109.9	0.7	119.0	67.7	0.6	133.0	59.1	0.4	121.0	54.5	0.5	124.0	50.3	0.4	113.0	47.6	0.4	1,535	977	0.6
						10.0	8.2	0.8	28.0	25.7	0.9	29.0	26.3	0.9	28.0	25.3	0.9	95	86	0.9
																		93	78	0.8
			11.0	6.8	0.6	29.0	21.7	0.7	23.0	17.4	0.8		15.2		28.0	19.4	0.7	91	80	0.9
																		53	38	0.7
															18.0	7.5	0.4	39	16	0.4
																		36	30	0.8
																		30	19	0.6
																		9	3	0.3
																		7	3	0.4
																		6	4	0.6
																		5	4	0.8
																		3	1	0.3
			11.0	6.8	0.6	39.0	29.9	0.8	51.0	43.1	0.8	29.0	26.3	0.9	74.0	52.2	0.7	467	361	0.8
850.0	595.5	0.7	742.0	450.9	0.6	884.0	538.7	0.6	810.0	506.3	0.6	887.0	543.6	0.6	876.0	535.9	0.6	9,922	6,504	0.7

表 6-7　瀧田自営工場女

番号	グループ	名前	1月			2月			3月			4月			5月			6月		
			出勤（A）	給料（B）	賃金 B／A	出勤（A）	給料（B）	賃金 B／A	出勤（A）	給料（B）	賃金 B／A	出勤（A）	給料（B）	賃金 B／A	出勤（A）	給料（B）	賃金 B／A	出勤（A）	給料（B）	賃金 B／A
1		江本トヨ	29.0	18.4	0.6	20.0	8.7	0.4	24.0	9.6	0.4	29.0	13.6	0.5	27.0	13.5	0.5	29.0	14.3	0.5
2		佐藤ナツ	28.0	15.3	0.5	17.0	12.3	0.7	26.0	27.9	1.1	29.0	33.5	1.2	27.0	25.1	0.9	29.0	29.6	1.0
3		水野小春	28.0	14.0	0.5	18.0	9.6	0.5	26.0	14.0	0.5	28.0	29.0	1.0	27.0	23.9	0.9	29.0	28.5	1.0
4		竹内イオル	27.0	10.8	0.4	17.0	9.0	0.5	23.0	12.2	0.5	29.0	17.0	0.6	27.0	16.2	0.6	29.0	18.5	0.6
5	Ⅰ	久田トウ	26.0	16.9	0.7	17.0	11.1	0.7	25.0	16.4	0.7	28.0	18.2	0.7	25.0	16.4	0.7	27.0	17.5	0.6
6		盛田チョウ	12.0	10.2	0.9	19.0	16.0	0.8	26.0	24.6	0.9	29.0	33.3	1.1	27.0	24.6	0.9	29.0	29.2	1.0
7		桑山君枝	29.0	17.8	0.6	20.0	8.5	0.4	26.0	14.2	0.5	27.0	12.7	0.5	27.0	12.4	0.5	25.0	11.2	0.4
8		鈴木ハツ子	29.0	14.5	0.5	20.0	11.6	0.6	26.0	13.9	0.5	29.0	30.6	1.1	27.0	24.7	0.9	29.0	29.8	1.0
		小計	208.0	117.9	0.6	148.0	86.7	0.6	202.0	132.6	0.7	228.0	188.0	0.8	214.0	156.7	0.7	226.0	178.6	0.8
9		鯉江フサ	29.0	16.0	0.6	22.0	12.1	0.6	24.0	13.2	0.6	24.0	12.9	0.5	27.0	14.9	0.6	29.0	15.7	0.5
10		伊藤フクエ	28.0	27.9	1.0	20.0	15.2	0.8	26.0	20.9	0.8	27.0	24.8	0.9	27.0	24.2	0.9	29.0	27.4	0.9
11		花井コウ				15.0	8.2	0.5	26.0	14.0	0.5	29.0	16.6	0.6	27.0	16.6	0.6	29.0	17.1	0.6
12		稲葉ヨシエ	29.0	17.4	0.6	20.0	12.0	0.6	22.0	12.7	0.6	4.0	3.6	0.9	23.0	19.5	0.8	28.0	26.4	0.9
13		筒井ムラ				15.0	7.3	0.5	26.0	13.1	0.5	29.0	15.5	0.5	24.0	14.2	0.6	29.0	17.3	0.6
14		亀岡ハナ	28.0	19.5	0.7	20.0	13.9	0.7	26.0	18.2	0.7	28.0	19.5	0.7	26.0	24.8	1.0	29.0	30.2	1.0
15		石橋（浦川）ヤス	23.0	8.9	0.4	11.0	4.2	0.4	20.0	7.9	0.4	25.0	10.3	0.4	24.0	9.6	0.4	27.0	11.5	0.4
16		盛田ミサオ	16.0	6.0	0.4	9.0	3.8	0.4	12.0	5.7	0.5	21.0	9.0	0.4	27.0	11.0	0.4	28.0	12.7	0.5
17		水野クマ子	27.0	33.7	1.2	15.0	12.6	0.8	17.0	14.3	0.8	11.0	19.2	1.7	27.0	28.7	1.1	29.0	30.0	1.0
18		日比セキ	26.0	10.1	0.4	4.0	1.6	0.4	18.0	7.0	0.4	29.0	11.7	0.4	19.0	7.6	0.4	18.0	7.2	0.4
19	Ⅱ	土井ヒデ	25.0	22.8	0.9	11.0	7.9	0.7	4.0	2.4	0.6	28.0	16.9	0.6	26.0	15.4	0.6	21.0	12.1	0.6
20		月東シン	26.0	14.3	0.6	24.0	12.9	0.5	18.0	9.9	0.6	26.0	14.3	0.6	24.0	13.2	0.6	22.0	12.1	0.6
21		本夛（赤井）スエ	7.0	5.76	0.8	17.0	13.8	0.8	13.0	11.6	0.9	29.0	18.3	0.6	16.0	16.7	1.0	29.0	18.4	0.6
22		滝田シズ子	17.0	6.5	0.4	8.0	3.5	0.4	10.0	4.8	0.5	21.0	8.8	0.4	27.0	11.2	0.4	24.0	10.4	0.4
23		伊藤カネ	29.0	28.2	1.0	8.0	4.7	0.6	26.0	23.2	0.9	28.0	28.7	1.0	17.0	13.4	0.8	19.0	17.3	0.9
24		皆川雪子	29.0	17.7	0.6	10.0	4.5	0.5	26.0	10.5	0.4	29.0	11.4	0.4	26.0	12.9	0.5	29.0	15.1	0.5
25		中野テウ	29.0	37.9	1.3	20.0	17.2	0.9	26.0	28.7	1.1	28.0	33.6	1.2	27.0	28.7	1.1	29.0	29.8	1.0
26		伊藤ハツ	21.0	12.4	0.6	4.0	1.9	0.5	9.0	5.2	0.6	22.0	12.9	0.6	21.0	12.4	0.6	22.0	13.0	0.6
27		榊原キン	18.0	8.1	0.4	9.0	3.6	0.4	18.0	7.9	0.4	21.0	9.6	0.5	24.0	11.0	0.5	10.0	4.3	0.4
28		片岡トモ				2.0	0.5	0.2	4.0	1.4	0.4	27.0	8.3	0.3	14.0	4.7	0.3	23.0	6.7	0.3
29		水野ヒナ	28.0	18.0	0.6	8.0	4.3	0.5	13.0	6.4	0.5	18.0	10.0	0.6	15.0	8.9	0.6	20.0	11.4	0.6
		小計	435.0	311.1	0.7	272.0	165.7	0.6	384.0	238.8	0.6	504.0	316.0	0.6	488.0	319.4	0.7	523.0	346.0	0.7
30		榊原コト	20.0	11.5	0.6	12.0	7.1	0.6	18.0	10.7	0.6	9.0	5.2	0.6	22.0	12.9	0.6	12.0	6.8	0.6
31		江本キク	29.0	33.7	1.2	12.0	9.7	0.8	26.0	28.0	1.1	29.0	34.7	1.2	27.0	28.8	1.1	29.0	32.3	1.1
32		森下ショウ	12.0	4.5	0.4	10.0	3.5	0.3	3.0	1.4	0.5	9.0	3.7	0.4	17.0	6.7	0.4	13.0	6.1	0.5
33		土井（柴田）セイ	26.0	16.4	0.6	20.0	12.8	0.6	26.0	16.6	0.6	27.0	17.2	0.6	22.0	14.2	0.6	26.0	16.4	0.6
34		桑山フミ	26.0	24.5	0.9	30.0	27.0	0.9	15.0	12.6	0.8	29.0	35.3	1.2	27.0	25.1	0.9	18.0	16.0	0.9
35	Ⅲ	稲垣ハツ	18.0	11.3	0.6	15.0	9.7	0.6	10.0	6.7	0.7	20.0	14.7	0.7	23.0	15.7	0.7	18.0	12.2	0.7
36		中野えい																		
37		水野リョウ	21.0	11.5	0.5	13.0	6.3	0.5							20.0	9.5	0.5	19.0	9.6	0.5
38		渡邊つね																		
39		大岩志げ																		
		小計	152.0	113.3	0.7	112.0	76.1	0.7	98.0	76.1	0.8	123.0	110.8	0.9	158.0	112.8	0.7	135.0	99.3	0.7
40		山本きく																		
41		伊藤カツ	27.0	24.3	0.9	20.0	15.3	0.8	25.0	21.0	0.8	21.0	17.0	0.8						
42		村田むめ																		
43		新海ミツノ	14.0	8.8	0.6	12.0	6.6	0.6	15.0	9.7	0.6	12.0	12.6	1.1						
44		三浦タネ				3.0	1.5	0.5	7.0	2.6	0.4	6.0	2.2	0.4				5.0	2.5	0.5
45		水野キヌエ	25.0	23.3	0.9	8.0	5.7	0.7	3.0	1.4	0.5									
46	Ⅳ	片岡ユウ	26.0	16.6	0.6	4.0	2.6	0.7												
47		滝田ロク													9.0	2.6	0.3			
48		鯉江シナ	1.0	0.3	0.3				6.0	2.8	0.5									
49		茶谷マキ							6.0	3.6	0.6									
50		松井ユミ	5.0	3.9	0.8															
51		井上フク				3.0	0.9	0.3												
		小計	98.0	77.1	0.8	50.0	32.6	0.7	62.0	41.1	0.7	39.0	31.8	0.8	9.0	2.6	0.3	5.0	2.5	0.5
		合計	893.0	619.4	0.7	582.0	361.1	0.6	746.0	488.6	0.7	894.0	646.6	0.7	869.0	591.6	0.7	889.0	626.4	0.7

注１）女工は勤務日数順に並べている。
注２）単位は、出勤は「日」、給料・賃金は「円」。
資料）瀧田織布工場『賃金支拂簿』1927年。

終章

地域発展のメカニズム

大正天皇の即位を祝って中七木綿前に集まった岡田町民。華やかな衣装で仮装している。

第一節　市場のインパクトと産地の対応力

（一）産地の自立的な発展

本書は、全国屈指の綿織物産地であった愛知県知多地方を事例として、地域の工業化と発展を、地域商人に注目して検討してきた。本書の主張をとりまとめ、地域発展のメカニズムを浮かび上がらせたい。

産地綿織物業は、かつて「二重構造」の下部構造を構成するものと理解され、紡績会社や綿糸商、集産地問屋に収奪される対象として描かれてきた。産地綿織物業は、大資本の紡織兼営織布と比べてその資本や技術が脆弱であったために、製品競争力において劣位に置かれ、低賃金・長時間労働が不可避であったからである。

しかし、産地綿織物業のなかにあって急成長を遂げ「産地大経営」とよびうる大規模の機業家が現れた事実や、播州産地にみられたように小規模機業家であっても工業組合の共同事業を通じてその競争力を強めていったという事例は、産地綿織物業が自立性を有して発展したことを示していた[(1)]。

本書は、知多産地を舞台にして、産地綿織物業の自立的な発展像を描いてきた。それは、輸出市場に向けた産地綿織物業の発展メカニズムを強調してきた従来の研究とは異なり、国内市場への産地発展メカニズムをも解明するものであった。言い換えれば、輸出市場だけでなく国内市場においても、知多産地は主体的に対応し、その結果、日本屈指の綿織物産地へと成長を遂げたのである。このような知多産地の活発な活動を可能とするうえで重要な役

（1）阿部武司『日本における産地綿織物業の展開』東京大学出版会、一九八九年。

割を果たしたのが、近代以降、産地発展に大きく貢献してきた知多の地域商人であった。地域商人は、市場を選択し、それに基づいた生産組織を編成し、その生産組織を担いうる労働者を調達しながら地域の発展を牽引していったのである。

(二) 地域商人の対応

知多産地問屋は、輸出市場の拡大という市場インパクトに直面して、それぞれ独自の経営戦略に基づいて対応していった。例えば、輸出向け広幅綿布部門を強化して設備拡張の道を選択する産地問屋が現れた。その一方で、国内市場向け小幅綿布部門を強化して、原料調達先や下請工場を変化させた産地問屋もみられた。これは、産地問屋が自身の経営戦略に応じて市場を選択し、生産組織を再編していたからこそ実現できたのである。

加えて知多産地問屋は、知多郡白木綿同業組合を通じた組織的活動を行うことで産地の競争力を強めた。すなわち、①厳格な製品検査を産地機業家に実施することを通じて粗製濫造を防ぎ、東京市場における「知多晒」ブランドを確立したこと、そして②同業組合が産地内に生産調整を実施して製品の値崩れを防いだことは、不安定な景気のなかで産地の生命力をたくましく発揮するうえで極めて有効だった。

知多産地問屋は、産地の中小工場を下請制のもとで広く組織することによって、その中小工場の存続・成長への道筋を開いた。資金力が相対的に弱い中小工場にとっては、販路の確保は困難だったからである。そのため、産地問屋の下請工場となることは、こうした弱点を補強することにつながり、そのなかで企業発展の機会を見出す中小工場も現れた。

したがって、知多産地綿織物業は、輸出市場および国内市場を舞台として成長を遂げたが、それは、「市場—中小工場」間を取り結ぶ産地問屋の活動が基盤となっていたのであり、産地問屋だけでなく中小工場の成長をも包摂したものであった。それは、産地問屋を核とした地域発展のメカニズムが確立されていたことを示しているのである。

第二節　工業化と生産組織

(一) 地域商人と下請制

知多産地綿織物業が発展していくうえで、重要な鍵となったのは、産地問屋が組織した下請制の普及であった。谷本雅之は、近代日本の経済発展を説明するにあたり、いわゆる近代産業部門（紡績業、鉄鋼業など）で機械化が進展していくパターンとはパラレルに、機械化をともなわない在来的経済発展のパターンが農村地方を中心に広がっていたことを強調した。その際、有効な生産組織として評価したのが、問屋制家内工業であった。その問屋制家内工業は生産システムとして有効性を維持しており[2]、産地問屋がその中核となった[3]。

しかし、地域に力織機が導入されると、問屋制家内工業は変容を余儀なくされた。産地問屋や農村の資産家を中心とした力織機工場設立が進んでいったからである。事実、一九二〇年代初期の知多産地では、力織機化が広範囲

(2) 絹織物業における問屋制家内工業の有効性を主張した研究として、中林真幸「問屋制と専業化」武田晴人編『地域の社会経済史——産業化と地域社会のダイナミズム』有斐閣、二〇〇三年。
(3) 谷本雅之『日本における在来的経済発展と織物業——市場形成と家族経済』名古屋大学出版会、一九九八年。

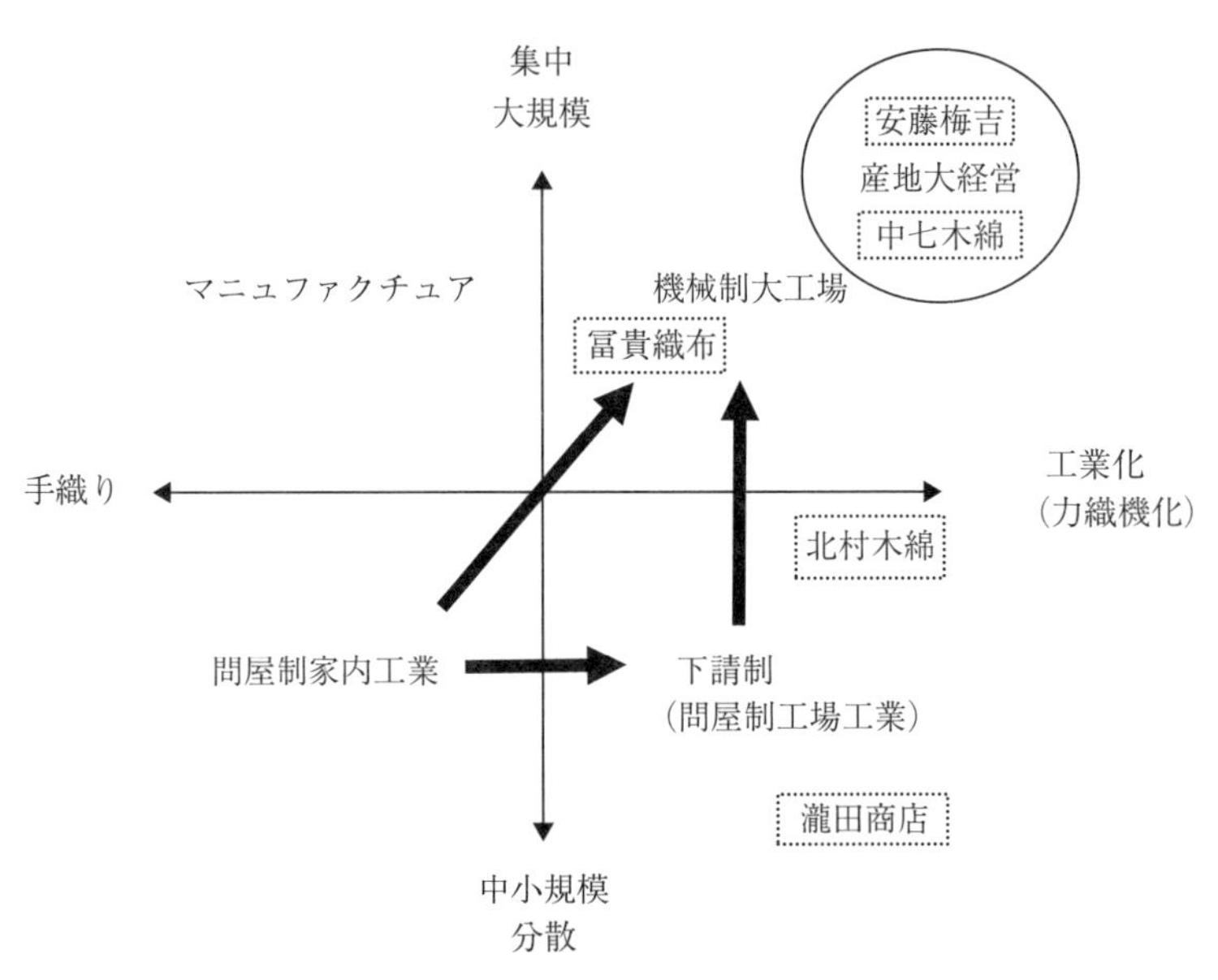

図終-1 工業化と生産組織の概念図

注）「➡」は、知多産地で生じた力織機化の流れ。図は筆者作成。

かつ急速に進んでいた。

産地問屋は、地域に工業化の波が押し寄せて地域社会が変動するなかで、それら力織機工場を下請工場として再編することで社会的分業体制を築き上げ、産地の発展を牽引していった。つまり、産地問屋は、地域の工業化を受け止め、再編し、新たな発展の軌道に乗せていったのである。

それでは、知多産地の工業化は具体的にどのように進んでいったのであろうか。

これまでの産地綿織物業は、機業家が力織機を導入した自営工場を設立し、大規模化していく姿が産地の発展像として描かれることが多かった。例えば知多産地でも、有力機業家・安藤梅吉は、着実に設備拡大を進めて産地大経営へと成長していった。しかし、知多産地は、こうした機業家の拡大路線だけが工業化を体現していたのではなかった。産地問屋が核となって、中小の力織機工場を多様な生産組織に組み込みながら成長を遂げていったのである。

図終-1は、工業化が進むなかで生産組織がどのように変化したのかを概念図で示している。知多産地で進んだ工業化は、問屋制家内工業が産地に広く普及していた段階（第三象限）から、大規模な力織機工場が急速に設立されることで進んだ（第一象限）。しかし、本書の主張は、こうした流れと並行して、問屋制の分散的生産システムが再編された下請制（第四象限）へと進む、工業化の道が普及していたことであった。つまり、産地問屋は、それぞれの経営戦略に応じて、独自の生産組織を再編していったのである。

例えば、国内市場を選択した瀧田商店は、下請制を主軸においた生産組織を選択した（第四象限）。その一方で、北村木綿は、同じく国内市場を選択して下請制を維持しながらも、自営工場部門を強化した。輸出市場を選択した中七木綿は、自営工場生産路線へと一本化して機械制大工場段階（第一象限）へと向かい、産地大経営への道を進んでいった。一方、下請工場として本書で取り上げた冨貴織布は、知多産地問屋だけでなく名古屋商人の下請工場となることで、主体的な条件交渉を実現した。このように、地域工業化は、地域に誕生した多くの力織機工場が、産地問屋が構成する生産組織に組み込まれつつ進んでいったのである。だとすれば、産地問屋が〈生産者化するのか〉、あるいは〈下請制のもとで商人機能を発揮し続けるのか〉は、産地発展のありように大きな意味を有することになる。

（二）市場戦略と組織選択

それでは、産地問屋が〈自社生産部門を強化して生産者化していくか〉、〈下請制を選択して商人機能を発揮し続けるか〉は、いかなる要因で選択されるのだろうか。本書の検討から考えられるのは、市場戦略が組織選択を促したということである。近世から国内市場への小幅綿布販売で成長を遂げてきた知多産地は、第一次大戦ブーム期に輸出向け市場の拡大というビジネスチャンスに直面した。この結果、産地問屋は、輸出市場か国内市場かという市場選択に迫られた。輸出市場を選択すれば、産地問屋は、名古屋輸出商人のもとで広幅綿布を大量生産することになるため、設備拡張を目指して生産者化していくことになった。一方、国内市場を選択する場合、産地問屋はブランド小幅木綿「知多晒」を生産・販売することが求められた。そのため製品品種に応じた分散的な生産組織を選択することになったのである。

工業化が進んだ知多産地では、産地大経営ともいわれる大規模な力織機工場が出現する一方で、中小規模の力織機工場を組織する下請制が併存した。それは、産地問屋が製品特性に適合的な生産組織を編成するという経営戦略の産物だったのである。

(三) 地域工業化と農村

地域の工業化は、農村生活にも変化をもたらした。問屋制家内工業が広く展開した時代では、農家は農作業サイクルにしたがって家族労働を活用しており、あくまでその枠内で織布作業を家内工業として営んできた。しかし、農村部に力織機工場が登場すると、農家の労働力は次第に力織機工場へと吸収された。瀧田織布工場の事例(第六章)でみられたように、一九二〇年代を通じて、農村女工の力織機工場への就業は次第に定着し、力織機工場と農村家庭との労働力移動の「仕切り」が取り払われていった。さらに冨貴織布の事例(第五章)からは、農村への女工募集が知多半島全域に広がっていたことも明らかになった。つまり、地域農村に労働市場が形成されたために、力織機工場は、農家労働の制約を受けることなく操業することが可能となった。この結果、産地問屋は市場の要請に応じて生産する体制を、労働供給の側面からも確立したのである。したがって地域の工業化は、産地問屋が力織機工場を下請制に組織して、農家からの労働供給をも促すことを通じて、地域社会の変容を促した。つまり、本書は、地域社会に展開した在来産業の工業化メカニズムを描き出したものとして、その意義を有するのである。

第三節　産地類型と産地問屋

本書序章第四節では、知多産地が属する愛知県は、機械制大工場が出現する一方で、下請制が併存する産地であったと類型化した。一方で、日本屈指の綿業府県・大阪府は、愛知県と同じく白木綿生産を主力としながら、大規模工場が生まれてめざましい発展を遂げた。本書の分析結果から、各地域でこのように類型に違いが生じる要因を、産地問屋の役割に注目して論じておきたい。

愛知県では大規模工場が成長しながらも、下請制のもとで中小力織機工場が広範囲に展開していった。このように生産組織に地域差が生じる要因として重視しなければならないのは、各産地がどの市場向けに製品を生産・販売していたかという点である。取扱量の大きい輸出市場を軸とすれば工場の大規模化は必然となるし、国内市場を軸とすれば多様なデザイン・品種に応えるべく分散的な生産組織が選択されやすい。つまり、市場の要請に応じて産地のありようは決定されるのであり、その産地の主体的選択を担ったのが産地問屋だったのである。

本書が取り上げた知多産地が、大規模工場を生み出しながらも、下請制が広範囲に展開した要因は、知多産地問屋がそれぞれの市場に適合的な生産組織を選択し再編したからにほかならない。地域内外に流通網を有し、地域内の生産者を組織することのできる産地問屋こそ、地域の発展を促す核となっていたのである。

一方、輸出向け産地としての性格を強めながら、分散的な生産組織が展開した産地として播州（兵庫県）と遠州（静岡県）とが挙げられる。戦間期を通じて、両産地は産地問屋が核となって下請制を普及させながら、日本屈指の産地へと成長していった。本書の主張と両産地の事例を合わせて考えれば、多様なデザインを有した高付加価値製品を主力としていたことが要因であったといえる。例えば、播州では縞三綾や五彩布、遠州では別珍やコール天など産地独自の主力綿製品を開発し、産地の競争力を高めていた。(4) 国内市場をも主力としていた知多産地と異なって、播州産地・遠州産地は、急速に拡大する輸出市場を舞台としていたため、下請制のもとで急拡大していったと考えられる。このように、知多産地は、日本の各産地でみられた、市場・製品・生産組織の多様性を先駆的に体現した産地として評価できるといえよう。

第四節　下請制の起源をめぐって

次に、本書で分析の焦点となった下請制について、序章であらかじめ行った定義に基づいて、その評価を試みる。

(一) 下請制の評価

知多産地に展開した下請制は、序章での定義Ⓐ「問屋が機械制工場(力織機工場・賃金労働者を有する)に、生産を委託する体制」に沿うものであったと結論づけられる。

しかし、定義Ⓑ「生産委託を受けた工場は、その製品企画や取引条件をめぐる交渉力において、発注する問屋に対して劣位にある(傍線：筆者)」、そして定義Ⓒ「生産委託を受けた工場は、資金的に脆弱であり、原料購入や製品販売について市場性を有しないため、発注する問屋に従属せざるを得ない(傍線：筆者)」、という見方は、本書の分析から再考を要する。このような定義Ⓑ、Ⓒには、発注側の問屋と下請工場とが「支配―従属」の関係にあるという見方が強く反映されていたからである。

確かに、本書の分析から明らかになったように、産地問屋が同業組合規模で工賃規制を行いその実効性を上げていたこと、次に、産地問屋が製品に応じて下請工場を分散的に組織していたこと、そして、産地問屋が景況に応じて下請工場との取引数量を増減させて生産量の調整を図っていたことなどは、産地問屋が下請工場を支配して収奪する側面があったともみえる。

とはいえ、工賃決定についていえば、産地問屋は、下請工場を確保するために景気が良くなれば工賃を引上げており、たとえ不況期であっても長期的な取引関係にある下請工場に対しては綿布生産委託を継続させるなど、柔軟な対応もみせていた。つまり産地問屋は、下請工場との取引条件を取り決めるうえで、問屋側の一方的な利害だけではなく、下請工場の利害を汲み込みつつ、その条件に反映させていたのである。それゆえ、産地の力織機工場は、下請制のもとで存続し発展の機会を見出すことができたのである。

さらに下請工場のなかにも、冨貴織布の事例にみられたように、「支配―従属」関係を超えた活動をみせる力織機工場も存在した。冨貴織布は工賃をめぐって問屋と条件交渉を行い、より条件の高い取引相手を選択していた。これは、下請工場に自立性が存在していたことを示している。加えて、地域資産家の名望家的出資や地域金融機関からの融資に支えられて、冨貴織布が、比較的強靭な資金力を有していたことは、下請工場が資金的に脆弱であったというイメージに再考を求めることになろう。さらにいえば、冨貴織布が自身の経営判断に基づいて綿糸布を売買していた事実は、下請工場が必ずしも発注先問屋のもとにとどまるわけではなく、戦略的に〈下請制に入るか〉あるいは〈独立して経営するか〉という選択が可能であったことを示している。

したがって、下請制は、必ずしも、問屋から下請工場への収奪の側面だけで形成されるものではなく、むしろ下請工場に成長の道筋を提供するものであった。つまり、下請制は、産地問屋および下請工場双方の利害が反映されて形成されたシステムであり、産地を発展させるうえで有効に機能したと評価できるのである。

(二) 下請制の起源をめぐって

最後に、下請制の起源について論じていきたい。

下請制は、一九三七年の日中戦争前面化を契機として、政府が、国内生産の統制を強化する目的で普及させたものとして理解されている。その際には、機械鉄鋼製品はもちろん、綿織物業にも当然、下請制は浸透した。このため、産地の織布業者は、大規模紡績資本の下請工場として、産地問屋も含めて傘下に編成された。政府によって強制された下請制は、国内に広く普及し、そして専属化をともなうものであった[5]。しかも下請制のなかで形成されてきた長期相対取引関係は、戦後日本の経済成長のなかで、国際競争力をもたらす日本的生産システムの重要な一翼として評価された[6]。

しかし、本書の分析を通じて明らかにされた下請制は、その形成時期やプロセスが全く異なるものであった。まず、知多産地で普及した下請制は、一九二〇年代に産地問屋が自ら組織した、下請制の源流ともいうべきシステムであった。しかもそれは、長期相対取引と短期的な取引という異質な取引関係をすでに組み込み、取引条件が交渉によって決定されるなど、問屋と下請工場双方の利害を組み込んだシステムを高度に構築していた。これは、問屋と下請工場が、相互依存関係を基盤としながら成長への道を歩んでいったことを示している。つまり、下請制は、地域の工業化のなかで育まれ、近代日本の経済成長を支える生産システムとしてその機能を有効に発揮したのである。

(4) 阿部武司、前掲書。山崎広明「知多綿織物業の発展構造――両大戦間期を中心として」『経営志林』第七巻第二号、一九七〇年。山崎広明「両大戦間期における遠州綿織物業の構造と運動」『経営志林』第六巻第一・二号、一九六九年。

(5) 戦時期に下請制の起源を求める研究として、西口敏宏『戦略的アウトソーシングの進化』東京大学出版会、二〇〇〇年。一九六〇年代に下請制の起源を求める研究として、橋本寿朗『戦後日本経済の成長構造――企業システムと産業政策の分析』有斐閣、二〇〇一年。なお、下請制の研究史整理については、植田浩史『戦時期日本の下請工業――中小企業と「下請＝協力工業政策」』ミネルヴァ書房、二〇〇四年。

(6) 浅沼萬里『日本の企業組織　革新的適応のメカニズム――長期取引関係の構造と機能』東洋経済新報社、一九九七年。

あとがき

経済史研究を志したきっかけは、大学生時代、長州萩（山口県萩市）を歩いている際に生じた疑問だった。山陰西端のこの小さな城下町から、なぜ維新回天が成し遂げられたのか。その躍動を支えたのは、下関を拠点に活躍した地域商人たち。白石正一郎はじめ長州の商人たちが日本全国を駆け巡って得た富を基にして、高杉晋作や桂小五郎が幕末日本を疾走していった。そんな姿をイメージしたとき、私は商人の活躍を経済史研究として追いかけたくなった。大手都市銀行に内々定を頂いて、社会人になることを一度は決断したが、沸々と湧いてくる学術研究への情熱を抑えることができなくなった。大学院に進学してから、ここに至る道は決して平坦ではなかったが、志とともに歩んだ心躍る日々でもあった。

本書は、筆者が研究者を志してから取り組んできた経済史研究のうち、主に地域綿業史研究を中心にまとめ上げたものである。京都大学大学院経済学研究科に提出した修士論文、学会誌への投稿論文、そしてそれらを発展させた博士論文がベースとなる。主な初出論文は以下の通りである。

初出一覧

序　章　第一節、第二節、第三節、第五節　書き下ろし
　第四節　「両大戦間期知多地方における綿織物生産の統計分析」関西大学『経済論集』第五八巻第三号、
　　二〇〇八年一二月
第一章　「両大戦間期知多綿織物業の国内市場展開——産地問屋の自立的販売活動」『社会経済史学』第六九巻第三

号、二〇〇三年九月

第二章　「両大戦間期知多綿織物業の構造変化と産地問屋――産地問屋北村木綿株式会社による生産組織の再編」関西大学『経済論集』第五七巻第四号、二〇〇八年三月

第三章　「両大戦間期知多綿織物業の輸出産地化と産地大経営――中七木綿株式会社を事例に」関西大学『経済論集』第六五巻第三号、二〇一五年一二月

第四章　「両大戦間期知多綿織物産地の展開と生産組織――問屋制から下請制へ」『日本史研究』第五〇四号、二〇〇四年八月

第五章　「両大戦間期知多小幅綿織物業における賃織工場――問屋・賃織工場関係の分析」『経営史学』第四一巻第三号、二〇〇六年一二月

第六章　「力織機工場の女工就業――瀧田商店自営工場の分析」関西大学『経済論集』第六五巻第四号、二〇一六年三月

終　章　書き下ろし

本書への転載を許可してくださった、社会経済史学会、日本史研究会、経営史学会、関西大学経済学会には深く感謝したい。なお、本書は、日本学術振興会科学研究費補助金（JSPS KAKENHI Grant Number JP16HP5265）による刊行助成を受けている。科学研究費申請から出版まで、関西大学研究支援グループスタッフには本当にお世話になった。

研究指導してくださった京都大学の先生方

本書をまとめあげるまで、数えきれないほどの方々に出会い、励まされ、ご指導を受けてきた。とてもすべての方々を紹介することはできないが、特にお世話になった方々のお名前を挙げさせて頂きたい。

渡邉尚先生は、京都大学経済学部二回生時に演習への在籍を許されて以来、現在に至るまでご指導いただいている。ドイツ経済史を専攻される渡邉先生の演習では、学部時代はマックス・ウェーバーやシュンペーター、マルクスなどの古典を徹底的に輪読させて頂いた。原典からメッセージを導き出し、妥協を許さない姿勢には学ぶ点が大きかった。とはいっても、個人の研究テーマは、個人の関心を最大限尊重して頂いた。私が幕末の長州藩を卒業論文のテーマとして取り上げたことに不安を感じておられたと、今になっては思う。しかし、そんな私を寛大に見守ってくださり、研究者への道を拓いてくださった。大学院進学後、本格的に日本綿業史研究を進める際に頂いたお言葉、「私の最後の弟子として面倒を見ます」には、今でも心が引き締まる思いである。

今久保幸生先生には、大学院進学以来、丁寧にご指導頂いた。渡邉先生が京都大学を定年退官されたため、私が博士後期課程に進学してからは指導教官を引き受けて頂いた。修士論文を書き上げて学会報告や投稿論文を発信する際には、ほとんど今久保先生のご指導を受け、博士論文を書き上げたのちも、「工場の労使関係の分析が不可欠」との課題を頂いた。本書の第六章は、その際のご指導があって作成したものである。

大学院進学以来、山本有造先生の演習に参加させて頂いた。五年間、緊張ある空間で学問に向き合ったことは、私にとっては貴重な時間であった。数量経済史を専門とされる山本先生は常々「私の数字は信用してください」と述べられ、提示されるデータへの強いこだわりを教えてくださった。この姿勢は、私の研究指針にはっきりと生かされている。

日本経済史を専門とするにあたって、その研究手法を最も吸収したのは、籠谷直人先生であった。「日本経済史研究者は、安ものの探偵である」と主張する籠谷先生は、徹底した現場主義をとり、史料調査を幾度も重ね、独自の解釈で歴史像を構築していかれた。大学院進学を目前に控えて、近代の商人研究を目指すべく相談に伺った際には、本書の主要史料である瀧田家文書を見せてくださり、「近世の海運業から、近代に上陸して木綿業へと展開した瀧田家は面白いぞ！」と力強く話された姿は今でも覚えている。近代化の中で活躍する商人への着想は、事実上この時につくりあげたものであった。史料撮影や分析・聴き取り、そして何よりも史料提供者との信頼関係構築の重要性など、籠谷先生からの熱意溢れるご指導は、ただ圧倒されるばかりで、正直いって過酷を極めた。しかし今になってみれば、どんな場所で調査し、史料に出会っても、臆せず対応していけるだけの底力を身につけることができた。「良い研究をすることが私への恩返しだ」とおっしゃる先生に、本書の出版を少しでも喜んでもらえれば嬉しく思う。

学会や関西大学でご指導頂いた先生方

これまで学会や研究会で研究報告する中で、多くの先生方から指導・激励して頂いた。奥和義先生は、修士論文作成時代から私の研究に強い関心を示してくださり、「知多晒のブランド戦略が国内市場で有効に機能している点が面白い」と高く評価してくださった。この言葉を励みにして、第一章・第二章を書き上げることができた。二〇〇七年に奉職した関西大学政策創造学部では、大先輩教員として公私にわたって私の大学教師活動を熱く指導して頂いている。

現在、関西大学には、経済史研究のスタッフは多い。なかでも、北川勝彦先生、加勢田博先生、北原聡先生には、特に目をかけて頂いた。関西大学名誉教授・故 東井正美先生は、関西大学赴任したての私に、「井の中の蛙になるな」と力説され、現状に満足せず、水準の高い研究教育活動を忘れぬよう指導してくださった。

阿部武司先生は、私の学会報告の多くで司会を引き受けてくださり、厳しく長い目でアドバイスを頂いた。一次史料の分析手法や論の展開などは、阿部先生のお言葉やご著書から大いに学んだ。とりわけ印象深いのは、「いまある資料で全力を尽くすことが大切」という言葉だった。一次史料収集が思うように進まず、弱気になっていた私にとって、これ以上ない激励であった。第三章の中七木綿の研究はそんなお言葉を胸に書き上げた。佐々木淳先生は、産地綿織物業研究について、史料分析手法を惜しげもなく教えてくださり、私の拙い着想にも温かく応じてくださった。「農村の女性が、農村労働の制約を受けるのは、第一次大戦ブーム期あたりが最後かもしれないね」というヒントを頂いて、工場労働者の誕生を論じる第六章を構想することができた。

京都大学大学院時代の先輩・同輩・後輩

京都大学経済学部、そして京都大学大学院経済学研究科で過ごした日々は、研究の方向性を模索し、将来への不安に駆られ、経済的にも悩みの多い日々であった。それでも、いっぱしの研究者となるべく、自由な学風のもとで、大学院の先輩・同輩・後輩たちと議論を繰り広げた、かけがえのない書生時代だった。

黒澤隆文先生には、私が駆け出しの学部生時代から面倒を見て頂いた。森良次先生は大学院進学時から、私の研究報告に西洋経済史の観点から捉えなおすことの重要性を教えてくださった。両先輩は、暴れ牛のようにとかく先走りがちな私に対して、我慢強く指導してくださった。

河﨑信樹氏には、修士論文作成時からお世話になった。輸出向け生産へと向かった中七木綿の分析（第三章）を取り入れたのは、「国内市場だけでなく、輸出市場に向けた産地の発展像を描くことが必要」という河﨑氏のアドバイスからであった。本書の序章と終章についても、通読頂いたうえで有効なご指摘を頂いた。菅原歩氏には、下請制を有効に作用させる論理構築の必要性をご指摘頂いた。本書第四章の議論は、そのアドバイスが活かされている。木越義則氏は、同期生として大学院時代から常に刺激を与えてくれる存在だった。中国近代史に数量データ分析と経済学の理論を組み合わせて議論を構築する姿は、ややもすると視点が細かくなりがちな私の目を大きく開かせてくれた。内藤友紀氏には、元銀行員の視点から、営業報告書を駆使した経営分析を進めるうえで貴重な指摘を頂いた。西洋経営史を専門とされながらも積極的に専門領域を拡げられる西村成弘氏のバイタリティーを、私はいつも見習っている。ハンガリー社会保障を研究する柳原剛司氏からは、パソコン操作が不慣れな私に、統計処理法の手ほどきを頂いた。そして、アジア経済史を専攻する堀内義隆氏（台湾経済史）、福岡正章氏（朝鮮経済史）、大澤篤氏（台湾金融史）とも、対象領域を超えて議論できたことで比較史の視点を得ることができた。

なお、京都大学大学院では、個性溢れる後輩たちがいつも刺激的な環境を提供してくれた。ヨーロッパ統合論研究を精力的に進める中屋宏隆氏、育児と研究の両立に奮闘する里上三保子氏、ＮＨＫアナウンサーとして活躍する山田朋生氏。そして、恒木健太郎氏（社会思想史）、田中鮎夢氏（貿易論）、竹内祐介氏（朝鮮経済史）、森本壮亮氏（ドイツ思想史）など、大学院ゼミの場でともに学んだ個性豊かな後輩たちは、いずれも、各分野で活躍されている。

史料提供に応じてくださった方々

本書を書き上げるうえでは、知多地方の経営文書史料と現場の方からのお話が何よりも貴重だった。寛大に史料調査に応じてくださった方々にお礼申し上げたい。本書の主要史料となった瀧田家文書（第一章・第四章・第六章）を活用できたのは、瀧田資也氏のご好意があってこそだった。写真提供にも快く応じて頂いたことにも感謝したい。故 北村明彦氏は、北村木綿文書（第二章）の閲覧だけでなく、取材や工場見学にも快く応じてくださった。本書の出版を喜ばれるお顔を、もう二度と見られなくなってしまったことが悔やまれてならない。なお、北村木綿文書の閲覧には、半田市立博物館の元館長山田晃氏がご尽力くださった。加藤統一郎氏には、中七木綿に関わる取材に応じて頂いた。「誠実」を旨とする中七木綿の経営方針を伺って、第三章のイメージが確固たるものになった。冨貴織布文書（第五章）は、永田稔雄氏が長年にわたって保存された貴重な史料群であった。文書を返却した際に頂いた言葉、「あなたのお陰で、史料に息が吹き込まれました。ありがとう」という言葉は、今でも忘れられない。

安藤嘉治氏には、安藤梅吉の産地大経営への成長史（第三章）を、二宮晴雄氏には、賃織工場経営者の本質に迫る貴重なお話（第五章）を伺った。名古屋綿布商・服部商店関係資料の閲覧（第一章・第三章・第五章）には、故 三輪隆康氏（興和株式会社）のお世話になった。いつか、服部商店を正面から取り上げた研究を学術書にまとめ上げることでご恩に必ず報いたいと思う。

本書は、当時の産業や社会情勢を伝える写真資料を豊富に提示することにこだわった。地域の工業化を支えた人々の表情や生活・街並みを生き生きと感じて欲しかったからである。これができたのも、伊井基治氏、知多市歴史民俗博物館の石川秀男館長と真田泰光氏の惜しみないご協力あってこそだった。みなさん、知多木綿と先人の活躍への愛情と誇りを感じさせてくれるお話ばかりで、「知多半島の魅力を伝えたい」という思いが、ひしひしと伝わってきた。その熱意は、本書を書き上げるうえで大きな励みになった。

史料調査でお世話になった方々

紡績協会資料調査では、とくに蒲池友子氏のお世話になった。資料を慈しむことの大切さを、まるで息子に接するように厳しくも温かく教えてくれたのは、蒲池氏だった。当時同じく大学院生だった木谷名都子氏とともに、紡績協会図書館でマイクロ写真撮影に励んだ日々は貴重な学びの時間だった。

瀧田家文書史料と出会うきっかけを作ってくれたのは、知多半島総合研究所の曲田浩和先生と高部淑子先生であった。大学院入りたての未熟な私に、資料調査に誘っていただき、辛抱強く指導くださった。この資料調査では、木村修二氏・森元純一氏・伊藤敏雄氏はじめ、若手研究者たちと知己を得ることができ、視野を広げることができた。知多半島郷土史の研究を長く続けてこられた河合克己先生からは、資料調査・研究へのアドバイス・取材先の紹介など多岐にわたってお世話になった。

東洋紡史料編纂室の村上義幸氏には、資料閲覧だけでなく、研究アドバイスを折に触れ頂いている。元東洋紡社員の脇村春夫氏は、研究上のアドバイスだけでなく取材先を紹介して頂くなど、私の研究フィールドを大きく広げてくださった。

編集の方々

編集を担当してくださった京都大学学術出版会・鈴木哲也氏には、本書の着想から組み立て、タイトルの設定まで大変お世話になった。バラバラだったはずの学術論文が一つに結集されることで、新たな輝きを放つことを鈴木氏に教えて頂いた。本書執筆の期間は、学術書を書くためには、編集者の力がいかに必要なのかを思い知らされる日々だった。「地域商人の活躍や下請制を取り上げたこの本は、地域の研究手法に新たな提案ができますね」という言葉を頂いたときは、「わが意を得たり」との思いで、望外の喜びであった。なお、本書は、近代産業史のイメージを鮮明に伝えるために、写真・キャプションなどデザインに独自の工夫が凝らされている。これは、鈴木氏はじめ出版社スタッフの方々や装幀を担当された森華氏の創意と熱意が結集してこそ実現したものである。ここに深く感謝したい。

その鈴木氏を紹介してくれたのは、川名雄一郎氏だった。京都大学経済学部入学時から同じクラスで大学院も同じ。数年前に居を構えた大阪府高槻市で、偶然再会したときは運命を感じた。これからも、志を同じくする友人として、家族ぐるみで刺激し合いたい。

恩人の方々

私事となるが、私がここまで歩んでくるうえで、人生の苦難を救ってくれた恩人を挙げる我儘を許していただきたい。いずれも私の人生の転機に温かい言葉をかけてくださった恩人である。

浪人時代を含めて二年間、大学受験の小論文指導をしていただいた元大阪予備校講師・土橋昭次先生からは、ハイエクやケインズなどの経済学説の魅力を教えて頂いた。「苦難は必ず去ります。頑張りなさい」という言葉は今も私を励ましてくれている。

大学時代に打ち込んだアルバイト先のファーストフード店店長・小池豊氏からは、「自分を特別視せず、出会った人を大切にすること」を強く教えて頂いた。史料調査先で出会う方々・研究教育活動を支えてくれる方々に感謝する気持ちは、この時の教えが基になっている。

大学院博士後期課程期間を過ぎても就職先がなく、オーバードクターとなって途方に暮れていた私に、救いの手を差し伸べてくれたのは、京都大学名誉教授・池上惇先生だった。京都橘女子大学で教師としての場を与えて頂き、熱意ある学生たちと経済学を学び直したことで、今一度教師として、研究者として歩みだす情熱が蘇った。現在、関西大学政策創造学部で教え子たちに熱血指導する際には、「学生一人ひとりの可能性を信じて全力で愛情を注ぎこむ」池上先生の姿が私を突き動かしている。

妻の恩師・立命館大学教授・瀧本和成先生は、近代文学研究者としてだけでなく、食文化や歴史・芸術にも広く精通され、学問の探求への意欲は止まるところを知らない。近代日本を生きた夏目漱石や正岡子規・森鷗外の苦悩や想いを独自の解釈で展開されるお話を伺っていると、産業史研究で行き詰っていた私の着想は大きく拡がり、研究への意欲が滾々と湧き出てきた。

最後に、京都屈指のバー「K６」の西田稔氏。西田氏は、一杯のジントニックに一〇〇ものこだわりを貫くプロフェッショナルのバーテンダーである。常に向上心をもち、より芸術性の高い作品を目指す西田氏からは、とかく目標を見失いがちな私に、教育研究のプロフェッショナルとして妥協を許さず努力するよう叱咤激励頂いている。

家族・親族の方々

大学院に進学してからここまでの道のりは、苦難の連続であったが、家族の支えがなければ決して乗り越えられなかった。父・喜代憲と母・ひろ美は、研究者を目指す私を不安の目で見つめる年月ばかりだったと思う。それでも、私の単著出版を誰よりも心待ちにしてくれたのは、他でもない両親だった。本書が、少しでも恩返しになれば嬉しい。そして何よりも、いつまでたっても社会的に自立できなかった私に代わって、両親を支えてくれた弟・昇昭と妹・幸多利には頭があがらない。今は、二人とも最良の伴侶と可愛い子どもに恵まれて幸せな日々を過ごしている。本書を出版できたからには、じっくりと二人の恩に報いていきたい。

義父・田口幸一と義母・典子からは、惜しみないサポートを頂いている。阪南大学教授を三〇年以上勤め上げられた義父からの愛情溢れる言葉で、研究教育面で悩む私はどれだけ助けられたかわからない。妻の祖父・故硲（はざま）正夫先生は、大阪市立大学名誉教授、阪南大学学長・理事長を歴任され、農業経済を中心に数々の著作を残されて、親族からの信望も厚い。私も、研究者の端くれとして少しでも硲先生に近づけるよう精進したい。

妻・真理子には、学術出版社に勤務していた経験に甘えて、本書の全文、そして全ての図表に目を通してもらった。修正点を的確に指摘するだけでなく、「読み手に理解しやすく、「面白そう」と期待してもらえるような本にしましょう」と励ましてくれた。凜太郎（三歳）と鈴子（一歳）の子育てに追われながら、懸命に私の研究教育活動を支えてくれる愛妻に心から感謝したい。

妻との出会いは、籠谷直人先生・郁代ご夫妻の紹介がそのきっかけであった。籠谷先生には、最良の史料だけでなく、かけがえのない伴侶までめぐり逢わせて頂いた。心からお礼申し上げたい。

私が生まれ育った大阪府泉佐野市は、日本随一のタオル産地だった。この地で、祖父・故 瓦谷清一は、小さなタオルプリント工場（こうば）を経営していた。夏休みには、従業員だった母によく工場へ連れて行ってもらった。高く積まれた梱包タオルと染料の匂い、そしてガッチャンガッチャンと聞こえてくる織機音は、今でもはっきりと覚えている。まさか、私が産地綿織物業を専門にするとは夢にも思わなかった。しかし、今は、祖父のようにたくさんの方々が、地域に活力を与え支えてきたのだと心から思う。そんな人々の熱い息吹を、今を生きるたくさんの方々に伝えていくことが私の使命だと思う。地域には、出番を待つ史料がまだまだ眠っている。これからも、経済史研究者として、終わりのない探究の道を、面白く歩んでいきたい。

二〇一七年一月

著者

ナ行

ハ行

マ行

ヤ行

ラ行

タ行

索　引

著者略歴

橋口 勝利（はしぐち かつとし）

1975 年　大阪府泉佐野市に生まれる
1999 年　京都大学経済学部卒業
2005 年　京都大学大学院経済学研究科博士後期課程修了
　　　　経済学博士（京都大学）
　　　　京都橘女子大学文化政策学部ティーチングアシスタント，
　　　　日本学術振興会特別研究員などを経て
2007 年　関西大学政策創造学部専任講師
2010 年　関西大学政策創造学部准教授

主要業績

「1920 年恐慌前後の日本綿業――中京圏の綿糸取引信用をめぐって」『社会経済史学』第 77 巻第 3 号，2011 年 11 月。

「明治後期における地方紡績企業の合併――一宮紡績株式会社を事例として」『経営史学』第 47 巻第 4 号，2013 年 3 月。

「昭和恐慌と日本綿業――第 11 次操業短縮と服部商店」『社会経済史学』第 82 巻第 3 号，2016 年 11 月。

近代日本の地域工業化と下請制

平成 29 (2017) 年 2 月 15 日　初版第一刷発行

著　者　　橋 口 勝 利
発行人　　末 原 達 郎

発行所　京都大学学術出版会
京都市左京区吉田近衛町69番地
京都大学吉田南構内(〒606-8315)
電　話(075)761-6182
FAX(075)761-6190
Home page http://www.kyoto-up.or.jp
振　替 01000-8-64677

ISBN978-4-8140-0064-7

Printed in Japan

印刷・製本　亜細亜印刷株式会社
装　幀　森　華
定価はカバーに表示してあります